制造物联技术

廖文和　郭　宇　著

科学出版社

北京

内 容 简 介

物联网技术被看作是机械化、电力和信息化革命之后又一次全球革命性浪潮的核心技术，为实现物体的智能化识别、定位、跟踪、监控和管理提供了很好的解决方案。本书共由五部分构成：第一篇介绍了物联网技术的基本概念以及涉及的技术体系；第二篇结合离散制造业的生产运行模式，系统介绍了制造物联技术体系；第三篇对制造物联的关键技术进行分析，包括智能标识技术、编码技术、中间件技术、无线传感网技术、实时定位技术、大数据融合技术和安全隐私保护技术等；第四篇通过相关案例分析制造物联技术的应用；第五篇通过不同企业的实际应用案例分析了制造物联的实施前景和发展趋势。

本书可供机械工程、工业工程、企业管理等领域的研究人员和工程技术人员阅读，也可作为上述专业研究生的选修课教材。

图书在版编目(CIP)数据

制造物联技术/廖文和, 郭宇著. ——北京: 科学出版社, 2017.5
ISBN 978-7-03- 052720-2

Ⅰ. ①制… Ⅱ. ①廖…②郭… Ⅲ. ①互联网络-应用-制造工业-研究②智能技术-应用-制造工业-研究 Ⅳ. ①TP393.4②TP18③F416.4

中国版本图书馆 CIP 数据核字 (2017) 第 091786 号

责任编辑：惠 雪 王 希／责任校对：赵桂芬
责任印制：徐晓晨／封面设计：许 瑞

科 学 出 版 社 出版
北京东黄城根北街 16 号
邮政编码：100717
http://www.sciencep.com

北京凌奇印刷有限责任公司 印刷
科学出版社发行 各地新华书店经销
*
2017 年 6 月第 一 版 开本: 720 × 1000 1/16
2020 年 7 月第三次印刷 印张: 21 3/4
字数: 438 000
定价: **99.00 元**
(如有印装质量问题, 我社负责调换)

前　言

随着新一代网络信息技术的快速发展，制造业面临的市场环境和社会环境发生了重大改变，传统的制造模式难以满足制造产品的复杂性和用户需求的多样性对研制周期提出的高效性需求，因此建立智能化、透明化、柔性化的新型制造系统十分迫切，基于物联感知的制造过程可视化和智能化成为解决上述问题的关键途径。

物联网是在互联网的基础上延伸和扩展的一种网络，是"物与物相连的互联网"，制造物联是物联网与先进制造技术的深度融合，是未来制造业发展的重要趋势之一，也是实现智能制造以及数字化工厂的关键技术。制造物联是将嵌入式技术、网络技术、自动识别技术等电子信息技术与制造技术相融合，实现对制造资源、制造信息与制造活动的全面感知、精准控制和透明化管理的一种新型制造模式，是推动制造系统向服务化、智能化、绿色化方向发展的重要力量。

本书以国防基础科研"十二五"重点科研专项项目为依托，结合上海航天某院生产的实际情况，分析了离散制造车间物联网技术的应用场景，建立了制造物联网系统架构，以 RFID 技术为主要标识技术，研究了制造物联网相关关键技术。所涉及内容均来自作者及课题组成员自 2011 年以来的研究成果。全书共 5 篇 18 章。其中，第一篇 (第 1~2 章) 介绍了物联网技术的基本概念以及涉及的技术体系，并在此基础上分析了物联网技术在制造业的应用现状和发展趋势，阐明了制造物联技术对于国防建设和发展的重要意义；第二篇 (第 3~5 章) 结合离散制造业的生产运行模式，提出了面向离散制造业的制造物联体系结构、功能框架、网络层次以及数据管理模型，系统介绍了制造物联技术体系；第三篇 (第 6~12 章) 分析了制造物联的关键技术，包括智能标识技术、编码技术、中间件技术、无线传感网技术、实时定位技术、大数据融合技术和安全隐私保护技术等；第四篇 (第 13~17 章) 通过相关案例分析制造物联技术的应用，包括：基于 RFID 的离散制造过程动态调度、基于 UWB 定位的配送车辆动态调度、基于 RFID 的生产要素实时定位与跟踪追溯、离散制造过程实时监控等；第五篇 (第 18 章) 通过不同企业的实际应用案例分析了制造物联的实施前景和发展趋势。

全书章节结构规划、统稿工作由廖文和教授和郭宇教授完成，其中第 1~5 章由郭宇、谢欣平编写，第 6~9 章由郭宇、谢欣平、黄少华等编写，第 10、14、15章由谢欣平、姜佳俊、年丽云等编写，第 11~13 章由黄少华、孙庆义、年丽云等编写，第 16~18 章由谢欣平、年丽云、袁柳阴、胡勇金等编写。与本书内容相关的研究工作得到了国防基础科研重点项目 (A2520110003)、国家自然科学基金项目 (51575274) 的支持, 感谢孙晓东、闫振强、蒋磊、张小瑞、陆坤、李思国、吴旗在参与上述项目研究工作中所作出的贡献。

制造物联技术的发展十分迅速, 且限于作者的学术水平和专业范围, 书中疏漏和不妥之处在所难免, 敬请读者批评指正。

廖文和　郭　宇

2017 年 1 月

目　　录

第三篇　制造物联关键技术

第四篇　制造物联网应用举例

第五篇　总结与展望

第一篇　物联网概论

第 1 章　物联网简介

互联网的快速发展使世界各地的人们能够打破时间和空间的限制进行自由的交流，而物联网技术顾名思义是将物与物之间进行有效的联系。物联网(internet of things, IOT) 是一个基于互联网、传感网等信息承载体，让所有能够被独立寻址的普通物理对象实现互联互通的网络。物联网和互联网有着本质的区别，互联网是连接虚拟世界的网络，而物联网是连接物理的、真实世界的网络。物联网是利用无所不在的网络技术，整合传感技术和射频识别 (radio frequency identification, RFID) 技术而建立起来的物理对象之间的互联网，是继计算机、互联网与移动通信网之后的又一次信息产业浪潮，是一个全新的技术领域。

2013 年 4 月，"工业 4.0" 项目在德国汉诺威工业博览会上被正式推出[1]，这一项目旨在支持工业领域新一代革命性技术的研发与创新，以此引发第四次工业革命。物联网正是这一革命性项目中必须用到的应用技术。

本章主要对物联网的定义、特点、体系结构、相关关键技术进行简要概述，并指出其未来的发展趋势。

1.1　物联网的定义

随着各种传感器技术、信息技术、网络技术的发展，物联网技术应运而生。1995年比尔·盖茨在《未来之路》一书中提及物物互联。1998 年麻省理工学院 (MIT)提出了当时被称作 EPC 系统的物联网构想。1999 年，在物品编码 RFID 技术的基础上，Auto-ID 公司提出了物联网的概念。2005 年 11 月 17 日，在突尼斯举行的信息社会世界峰会上，国际电信联盟发布了《ITU 互联网报告 2005：物联网》，其在报告中称以物联网为核心技术的通信时代就要来临。

1999 年，麻省理工学院的自动识别实验室首先提出了物联网 (internet of things, IOT) 这一概念[2]。物联网是在互联网的基础上，利用 RFID 技术、传感技术、无线通信技术等构建一个涵盖世界万物的网络。在这个网络中，物体能够相互通信而无需人工干预。物联网让世界上每一个物理对象在网络中相互连接，描绘出一个互联网延伸到现实世界、囊括所有物品的愿景。

从技术层面上讲，物联网技术就是通过射频识别 (RFID)、传感器、全球定位系统、激光扫描器等前端的信息采集系统，采集各种需要的数据信息，再通过互联网等网络技术将数据传输到云计算中心进行处理，最后根据分析处理的最终结果对前端进行智能化的控制。从应用层面上讲，物联网是指世界上所有的物体都连接到一个网络中，形成"物联网"，然后"物联网"与现有的互联网结合，实现人类社会与管理系统的整合，更加精细和生动地管理生产和生活。

物联网的英文名称为 internet of things，由该名称可见，物联网就是"物与物相连的互联网"。这有两层意思：第一，物联网仍然以互联网作为基础和支撑，可以说物联网是在互联网的基础之上延伸和扩展的一种网络；第二，物联网将联系的范围扩展到了物与物之间，在很大程度上扩展了互联网之间的联系。在物联网当中存在大量的传感器以及监控设备等，通过这些设备进行信息的收集，将收集的信息通过互联网进行传输，同时对各种设备、物体进行智能化的控制。

物联网已经成为一个全球性关注的词语，因为物联网技术涉及信息技术的各个方面，所以称物联网技术是信息技术的第三次革命性创新。现如今，各国政府重视新一代技术的规划，纷纷将物联网作为信息技术发展的重点。2008 年 11 月，题为《智慧地球：下一代领导人议程》的讲话由美国 IBM 公司总裁在纽约对外关系理事会上发表，他正式提出了"智慧地球"(smarter planet) 的最新策略，并且希望在基础建设的执行中，植入"智慧"的理念，从而带动经济的发展和社会的进步，希望以此掀起"互联网"浪潮之后的又一次科技产业革命。2009 年 1 月，奥巴马就任美国总统后，与美国工商业领袖举行了一次"圆桌会议"，将"智慧地球"确认为美国的国家级发展战略。2009 年，在欧盟委员会的资助下，《物联网战略研究路线图》和《RFID 与物联网模型》等对物联网概念有重要推广作用的意见书由欧洲物联网研究项目工作组 (CERP-IOT) 制订。同年，日本针对物联网发展趋势也制订了 i-Japan 计划。2009 年 8 月，温家宝同志来到江苏省无锡市，对中国科学院所属的高新传感网工程技术研发中心进行了考察，在认真参观了解后，提出了"感知中国"的想法，针对中国现状提出了要尽早策划未来发展，尽早掌握关键技术，并且指示尽早构建中国的传感信息技术中心；并提出"要尽全力掌握物联网、传感网的核心技术，提早对后 IP 时代相关的技术研发工作进行详细部署，借助信息网络产业的动力加快产业升级步伐，快速迈向信息社会"。随着中美两国领导人的表态，物联网作为"智慧地球"的核心技术之一，被各方提到空前的高度，备受关注，成为目前研究的热点。

1.2　物联网的特点

物联网源于对物品识别的需求，但在当前技术背景下，物联网所能够或者应该实现的功能目标，已经远远超过了简单的物品识别，其与传统网络相比具有的特点，需要从系统的角度去研究和思考。物联网的网络由诸多异构网络和多样化的终端设备组成，这种异构的特点决定了物联网与传统网络的诸多不同之处。

第一，物联网是各种感知技术的广泛应用。全面感知就是对物体的生存状态和环境信息的实时感知，包括近距离感知 (通过传感器感知物理量)、远距离感知 (通过网络传递感知信息) 和双向感知。在物联网中，存在大量不同类型以及功能的传感器，每个传感器都是一个信息源，这些传感器为物联网提供大量的信息。由于传感器功能的差异，不同类别的传感器所捕获的信息内容和信息格式不同。而且传感器获得的数据具有实时性，需要按一定的频率周期性地采集环境信息，不断更新数据。

第二，物联网是一种建立在互联网上的泛在网络。可靠传输就是以互联网为基础，对需要联网的物体提供互联互通的网络，随时随地进行可靠的信息交互、信息反馈、自动化控制和智能自治管理。物联网技术的重要基础和核心依旧是互联网，通过各种有线和无线网络与互联网融合，将物体的信息实时准确地传递出去。在物联网上的传感器定时采集的信息需要通过网络传输，由于其数量极其庞大，形成了海量信息。这些设备搜集的大量信息需要由互联网进行传输，在传输过程中，为了保障数据的正确性和及时性，必须适应各种异构网络和协议。

第三，物联网不仅仅提供了传感器的连接，其本身也具有智能处理的能力，能够对物体实施智能控制。智能处理利用云计算技术，对感知数据和信息进行分析处理，评估物体的生存状态和环境改变，对物体实施相应的控制策略，进行信息施救，并对信息施救效果进行评估。物联网将传感器和智能处理相结合，利用云计算、模式识别等各种智能技术，使自动化的智能控制技术深入到各个领域。从传感器获得的海量信息中分析、加工和处理出有意义的数据，以适应不同用户的不同需求，发现新的应用领域和应用模式。

异构网络首先要解决的是不同网络与设备之间的协同能力和协同效率问题，这是决定物联网现实应用中的实用性和效率的最基本因素，也是其与传统的单一网络最大的不同。往往，对于具有一定智能特点的信息系统，其知识来源之一是用户的基本信息。用户的基本信息涉及内容很广，从用户的性别、年龄、职业，到用户接受服务时所处的服务环境 (情境)，再到用户的历史服务记录，这些都是进行有效的服务发现和挖掘的基础数据。而物联网这种异构网络的集合，完全可以从诸多不同的角度获取上述数据。以智能楼宇为例，一个完善的物联网系统完全可以通过全球定位系统确定用户所在大楼的地理位置，通过无线传感器网络获取用户所处位置 (比如楼内设施位置)，甚至使用无线射频技术获得用户在楼内活动的路径信息。以此为基本信息，结合以往对该用户的服务记录，可以更精确地确定此次服务的服务内容，如消息推送的内容。

物联网由于异构特点，无法使用统一的网络标准来衡量其物理性能。因此，有必要研究适用于物联网的网络服务质量评估方法，来评估物联网在实际运行过程中的性能表现。对其性能的量化评估，可以实现对物联网系统的反馈调节，提升服务器效率和整体性能，还可以结合传统网络的物理性能，有效寻找特定物联网系统在性能方面的瓶颈因素。

在安全方面，物联网也面临着比传统网络更严峻的考验。诸多异构网络，任何一个环节出现信息安全问题，整个物联网都会面临安全威胁。而且异构网络的协同过程更是增加了潜在的信息安全风险。

1.3 物联网的体系结构

目前，物联网还没有一个被广泛认同的体系结构，但是，我们可以根据物联网对信息感知、传输、处理的过程将其划分为三层结构，即感知层、网络层和应用层，具体体系结构如图 1.1 所示。

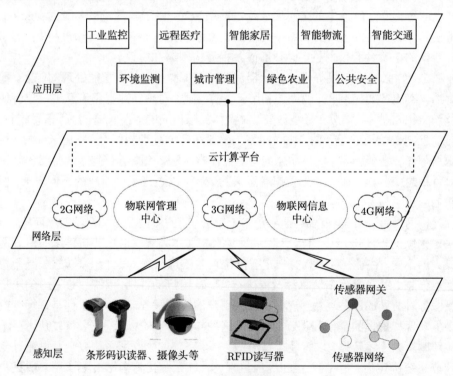

图 1.1 物联网体系结构

1.3.1 感知层

物联网中由于要实现物与物和人与物的通信，感知层是必需的。感知层在物联网中属于信息搜集的主要部分，主要用于对物理世界中的各类物理量、标识、音频、视频等数据的采集与感知。数据采集主要由各种型号以及功能不同的传感器、RFID

读写器、条形码识读器等组成，这些传感器相当于人体的感觉器官，负责感知外界的信息，对各种信息进行分析识别，收集有用信息，为后续工作的开展奠定基础。感知层的关键技术包括传感器、RFID、GPS、自组织网络、传感器网络、短距离无线通信等。感知层必须解决低功耗、低成本和小型化的问题，并向更高的灵敏度、更全面的感知能力方向发展。

1.3.2　网络层

物联网的网络层主要进行信息的传送。网络层主要是依靠传统的互联网，同时结合广电网、移动通信网等，能够在第一时间将各种传感器搜集的信息进行传输，并由云计算平台对传输过来的信息进行分析和计算，从而做出相应的判断。主要用于实现更广泛、更快速的网络互连，从而把感知到的数据信息可靠、安全地进行传送。目前能够用于物联网的通信网络主要有互联网、无线通信网、卫星通信网与有线电视网。物联网中有许多设备需要接入，因此物联网必须是异构泛在的。由于物体可能是移动的，因此物联网的网络层必须支持移动性，从而实现无缝透明的接入。

1.3.3　应用层

应用层主要包括应用支撑平台子层和应用服务子层。应用支撑平台子层用于支撑跨行业、跨应用、跨系统之间的信息协同、共享和互通。应用服务子层包括智能交通、智能家居、智能物流、智能医疗、智能电力、数字环保、数字农业、数字林业等领域。通过各种终端设备能够及时地获取物联网传递的信息。人们可以通过应用层的接入终端及时地获取物联网中丰富的信息。当前，物联网技术不断发展，相应的控制领域也在不断扩大，对于人们生活和生产的作用也越来越大。

物联网是新一代信息技术的重要组成部分，其关键环节可以归纳为全面感知、可靠传送、智能处理。全面感知是指利用射频识别 (RFID)、GPS、摄像头、传感器、传感器网络等技术手段，随时随地对物体进行信息采集和获取。可靠传送是指通过各种通信网络、互联网随时随地进行可靠的信息交互和共享。智能处理是指对海量的跨部门、跨行业、跨地域的数据和信息进行分析处理，提升对物理世界、经济社会各种活动的洞察力，实现智能化的决策和控制。相比互联网具有的全球互联互通的特征，物联网具有局域性和行业性特征。

1.4　物联网的关键技术

物联网涉及的新技术很多，其中的关键技术主要有 RFID 技术、传感器技术、网络通信技术和云计算等。

1.4.1 RFID 技术

射频识别(radio frequency identification，RFID) 技术是物联网的关键技术之一，它是一种自动识别和跟踪物体的技术，依赖于使用 RFID 标签等设备存储和检索数据。RFID 技术是由 RFID 标签和读写器连接到计算机系统构成。一个典型的 RFID 系统包括三个主要的部件：标签、读写器和 RFID 中间件。标签位于需要被识别的对象上，它是数据载体；读写器有一个天线，可以发射无线电波，标签进入读写器的感应区域就能通过返回数据进行响应；RFID 中间件可以提供通用服务，负责管理 RFID 设备及控制读写器和标签之间的数据传输，同时还有硬件维护功能。随着 RFID 技术应用的推广，RFID 越来越受到各行各业的关注[3-20]，其中就包括制造业。RFID 技术具有识别唯一性、可重复读写、防水、耐高温等优点。

1.4.2 传感器技术

传感器是指能感知预定的被测指标并按照一定的规律转换成可用信号的器件和装置，通常由敏感元件和转换元件组成，用来感知信息采集点的环境参数，如声、光、电、热等信息，并能将检测感知到的信息按一定规律变换成电信号或所需形式输出，以满足信息的传输、处理、存储和控制等要求。如果没有传感器对被测的原始信息进行准确可靠的捕获和转换，一切准确的测试与控制都将无法实现，即使最现代化的电子计算机，没有准确的信息或不失真的输入，也将无法充分发挥其应有的作用。

传感器的类型多样，可以按照用途、材料、输出信号类型、制造工艺等方式进行分类。常见的传感器有速度传感器、热敏传感器、压力敏和力敏传感器、位置传感器、液面传感器、能耗传感器、加速度传感器、射线辐射传感器、震动传感器、湿敏传感器、磁敏传感器、气敏传感器等。随着技术的发展，新的传感器类型也不断产生。传感器的应用领域非常广泛，包括工业生产自动化、国防现代化、航空技术、航天技术、能源开发、环境保护与生物科学等。

随着纳米技术和微机电系统 (MEMS) 技术的应用[21]，传感器尺寸的减小和精度的提高，也大大拓展了传感器的应用领域。物联网中的传感器节点由数据采集、数据处理、数据传输和电源构成。节点具有感知能力、计算能力和通信能力，也就是在传统传感器基础上，增加了协同、计算、通信功能，构成了传感器节点。智能化是传感器的重要发展趋势之一，嵌入式智能技术是实现传感器的重要发展趋势之一，也是实现传感器智能化的重要手段，其特点是将硬件和软件相结合。嵌入式微处理器的低功耗、小体积、高集成度和嵌入式软件的高效率、高可靠性等优点，同时结合人工智能技术，推动物联网中智能环境的实现。

1.4.3　网络通信技术

无论物联网的概念如何扩展和延伸，其最基础的物物之间的感知和通信是不可替代的关键技术。网络通信技术包括各种有线和无线传输技术、交换技术、组网技术、网关技术等。

其中 M2M 技术则是物联网实现的关键。M2M 技术是机器对机器 (machine-to-machine) 通信的简称，指所有实现人、机器、系统之间建立通信连接的技术和手段，同时也可代表人对机器 (man-to-machine)、机器对人 (machine-to-man)、移动网络对机器 (mobile-to-machine) 之间的连接与通信。M2M 技术试用范围广泛，可以结合 GSM/GPRS/UMTS 等远距离连接技术，也可以结合 Wi-Fi、Bluetooth、ZigBee、RFID 和 UWB 等近距离连接技术，此外还可以结合 XML 和 CORBA，以及基于 GPS、无线终端和网络的位置服务技术等，用于安全监测、自动售货机、货物跟踪领域。目前，M2M 技术的重点在于机器对机器的无线通信，而将来的应用则将遍及军事、金融、交通、气象、电力、水利、石油、煤矿、工控、零售、医疗、公共事业管理等各个行业。短距离无线通信技术的发展和完善，使得物联网前段的信息通信有了技术上的可靠保证。

通信网络技术为物联网数据提供传送通道，如何在现有网络上进行增强，适应物联网业务的需求 (低数据率、低移动性等)，是该技术研究的重点。物联网的发展离不开通信网络，更宽、更快、更优的下一代宽带网络将为物联网发展提供更有力的支撑，也将为物联网应用带来更多的可能。

1.4.4　云计算

云计算(cloud computing) 是网络计算、分布式计算、并行计算、效用计算、网络存储、虚拟化、负载均衡等传统计算机技术和网络技术发展融合的产物[22]。它旨在通过网络把多个成本相对较低的计算实体整合成一个具有强大计算能力的完美系统。

物联网要求每个物体都与该物体的唯一标示符相关联，这样就可以在数据库中进行检索。加上随着物联网的发展，终端数量的急剧增长，会产生庞大的数据流，因此需要一个海量的数据库对这些数据信息进行收集、存储、处理与分析，以提供决策和行动。传统的信息处理中心难以满足这种计算需求，这就需要引入云计算。

云计算可以为物联网提供高效的计算、存储能力，通过提供灵活、安全、协同的资源共享来构造一个庞大的、分布式的资源池，并按需进行动态部署、配置及取消服务。其核心理念就是通过不断提高 "云" 的处理能力，最终使用户终端简化成一个单纯的输入输出设备，并能按需享受 "云" 的强大计算处理能力。

物联网能整合上述所有技术的功能，实现一个完全交互式和反应式的网络环境。

1.5　物联网的发展趋势

未来,全球物联网将朝着规模化、协同化和智能化方向发展,同时以物联网应用带动物联网产业将是全球各国的主要发展方向。

1. 规模化发展

随着世界各国对物联网技术、标准和应用的不断推进,物联网在各行业领域中的规模将逐步扩大,尤其是一些政府推动的国家性项目,如智能电网、智能交通、环保、节能,将吸引大批有实力的企业进入物联网领域,大大推进物联网应用进程,为扩大物联网产业规模产生巨大作用。

2. 协同化发展

随着产业和标准的不断完善,物联网将朝协同化方向发展,形成不同物体间、不同企业间、不同行业乃至不同地区或国家间的物联网信息的互联互通互操作,应用模式从闭环走向开环,最终形成可服务于不同行业和领域的全球化物联网应用体系。

3. 智能化发展

物联网将从目前简单的物体识别和信息采集,走向真正意义上的物联网,实时感知、网络交互和应用平台的可控可用,实现信息在真实世界和虚拟空间之间的智能化流动。

物联网是新一代信息网络技术的高度集成和综合运用,是新一轮产业革命的重要方向和推动力量,对于培育新的经济增长点、推动产业结构转型升级、提升社会管理和公共服务的效率和水平具有重要意义。

尽管物联网拥有广泛的潜在应用前景,但作为一个新兴市场应用,也面临着来自各方面的挑战,主要有以下方面。

(1) 技术挑战。目前缺乏在统一框架内融合虚拟网络世界和现实物理世界的理论、技术架构和标准体系。此外,我国还未掌握核心芯片和传感器技术,导致传感器成本居高不下,80%以上靠进口芯片,安全性和隐私权令人担忧。目前的物联网其实还未发挥物联网特有的智能分析和处理的特点,主要还是 M2M 和 RFID 等底层业务,这方面还有较长的路要走。并且,即便是现有物联网业务,整体技术也比较落后。

(2) 标准挑战。目前,物联网根本没有统一的标准体系和顶层技术架构设计,物联网标准涉及大量国际标准化组织,很难协调。它的专业性和专有性太强,公众性和公用性较弱,标准化程度低,互通性差,必要性弱。

(3) 市场挑战。物联网整体上处于萌芽阶段，产业链比较复杂而且分散，主要是薄利小众市场，集中度低、不稳定、不成规模，造成成本居高不下。行业信息化程度低，门槛和壁垒高，高端难介入，低端收入微薄。再有，物联网商业模式复杂，运营商擅长一对一服务关系，即一个用户、一个终端、一张账单，而物联网本质是多点连接，且涉及终端范围广，数量巨大。

(4) 社会挑战。说到底，物联网能否有大发展完全取决于未来能否带动经济发展和社会进步，保护个人安全和改善生活质量，而不是给社会、经济、政治、军事、文化和个人隐私带来负面影响乃至危害。这方面也同样需要政府、社会和个人的共识。

当前，物联网的很多应用大多针对某一具体的应用场景，如生产线安全监控、智能家居[23,24] 等。其网络接入方式也多以局域网为主，并未真正实现多场景、多情境的互通互用。一方面，这是出于信息安全的考虑，通过物理网络的隔离来确保局部网络的可靠性。另一方面，也是出于对服务功能和服务对象所在位置的考虑。如智能家居系统，其主要服务和控制的设备都处于一个建筑体内，完全可以通过局域网来解决设备间的通信问题。但随着信息系统智能化的发展，未来的物联网也会从真正意义上实现不受地理限制的互通互用。比如：一方面，以云计算、移动计算的信息服务模式，来实现物联网服务器的远程化，实现物联网服务终端的轻便化。另一方面，未来的物联网，一定会面向服务的实现模式发展，而不单单将实现的重点放在技术解决方案上，会通过系统的协同作用实现更为复杂和智能的服务模式。

第 2 章　制造物联发展与应用

随着信息技术的迅猛发展和广泛应用,信息化犹如一支催化剂,它带来的倍增效应使得传统企业得到了跨越式发展。"信息化与工业化融合"不仅要求在技术、业务、产业结构等方面改造传统工业,以提升企业的核心竞争力,同时也对制造企业自身提出了进一步变革的要求。"融合"主要体现在三个方面:一是要求信息化与工业化在发展战略、发展模式、规划和计划等层面的匹配;二是要求信息技术与装备技术的相互促进;三是要求信息资源与企业资源的整合。

物联网[25,26] 涉及下一代信息网络和信息资源的掌控利用,是信息通信技术发展的新一轮制高点,正在制造领域广泛渗透和应用,并与未来先进制造技术相结合,形成新的智能化的制造体系。制造物联技术在不断发展和完善的过程中,不仅可以解决制造业在生产、物流、管理等诸多方面的问题,还可以为制造业的发展提供更广阔的思路。

本章主要介绍制造企业信息化和物联网技术的发展现状。

2.1　制造企业信息化现状

近年来,国家制定了一系列的战略决策来发展制造业,尤其是在制造业信息化方向,随着新方法、新技术的不断更新,制造业信息化的发展被推到了一个新的历史高度。在离散制造企业中,产品的工艺流程根据状态的不同而差异较大,加工过程也并非以连续方式进行,制造过程长时间处于离散状态,缺乏对产品制造过程的有效监控和管理,导致生产过程状态较为混乱,无法完整保存研制过程的历史资料,这样的生产模式已经严重制约到了企业生产管理水平的发展和自动化水平的提高,降低了企业的竞争力。

将物联网技术与企业信息化建设相结合,通过 RFID 技术来实现对产品制造过程技术状态的跟踪处理、实时信息反馈、状态管理,可以大大地提高企业的信息化、自动化水平,还可以为后续科研改进提供宝贵的历史数据。

近年来,制造企业已经开始广泛使用 ERP、MES、PDM等系统加强企业的信息化建设,但收效甚微。原因在于 ERP 系统强调企业的计划性;PDM 系统管理的更多的是设计和工艺方面的基础数据,在对车间的生产管理和控制上显得力不从心;虽然现有的 MES 系统对车间运行有实时状态监控和生产过程控制的功能,但其系统底层数据的获取只能依赖于现场工人的手工填写，其数据来源的实时性与准确性就大打折扣，从而其上层的各种统计和管理功能的实现就很难得到有效的保障。由此可见，如何能准确、实时地采集到车间各种资源和在制品的使用情况与运行的数据，对整个离散制造车间的管理具有重要的意义。物联网技术的出现，为这个问题的解决提供了很好的解决方案，它可以通过各种感知技术实时采集车间制造现场的过程数据，然后运用有效的数据传输方式将现场的制造数据准确传递到数据处理单元，无需现场工人和管理人员的手工干预，便可以完成对车间制造现场的数据采集。尤其是作为物联网关键技术之一的 RFID 技术，由于其功能上的优越性，已经在很多企业和工厂得到了广泛的应用，因此研究如何利用 RFID 技术来更大限度地发挥制造企业现有资源的潜力，改革传统的生产管理模式，实现对车间制造现场数据的全面掌控，已经成为当务之急。

制造业是信息化技术应用最主要的平台和市场，高科技信息的应用是提高制造业竞争力的引擎和动力，制造业创新转型的关键在于能否让制造业与信息应用化完美融合。牛宇鑫[24] 认为，物联网在制造业的主要应用是生产过程的自动化，将物联网技术融入到制造业生产流程中，包括工业控制、柔性制造等工艺生产线，制造业可以通过物联网将企业信息系统、设备、机器人、PDA、采集器、传感器等各种硬件整合在一起，成为一个完整的智能化系统，再通过生产现场的专用设备来实时采集、控制生产过程从开始到结束的全部信息。

管理模式的精细化，将 RFID 等物联网技术与企业制造执行系统 MES 进行集成，完成产品追溯、安全生产等要求，提高企业产品设计、生产制造、销售、服务等环节的智慧化水平，从而来提高企业的管理水平。

经过多年的建设和发展，我国的国防基础通信网络已日臻完善，无论是传感网络建设，还是信息服务设施建设都已初具规模，目前发展物联网在军事领域的应用研发已经具备良好的软硬件环境。

在通信网络建设方面，我们已经基本建成以光纤通信网为主体、卫星通信系统为骨干的国防通信网和各种无线通信系统，基本形成了"核心网+接入网+用户网"的架构，并积极开展协议体系向 IPv6 过渡的准备。这些都为物联网在军事领域的运用奠定了坚实的物质基础。

在传感网络建设方面，陆海空天多层次多平台相结合，以及多种 IT 技术手段相配套，可覆盖情报侦察、预警探测、气象水文、地理测绘、频谱监测等多要素的感知装备体系，基本实现了指挥信息系统对敌方目标、己方部队和战争环境的实时感知和信息共享，这些又为物联网在国防建设中发挥作用提供了不可或缺的外部条件。

国外企业以信息技术为工具，提升柔性生产、精益制造和快速响应能力，取得了很好的成效。洛克希德·马丁公司的 PDM 系统[27]，波音公司的飞机数字化制造[28] 系统、在线专家系统和客户服务系统，以及 AEC 公司应用的 CATIA、Alenia 工作流管理都是比较典型的信息化应用案例。

当前，随着信息技术的飞速发展，信息化已经从最初的数据电子化、办公自动化，发展到现在的企业制造资源计划、内容管理、网格计算、决策支持、电子商务等。信息技术的发展和企业需求的结合程度不断深入，信息化建设及其应用正在成为企业日常经营管理和科研生产不可缺少的工具。

综观国内多年来的信息化实践，与国外相比尚有差距，主要表现有以下几方面。

(1) 在企业信息总体架构上，尚未有全生命周期环节的数字化，难以支撑重大型号的产品开发、组织、管理，企业数字化体系尚处于探索实践中。

(2) 在数字样机技术上普遍存在多几何设计、少功能设计，重结构、轻性能、缺系统综合能力等问题，信息孤岛普遍存在。

(3) 集成与协同技术应用初见成效，但是没有实现基于完整型号的全面数字化。异地、异构、分散、孤立的各种资源没有通过数字化手段有效集成和共享，研制模式没有根本转变。

(4) 企业信息化评估体系尚未建立。企业数字化的产品创新能力体系、管理体系及评估方法相对滞后，缺少与企业研发模式、业务流程、运行模式和管理变革相结合，难以发挥信息化的效益。

2.2　制造物联国内外发展现状

2.2.1　国外发展

当前，世界各国和地区的物联网基本都处于技术研究与试验阶段。美、日、韩、欧盟等都正在投入巨额资金深入研究探索物联网，并启动了以物联网为基础的 "智慧地球" "u-Japan" "u-Korea" "物联网行动计划" 等国家性区域战略规划。2005 年，国际电信联盟发布了年度技术报告，其在报告中称以物联网为核心技术的通信时代就要来临。2009 年，在欧盟委员会的资助下，《物联网战略研究路线图》和《RFID 与物联网模型》等对物联网概念有重要推广作用的意见书由欧洲物联网研究项目工作组 (CERP-IOT) 制定。同年，日本针对物联网发展趋势也制定了 i-Japan 计划。2008 年 11 月，题为《智慧地球：下一代领导人议程》的讲话由美国 IBM 公司总裁在纽约对外关系理事会上发表，他正式提出了 "智慧地球"(smarter planet) 设想；2009 年 1 月，奥巴马对此给予了积极回应，认为该设想有助于美国的 "巧实力"(smart power) 战略，是继因特网之后国家发展的重要方向。2009 年 5 月 7、8

日，欧洲各国的官员、企业领袖和科学家在布鲁塞尔就物联网进行专题讨论，并将物联网作为振兴欧洲经济的思路。欧盟委员会信息社会与媒体中心主任鲁道夫·施特曼迈尔说："物联网及其技术是我们的未来。"2009 年 6 月，欧盟发布了新时期下物联网的行动计划。

2013 年，随着德国在汉诺威工业博览会上正式提出 "工业 4.0" 项目，制造业又迎来了新一轮工业革命。这是继机械化、电力和信息技术革命之后的第四次工业革命，信息物理系统 (cyber physical system，CPS) 的深度融合则是这次革命的核心。"工业 4.0" 的愿景是，制造企业能将生产相关的机器、人员、信息系统等各种生产要素融入到信息物理系统中，在未来建立一个统一的全球制造网络。这次新变革是由物联网和服务网在制造业中的应用所引发的。从本质上讲，"工业 4.0" 包括将信息物理系统技术一体化应用于制造业和物流行业，以及在工业生产过程中使用物联网和服务技术。这将对价值创造、商业模式、下游服务和工作组织产生影响。其中，物联网技术是实施 "工业 4.0" 战略的关键技术。

空客与波音是飞机制造领域的两大巨头，在业内，它们是公认的竞争对手，然而它们对 RFID 技术的发展与应用却有着相同的见解，通过在飞机制造的全生命周期里，采用 RFID 技术进行管理，来实现产品质量和制造水平的提升。其中，作为 RFID 技术的最佳实现者，空客进行着 RFID 技术在各个应用中的最佳实践与开拓，将 RFID 技术作为 "商业雷达" 部署到各个方面的业务中，包括供应链物流、运输、制造和飞机飞行操作。在一个通用软件平台，采用被动和主动 RFID 技术实施到多个应用操作中，这种方法在成本节约方面已经取得了显著的成效，并大大提高了操作效率。空客、波音在 RFID 技术方面的成功应用为我国的离散制造业提供了参考价值，同时也为我国制造企业信息化发展提供了新的发展模式。

2.2.2　国内发展

我国在物联网领域的布局较早，中国科学院 10 年前就启动了传感网研究。中国科学院上海微系统与信息技术研究所、南京航空航天大学、西北工业大学等科研单位，目前正加紧研发 "物联网" 技术。2009 年 10 月，中国研发出首颗物联网核心芯片 ——"唐芯一号"[29]。2009 年 11 月 7 日，总投资超过 2.76 亿元的 11 个物联网项目在无锡成功签约，项目研发领域覆盖传感网智能技术研发、传感网络应用研究、传感网络系统集成等物联网产业多个前沿领域。2010 年，工业和信息化部与国家发展和改革委员会出台了一系列政策支持物联网产业化发展，到 2020 年之前我国已经规划了 3.86 万亿元的资金用于物联网产业化的发展。

物联网技术的提出与发展为制造业信息化提出了新的发展模式，传统落后的企业管理模式已经不能满足现代企业的发展要求。目前，物联网技术在国内制造业的应用尚处于起步阶段。南京航空航天大学唐敦兵教授等首先提出了一种基于物联网技术的汽车制造回收系统，提高了汽车制造过程中资源的可持续循环使用的能力[30]；北京航空航天大学宁焕生等着重探讨了当前物联网发展的若干关键技术[31]，为物联网的发展和研究提供了参考。

目前，物联网技术在制造业的应用还处于研究验证阶段。我们团队在制造物联网方面进行了相关研究工作，研究了物联网关键技术之一的 RFID 在离散制造数据管理方面的应用；研究并开发了面向制造车间现场数据采集的 RFID 中间件；从产品技术状态的角度研究了面向复杂产品制造过程的技术状态管理方法，并借助 RFID 技术在技术状态管理方面的应用构建网络模型；此外，我们还拓展了 RFID 技术在车间定位中的研究等。

制造业信息化是将信息技术、自动化技术、现代管理技术与制造技术相结合，改造提升制造业的全局性、持续性、服务性和基础性的系统工程。物联网通过全面感知、可靠传递、智能处理使信息到达不同目标，实现共享，从而实现"物-物"相联。制造业信息化要实现从产品的设计制造、销售服务到回收再利用的全生命周期的管理，物联网技术正好具有这一优势。随着互联网、云计算、物联网、数据仓库、信息安全等技术的迅猛发展，并与制造技术，特别是集成协同技术、制造服务技术和智能制造技术融合，形成了制造业信息化的核心智能技术，带动制造业信息化不断迈上新台阶，推动我国制造业持续发展。制造物联技术以嵌入式、RFID、商务智能、虚拟仿真与建模等技术为支撑，实现产品智能化、制造过程自动化、经营管理辅助决策等应用。

随着物联网与制造业技术的融合，其在生产线智能管理、货物识别与跟踪、仓储智能控制、售后服务等方面的优势正逐渐展现出来。离散制造业作为高端制造业之一，对于物联网技术的应用势在必行。将物联网技术用于离散制造业，将带来巨大收益。作为航空产业链的核心组成部分，离散制造业是航空新技术发展和应用的重点领域。正在全球范围内其他行业广泛应用的 RFID 技术，以其具有重量轻、小型、数字信息、无线通信传输以及加密技术应用等诸多优点，在国内离散制造业中也发挥至关重要的作用。

尽管各类离散制造业具有不同的行业特点，但汽车工业的物联网技术应用对国内离散制造业有较大的参考借鉴作用。物联网技术应用有着广阔的前景，而且随着制造业与物联网技术的进一步融合，未来的物联网技术将无处不在。

当前，国外著名国际制造商已经大力开展基于物联网技术的工业级产品与监控设备研发，国内总体上基于物联网的工业过程综合管控技术还处于初级阶段，主要是对物联网技术的工业现场应用验证和现有工业自动化系统的初步集成。

国内需要以物联网的发展带动整个产业链的发展[32]，借助信息产业的第三次浪潮实现经济发展的再一次腾飞，要着力突破物联网关键技术，把物联网作为推进信息产业迈向信息社会的"发动机"。

第二篇　制造物联技术体系

第3章 离散制造业运行模式

本章将主要介绍离散制造业的特点、生产模式，最后结合生产现场和生产管理对物联网的需求，说明了制造业与物联网融合的必要性。

3.1 离散制造业特点

作为工业的主体，制造业正面临着激烈的竞争，供应链上下游的新趋势加速了商业环境的变化。客户要求更多的个性化、小批量的产品定制。客户也不再接受大量订单，希望能够尽可能晚地改变订单。制造商需要依赖他们的供应信息网络，尽快了解不可预见的交货的延迟。其中，离散制造还不同于流程制造，主要体现在：离散制造产品品种数较多，客户化程度高；设备布置采用相似功能设备成组的方式，柔性高，但自动化程度相对较低；对人的依赖性高，要求工人具有熟练的生产技能，以确保生产质量和设备利用率；生产计划内容较复杂，且容易受到车间制造环境以及其他人为因素影响，需要车间管理员的宏观调度。离散制造与流程制造的区别见表 3.1。

表 3.1 流程制造与离散制造的区别

项目	流程制造	离散制造
产品品种数	较少	较多
产品差别	标准产品较多	客户化产品较多
设备布置的性质	流水式生产	功能类似设备成组
设备布置的柔性	较低	较高
自动化程度	较高	较低
对设备可靠性要求	高	较低
维修性质	停产检修	多数为局部修理

离散制造企业的特点表现为：通常每项生产任务仅要求整个企业组织的一部分能力和资源；离散制造企业的产品可以用 BOM 树将构成产品的零部件明确清晰地进行描述；离散制造车间的每种产品都有不同的加工工艺流程，同时车间内机床的布局也没有固定的方式，工序之间的物料转移需要管理人员的宏观调度，在每一部门，工件从一个工作中心到另一个工作中心，进行不同类型的工序加工，这样的流程必须以主要工艺为中心，安排生产设备的位置，以使物料的传送距离最小；

人员密集，自动化水平低，产品的质量和生产率依赖于制造工人的技术水平；离散制造车间现场是物流与信息流错杂交汇的场所，生产状况繁杂，不易掌控。对于离散制造的组织方式，其设备的使用和工艺路线都是灵活的。

在离散制造车间[33-35]生产过程中，各类数据不断产生，包括物料、设备、工装、工单、员工等多种信息，既有状态信息，又有实时信息。因此能否对制造车间进行有效的数据管理直接影响着生产计划的执行，并最终影响企业的效益。目前，离散制造车间数据管理主要面临以下几个问题。

1. 离散制造车间现场数据种类繁多，数据量大

车间是各类生产资源和生产者的聚集地，是各种信息交汇的场所。如此多的信息混杂在一起，必然会因数据种类繁多及数据量大导致生产过程的停滞，这样会严重影响生产计划的有效执行。

2. 制造数据状态复杂，采集困难

目前，离散制造车间生产过程的数据主要依靠人工采集和管理，通过在生产过程中记录下一些必要的生产信息，并按生产计划传递给下一环节，直至产品最终完工。然而，在生产过程中，有些制造数据状态极其复杂多变，按照传统的采集方法无法满足采集要求，因此一些重要的生产信息很难被记录下来。实时状态数据的采集就成了离散制造车间生产的一个较大的难题。

3. 车间现场制造数据缺乏完整的统计分析

传统的离散制造车间数据管理体系中，车间管理人员需要耗费较多的时间在数据的统计分析上，且这些数据存在准确性和实时性明显不足的缺点。这样管理层无法及时地了解现场的加工情况和资源情况，延误了生产计划的安排，导致整个生产效率的低下。

离散制造车间数据管理方面的这些问题，其根本原因是车间制造数据没有得到实际有效的采集和管理。因此，在基于物联网的离散车间生产过程中，通过 RFID 技术进行数据采集，并结合已有的网络技术、数据库技术和中间件技术等，用无数的电子标签和大量联网的读写器构成物联网，实现物体的自动识别和信息的互联与共享。为提高制造业信息化水平，以信息化带动工业化，在企业原材料供货、生产计划管理、生产过程管理、精益制造等方面，采用 RFID 等技术可以促进生产效率和管理效率的提高[36-38]。通过物联网技术，将所采集到的数据在一个统一的数据管理平台中进行分析和统计，最终实现车间实时制造数据的管理，这是具有重要意义的。

3.2　离散制造业生产模式

20 世纪 50 年代是制造业大批量生产模式的巅峰期,而随着经济全球化发展,多品种、小批量、定制化的生产模式越来越成为生产的主流模式。相应地,企业为了满足这样的生产模式需求,就需要拥有新的生产管理思想和经营理念。离散制造业这种新的生产模式给企业提出了一个难题,如何按照这种灵活的生产模式进行生产结构设置和规划是提高企业生产效率与收益的关键。通过结合新的生产方式和技术,来适应这样一种生产模式的改变。新的生产方式和技术开始不断涌现,人们提出了准时生产 (just in time,JIT)、精益生产 (lean production,LP)、敏捷制造 (agile manufacturing,AM) 和虚拟制造 (virtual manufacturing,VM) 等生产管理模式。这些新的生产运行管理模式获益于信息技术的支持和其他技术的发展。

现如今,大多数的离散制造企业都通过使用制造信息管理系统来进行生产计划管理、任务调度等,通过结合先进的管理思想和方法,改变传统的粗放型生产管理模式,以获得企业制造管理水平和经济效益的提高。离散制造企业的生产管理随着信息技术的发展进入了新的阶段,开始体现出有别于传统生产管理的特点:生产管理涵盖的内容更为丰富;集成管理的需求显现;与新生产方式和技术结合。信息技术是离散制造控制与管理不可或缺的手段。

生产过程控制是离散制造过程的关键,它包括了离散制造中生产监控、质量控制、生产调度、工艺反馈、生产计划等多个方面的信息。制造过程是制造企业生产产品和创造生产价值的主要生产活动,它包括从制造原材料的输入开始,利用一定的生产工具和设备,快速、低成本、高质量地创造产品,最终输出成品的全过程。

离散制造过程管理主要呈现出以下几个特点。

1. 产品结构和生产工艺相对复杂

离散制造由于产品种类繁多,且结构复杂,不同的零件具有各自的生产工艺,在离散制造过程中多条加工路线根据不同产品结构同时进行。

2. 生产订单具有不确定性

离散制造过程中常常会有紧急订单、订单计划改变等不确定状况发生,生产计划的实时应对性较差,常常造成较长的计划、等待时间,过程控制复杂。

3. 生产过程不均衡

生产订单的不确定性往往造成生产过程的不均衡,人工调度缺少制造过程资源的实时状态,无法实现生产资源分配的最优化。

4. 实时生产调度不完善

在离散制造过程中, 缺少实时的生产控制信息, 对生产的掌握比较滞后, 使得制造过程的实时生产调度困难。

无法获得离散制造过程的任何延迟或干扰信息, 使得制造业面临着种种问题: 低效的生产规划、调度和控制, 遗失物品, 较低的生产力或者高不合格率。这些问题亟待新的控制管理技术来解决。

随着管理技术、管理手段、管理方式、信息技术的不断发展与应用, 多数大型企业的生产管理都已经进入了信息化阶段。而中小型离散制造企业生产特点则是: 多品种、中小批量、单件生产混合模式; 产品规格繁多、技术难度大; 外购件、外协件多, 标准件少, 物流管理复杂。多品种、小批量生产管理模式对企业的组织结构以及各部门之间的横向和纵向联系都有特殊的要求, 中国多数企业很难将多品种、小批量生产模式运用到实际管理中, 并发挥良好作用。主要原因是由于企业没有按照多品种小批量的灵活生产模式来设置和规划公司的结构。

RFID 技术在发展, 工艺的提升、成本的降低使得它的应用越来越广泛, 然而它在离散制造中的应用却受限制, 这很大程度上是因为离散制造的复杂性。在大多数的离散制造过程中, 产品的物理和信息流是相对复杂的, 它们来自于原材料、零件、组件和在制品及最终产品过程。离散制造过程信息具有多源异构性、实时性、不确定性、复杂性和多元性等特点。传统的离散制造控制管理模式正在逐渐被新的模式替代, 人们希望生产变得更为智能化。

德国 "工业 4.0" 项目提出了智能工厂的概念, 通过结合物联网与服务网, 将生产制造中的机器、生产设施和存储系统融入到信息物理系统 (CPS), 实现智能化生产。如今, 智能工厂主要关注以控制为中心的优化和智能。从现今的离散制造状态转换到更为智能的生产, 需要进一步科学地解决几个问题, 这些问题可以分为以下五大类。

1. 管理员和操作者的交互

目前, 生产操作者控制机器, 管理员规划调度, 机器只是执行分配到的任务。尽管这些任务通常已经由专门的操作者和管理员优化过了, 但在这些决策中还是缺乏一个明显的因素——机器组件等的实时状态。

2. 机器组

相似或相同的机器 (机器组) 加工不同的生产任务, 它们的加工条件互不相同。相比之下, 大多数生产计划设计和预测的方法往往用于支持一个单一的或有限的机器和工作条件。目前, 可用的生产预测和监控管理方法不考虑这些机器组基于有价值的生产知识的协作。

3. 产品和过程质量

作为生产过程的最终结果，产品质量可以通过逆向推理算法，提供关于机器状态的洞察。生产质量可以为系统管理提供反馈，这能用于改善生产调度。目前，这种反馈循环还需要进一步的研究。

4. 生产过程大数据和云计算

在离散制造过程中，基于大数据的数据管理和分布对实现生产资源自我意识和自主学习是至关重要的。云计算提供的额外的灵活性和能力的重要性是必然的，但适应生产预测和监控管理算法来有效实现目前数据管理技术需要进一步的研究和发展。

5. 传感与控制网络

通过自动识别与传感技术，感知离散制造过程的物理环境，这就需要成熟的传感与控制网络，为决策算法提供正确的数据。

当前，国内制造业正处于产品成本不断攀升、利润不断降低的阶段，企业迫切需要整合资源、降低成本、提高质量。借鉴智能化思想，针对离散制造过程的控制与管理，结合物联网技术，采用面向服务的体系结构，通过制造过程 RFID 实时数据自下而上驱动生产控制与管理。利用 RFID 的自动化智能识别方法对制造过程生产要素加以识别，同时对其进行实时状态监控和定位，追溯它们在制造过程中的历史轨迹。对制造过程的控制还包括生产要素是否按计划到达指定位置，生产进度是否延迟等。通过对制造现场底层物理数据的分析，采用自下而上的模式驱动离散制造系统生产调度计划动态调整、产品质量信息提升管理等。

基于物联网的离散制造过程控制与管理系统是以 Web 服务为设计基础的系统，系统实施依据一个标准化的面向服务的体系结构(service-oriented architecture，SOA)。图 3.1 显示了面向服务的控制与管理系统模式，包括基于 SOA 的四类结构实施。第一类包含一组标准的 Web 服务，它们基于离散制造过程信息源，通过连接数据库获取相关实时制造数据。这些标准的 Web 服务包括生产相关的过程控制、生产调度、数据支持等，它们被开发并部署到系统软件中作为服务。第二类是制造过程信息源服务——负责处理各种可扩展标记语言(XML)数据文件的一组标准的 Web 服务。该服务是作为用户界面浏览器和信息源之间进行数据传输的桥梁，主要包括基于 XML 的可重构服务和组件服务。第三类包括各种信息和应用程序接口，它们被部署在特定服务器上供终端用户使用。第四类则包含离散制造系统应用服务，可以与终端用户进行直接交互，方便他们的操作与决策。

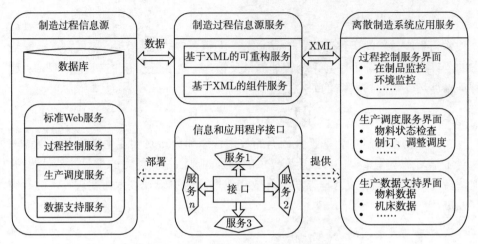

图 3.1   面向服务的控制与管理系统模式

3.3   制造业与物联网融合的必要性

企业制造能力的核心要素在于具有高效灵活的制造组织、先进的制造装备、高素质的制造人员。正如以上所述,在现阶段由于技术、资金和其他方面的因素影响,我国的工业体系很难实现对以上三个要素的全面提升,物联网制造模式的发展则为解决以上问题提供了一条前景光明的途径,可以灵活优化地配置整个工业制造资源,从而极大地提高我国制造业的制造能力。

首先,网络和信息技术的应用可以对数据和信息进行无纸化传递、管理和应用。一方面降低了信息传递过程中的出错率,保证了信息的正确性和有效性;另一方面使得信息传递具有实时性,满足了对制造实时监控的需要。其次,制造物联通过网络实现资源的互联和通信,实现资源集成和共享。

3.3.1   生产现场对物联网的需求分析

离散制造业生产现场对物联网的需求主要包括以下两方面。

1. 车间信息采集和实时监控

在离散制造车间现场制造数据的采集一直是一个难题,传统的以纸质文档作为载体、手工记录的数据采集方式存在着很明显的缺陷,纸质文档容易遗失、损坏,人工记录难免出错,数据查找起来困难;条形码技术又因为其识别距离很短、读取的方向性要求高、读取速度慢、能携带的数据量小且不可重写、易污损等缺点,限制了其在离散制造车间的广泛使用;像机械打标、激光刻字及喷码技术都曾用在离散制造车间进行在制品的标识,但都因为各自的局限性不能在车间进行全面的使用。射频识别技术由于其特有的非接触远距离识别、电子标签信息存储量大等优点，特别适合对离散制造车间的制造资源和在制品进行自动标识，实现对离散制造车间现场制造数据的实时采集。

对于车间的每个生产工位，在对在制品进行加工的过程中，通过可视化技术第一时间向操作工人发放所需要的工艺文件、零件图纸、数控程序以及检验标准等，同时将机床运转的状况、工装配备状况以及物料的准备状况进行实时反馈，指导操作工人进行每道工序的生产加工，当出现机床故障、物料不足的情况时，及时进行工位的报警，提醒现场操作工人进行及时处理，避免质量隐患，从而提高制造过程的生产效率和加工质量。而对于离散制造车间的管理人员，可以实时地监控物料从投入到产品入库全过程的制造数据，包括生产设备的信息和状态、生产的工人、采用的工装、每道工序的质检数据和时间等，能够针对目前的生产状况做出正确的生产决策。

2. 车间对象的实时定位

随着无线通信技术、云计算和物联网应用的不断发展，基于地理位置信息的服务越来越受到人们的青睐。与此同时，为各种室内外服务提供基础位置信息的定位系统的相关研究也获得了越来越多的关注。现如今，自动感知定位技术已经成为了相关学术界的一个研究热点，各种各样的定位系统正被深入应用到物流、煤矿、制造、军事等生产和生活的各个领域。自动位置感知以及相关的位置服务正在改变着我们社会生产生活方式。

作为蓬勃发展的物联网核心技术，RFID 技术是继条码技术、磁卡技术、视觉识别技术以及声音识别技术之后出现的又一种非接触式自动识别技术，RFID 技术未来的应用空间将更为广阔。由于 RFID 读写器读写距离灵活可调，RFID 定位已成为当前室内定位研究中的焦点。近年来，RFID 技术广泛应用于仓库和供应链管理、航空行李包裹处理、门禁控制管理、交通管理、防伪防盗、图书馆管理、煤矿人员定位、电子门票和道路自动收费等方面[18,39−56]，这也大大推动了 RFID 在室内定位领域的应用。RFID 定位系统具有自组网特性，不依赖于卫星和网络信号，其精确度在于 RFID 读写器与电子标签的分布情况，这大大提高了定位系统的适应性，用户完全可以根据自己的特殊环境，布置特定的 RFID 定位系统以满足实际的定位需要。

与流程制造相比，离散制造主要是通过对毛坯原材料的间断性加工，使其物理形状依次改变，生成所需零件，最后完成产品的组装。将 RFID 定位系统引入离散制造车间领域，填补了 RFID 定位系统在底层制造车间应用的空白，一方面能够实现人员以及生产要素的快速定位，提高车间的可控能力；另一方面能够满足用户对基于地理位置的提醒和兴趣服务的需求。基于 RFID 的离散制造车间定位系统将大大加快我国打造智能化制造车间的进程，对拓展中国制造业信息化具有深远的意义。

3.3.2　生产管理对物联网的需求分析

制造业生产管理对物联网的需求包括以下两方面。

1. 物联网对生产调度规划的促进

在大多数生产制造情况下，来自原材料、零件、组件和在制品及最终产品的物理和信息流往往是相当复杂的。对生产过程中的延误或干扰如果没有获得及时完整的信息，企业将面临诸多问题，例如有效的生产计划、调度和控制，丢失物品，产品质量低或高缺陷率等。这些是制造企业遇到的普遍问题。尽管当前我国制造企业信息化水平有了较大的提高，但还是存在生产制造的监控、企业信息系统的支持等无法解决的难题。而物联网的出现，为制造业提供了很好的解决方案[54-58]。通过传感网络技术、RFID 技术等物联网的关键技术，对制造业的生产规划带来新的促进作用。

在传统的离散制造生产管理系统中，计划员制订生产调度表，并由车间管理员以纸质的任务卡形式发放给工人，定期返回生产报告。一方面，任务卡的制订是计划员根据他们以往的经验而不是标准化的规则，因此没有完全合适的计划。另一方面，从车间管理员处返回的报告往往是滞后的、不准确的。这往往导致不可避免的情况，即车间管理员指责计划员制订了无法实现的计划，而计划员抱怨计划没有适时地被执行和报告。因此，这样的"滚雪球"效应引发了如在制品高库存的情况。

传统的离散制造生产调度无法实时解决生产计划与执行不一致的情况。在生产调度规划方面，物联网技术改变了传统的调度模式，使得生产调度更具有实时性。通过结合物联网技术、IT 技术以及企业信息系统，实时反馈生产作业计划执行情况，为离散制造动态调度提供更为准确的决策依据，使得离散制造生产调度系统从开环变为半闭环，对制造过程进行监控、检测、预测、信息共享等，高效地组织并运行生产活动。

通过建立一个统一的数据模型，全面统筹整个制造车间所需要的基础数据和现场采集到的数据。基础数据是指车间所有制造资源的属性数据和生产制造过程中涉及的文件，包括机床、人员、工装等的基本信息以及工位生产计划、工艺文件、质检文件、零件图纸等，它是各种编码信息转化为可以理解的实际意义的基础，同时，将现场采集到的半结构化的数据与结构化的基础数据相互融合进行统一的数据建模，使管理人员对车间的资源状况有全局的认识，为物联网在车间生产调度规划方面实现提供全面可靠的实时数据支持。通过物联网技术能获取丰富的、全面的离散制造车间的实时数据，基于这些准确的制造数据进行统计分析，使得管理人员可以准确清晰地获得在制品、机床、工人的状况，轻松地掌握每道工序的工时，对整个产品以及订单的进度现状以及预测做出科学的判断和决策，合理安排车间的制造资源，优化资源配置。

随着制造物联网的提出及关键技术的发展，基于 RFID 传感网络技术的网络化制造、实时制造、无线制造等智能制造技术，对传统制造企业的升级转型起到了关键性的推动作用。物联网技术应用在制造领域，为车间现场采集实时制造数据提供了技术条件。因此，这些实时反馈的确定的动态事件，可以为动态自适应调度提供更加精确的决策依据。这将促使动态调度领域研究从理论研究走向应用实践，并为之提供技术支撑。

2. 物联网与企业信息系统的结合

物联网是实现企业管理信息化核心技术之一，近年取得了迅猛的发展。作为信息化技术中的一项前沿、核心技术，物联网已经引起了各国政府、研究机构、企业和学术界的广泛重视，尤其是在美国、欧盟、日本、韩国等国家和地区的积极研发与推动下，近些年来已取得了一定的进展。物联网直观上是一类连接物品的互联网，是下一代网络和互联网发展的必然产物。

传统离散制造企业生产物理底层与企业信息系统之间存在断层，缺少制造过程生产数据的实时反馈，快速应对生产情况的能力，以及企业信息系统的生产优化管理等。基于物联网中 RFID 技术等的实施，一些成熟但成本较高的生产解决方案开始出现。利用先进的 RFID 系统，为企业信息系统提供来自制造过程底层的数据支持，通过 WebService 技术实现系统之间的信息交换和数据集成，与上层的信息管理系统协同运作，进一步加速企业信息化发展。

基于物联网技术的发展，高度的信息共享促使企业可以通过优化业务流程和资源配置，强化运行细节管理和过程管理，追求持续改进，推动企业不断适应内外环境的变化，提高核心竞争力和创效能力，达到精益管理，从而提高制造业生产力。基于物联网技术的泛在信息系统将实现专业分工更加细化、明确，同时，物联网通过全面感知、可靠传递、智能处理使信息到达不同目标，实现共享，因而高度共享的信息资源、高度细化的专业化分工，极大地提高了工作效率，帮助企业节约成本，提高竞争力。

通过与 MES、CAPP 系统的应用集成接口，物联网管理系统获取车间工位生产任务和产品的工艺文件，经工位任务下达，将每个加工工位的物料配送计划和工位任务，连同相应的工艺文件和质量检验标准一起下发到物联网车间的各个工位，每个车间工位可以通过电子看板和手持式多功能数据终端对文件数据进行接收。同时在生产过程中，RFID 读写器和多功能数据采集终端将生产过程中的在制品数据、人员数据、设备数据、质量数据实时地进行采集,经过实时数据的融合处理后,有效的过程数据被相应的数据流程控制和数据统计分析相应的功能模块提取和处理,并通过可视化接口实时地反馈给车间管理人员,形成物联网车间生产管理的闭环控制。

第4章 制造物联系统结构

智能工业具有三个方面的层次：一是涵盖产品全生命周期的设计、制造、管理、服务的智能化；二是产品的智能化，包括智能装备、智能家电等；三是生产方式和商业模式的变革，产品生产方式由大规模批量生产向大规模定制生产转变。

在互联网、物联网、云计算、大数据等信息技术的强力支持下，智能工业企业可进一步进行更大跨度的资源集成，方便实现远程定制、异地设计、协同生产、就地加工与服务，不仅使产品制造模式由批量生产向面向客户需求的定制化、个性化制造模式转变，同时，企业的生产组织模式及商业与服务模式等均发生根本性的变化，可在有效提高产品服务质量的同时进一步降低产品成本、减少资源消耗。

本章主要介绍制造物联的生产目的、体系结构、功能框架、生产网络和数据管理。

4.1 制造物联生产目的

对制造车间现场的各类制造数据进行准确、及时、科学的管理和应用，是提升产品研制过程中整体信息化水平的基础条件；充分的信息化程度能够确保精准的批量化产品研制。复杂产品的研制对产品制造过程状态控制和要求非常严格，由于产品的复杂化、多样化，制造车间内多种型号、批次共存，因此相关制造数据种类繁多、数据量大、状态复杂多变、数据异构，不同数据之间具有很强的关联性，这就对制造车间内的制造数据处理能力提出了极高的要求。

如何对各类制造数据进行实时采集、准确建模、深度融合并精准地反映当前的制造过程状态，已经成为目前制造企业普遍存在的难点和亟待解决的问题。当前，产品的技术状态管理主要依赖生产过程中人为的信息记录，实物状态管理主要依赖人工间接采集的信息进行判断，信息采集滞后且准确性保障成本高，技术状态与实物状态之间没有直接可靠的信息通道，容易形成数据孤岛，造成反馈、调整周期较长，制约了制造过程中的生产效率的提高。

物联网技术的不断发展，其应用领域已经扩展到制造业，为企业产品的制造管理带来提升，从而形成新的生产模式——制造物联生产模式。

通过分析制造企业的现状，针对产品的研制生产需求，制造物联生产模式的目的是提供基于物联网技术的产品现场制造要素联网、制造信息的采集与管理和制造过程状态协同的方法，解决面向制造过程自动化的物联网应用系统的关键技术和技术难点，主要包括：基于物联网的制造要素联网、现场制造信息采集、现场制造信息的集成关联与存储、现场制造信息的分析与应用系统的集成、制造信息的安全策略，以及基于现场制造数据的制造协同等关键技术。通过面向军工制造现场的信息集成管理平台和应用工具，为制造企业提供基于物联网的现场制造信息采集、建模、存储、查询、交换、分析和使用的系统解决途径和工具。这将在现场制造要素的实时监控、产品制造全过程的跟踪与追溯、完整和准确的现场制造信息提供、基于现场制造数据的制造过程状态协同等方面发挥显著作用，是推动企业全面实现信息化制造的基础条件，是进一步提高产品制造过程状态管理效率和产品制造质量、降低制造成本的重要途径。

　　基于制造物联技术，结合"工业4.0"的概念，在制造业打造智能工厂。物联网智能工厂结构如图4.1所示。在离散制造领域，基于物联网技术，结合服务网、云计算等当代先进信息技术，智能工厂[59-63]的出现是未来发展的一个必然趋势，它的目的是创造智能产品、智能应用和智能流程。智能工厂可以控制和管理产品生产全生命周期中的复杂事物，不会轻易受到各种因素的干扰，可以更加高效地制造产品。智能工厂就像一个社区一样，提供给生产过程中的所有生产要素一个社交网络平台，其中的工人、机器和生产资源之间通过RFID等技术相互"交流"、沟通合作。例如，智能产品知道它们自身是如何被制造的，以及它们即将被怎样使用。它们不再被动地被制造出来，而是能够积极主动地参与到自身的制造过程中，协助生产；能够知道"我是否到达正确的生产工位"、"处理我的机器和加工参数

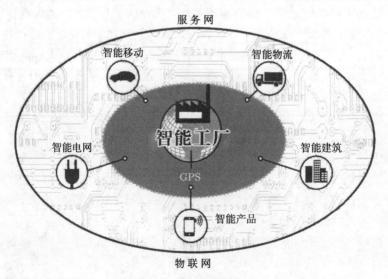

图 4.1　物联网智能工厂

是否正确"以及"下一步我将被运送到哪里"。通过制造资源的深度融合,为离散制造企业提供全生命周期管理服务。这必将导致制造业中传统价值链的转变和新商业模式的出现。智能工厂的形成为制造企业带来了新的生产管理模式,使其生产更为智能化,明显提高我国企业制造能力。

"工业 4.0"将发展出全新的商业模式和合作模式,这些模式可以满足那些个性化的、随时变化的顾客需求[64-74]。在生产、自动化工程和 IT 领域,横向集成是指将各种使用不同制造阶段和商业计划的 IT 系统集成在一起,这其中既包括一个公司内部的材料、能源和信息的配置 (例如,入厂物流、生产过程、产品外出物流、市场营销),也包括不同公司间的配置 (价值网络)。这种集成的目标是提供端到端的解决方案。在生产、自动化工程和 IT 领域,垂直集成是指为了提供一种端到端的解决方案,将各种不同层面的 IT 系统集成在一起 (如执行器和传感器、控制、生产管理、制造和执行及企业计划等各种不同层面)。

4.2　制造物联体系结构

根据离散制造企业车间制造现场的制造信息的特点,构建"制造物联网"应用系统的体系结构。系统包括三个层次,即制造要素网络层、实物信息采集层、制造过程状态监控与评估层。其体系结构如图 4.2 所示。

4.2.1　制造要素网络层

系统的底层为制造要素网络层,负责对各管理要素信息的采集与写入。制造要素网络层包括: 环境数据 (温度、湿度和粉尘) 的动态采集,采用 ZigBee 进行组网,设置一台计算机进行环境信息的实时采集;设置在车间关键区域和机床附近的电子标签信息的采集与写入;各个机床的状态、主轴转速等信息的采集。针对车间的实际需求,选择和研制符合产品需求的各类传感器、电子标签,实现对现场制造要素的各类状态、运行、控制等参数的采集,如环境参数传感器 (温度、湿度、粉尘等)、设备状态传感器 (设备运行和停止、普通设备的主轴转速等)、记录刀具与量具使用和状态的电子标签、工装位置和状态传感器、物料状态电子标签等,以及提供与现场具有数据接口的电子量具、设备的数据接口等。

4.2.2　实物信息采集层

物联网是一种延伸到物品的底层数据网络,在该层上提供相关的构件解决两方面的问题,首先是物联网本身的分布式拓扑结构设计和信息交换协议定义,即读写器、ZigBee 传感器网络协调器、信息交换协议、监控系统等;其次是提供与企业现有局域网的接口,如车间局域网、DNC 等,实现信息交换。

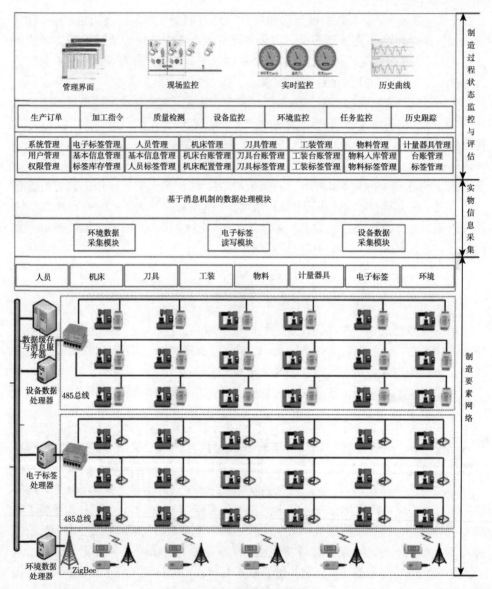

图 4.2　系统的体系结构

4.2.3　制造过程状态监控与评估层

车间现场制造数据种类繁多、数据量大，制造过程状态监控与评估层首先提供用于面向各类现场制造要素的数据结构定义及数据关联关系定义工具，并设定数据配置规则，实现面向用户和任务的制造数据多视图服务。基于以上定义，构建现场制造数据的海量数据库，制造知识库及其安全和备份机制等。在该层中，实施对数据的逻辑处理，包括系统基本信息管理及台账管理、各种配置管理、各个要素的信息管理、工序及工作指令的管理、质量检验、各个要素的实时监控，从而构建基于实物信息的技术状态模型。基于实物信息的技术状态模型，并结合车间现场的数据传输流程和操作人员的工作内容，开发基于事件和任务的制造数据驱动机制，实现对实物状态与技术状态的对应评估。在对应评估过程中，定义事件类型 (如任务到达、任务结束、任务变更、设备开机、质量缺陷等)，并基于事件类型启动相应的应用服务 (如通知、报警等功能)，预判并指引后续的制造过程。

该层中，现场制造数据管理平台以 Web 方式展现各种管理界面和监控界面，部署在各工位终端、采集计算机上，针对不同的用户角色，配置不同权限的账户。应用层提供包括表格、图形、曲线等丰富多彩的界面形式。用户界面层提供给用户管理、操作和监控车间所有要素的用户接口，各种要素的动态信息也以可视化的形式展现给系统用户。

现场制造数据管理平台集成了物料定位、工序状态追踪、制造状态建模等功能，采用 RFID 所返回的 RSSI 值对车间内的物料进行定位追踪，并提供定位搜索服务。通过对采集到的数据进行重构，建立制造模型，分析当前制造现场的技术状态，使用户能够对整个制造现场进行实时可视化的管理。现场制造数据管理平台的软件结构如图 4.3 所示。

其中定位追踪、数据采集、基本数据维护、硬件配置、状态建模等功能模块为数据管理平台中的公共服务，在此基础之上分角色配置了不同权限的用户，分别开放不同的应用服务。

物联网车间数据管理系统的体系结构如图 4.4 所示。

物联网车间数据管理系统的体系结构主要包括：基于 RFID 的智能对象中间件的车间现场制造数据采集层、物联网车间制造数据模型层、数据管理系统核心功能层、集成接口层、系统支撑层以及用户界面层等。

基于 RFID 的智能对象中间件的车间现场制造数据采集层主要靠分布在车间现场的 RFID 设备和手持式多功能数据采集终端，完成对车间制造现场数据的全面采集，手持式多功能数据采集终端支持对条形码、二维码、RFID 电子标签以及键盘手工输入几种方式的数据采集，并且可以通过终端实现对工人和车间现场管理人员的可视化指导，将数据管理系统的功能和应用从办公室的管理层延伸到车间制造现场。

物联网车间制造数据模型层实现对车间制造现场采集来的多源异构数据进行融合处理，过滤冗余的异常数据、噪音数据和干扰数据，将有效的现场制造数据提取出来。由于现场采集来的数据具有时序性、实时性的特点，数据融合层实现对现场制造数据在时间上的融合，为数据管理系统核心功能层提供实时有效的数据。

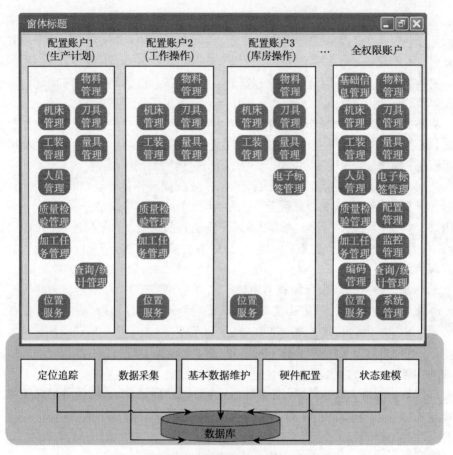

图 4.3　现场制造数据管理平台的软件结构

　　数据管理系统核心功能层是系统实现的关键,主要包括车间制造现场的基础数据管理、数据采集模块、数据流程控制和数据统计分析等功能,通过各个功能之间的相互协作与调用,实现对离散制造车间的透明化管理。

　　集成接口层实现物联网车间数据管理系统与现有的 MES 系统、CAPP 系统、PDM 系统的紧密集成,数据管理系统采用 XML 中间系统模式与其他应用系统进行集成,利用 XML 文档与关系数据库进行数据转换,数据管理系统需要从 MES 系统获得工位生产任务,从 CAPP 系统获得车间加工工艺文件、数控加工程序以及零件图等,从 PDM 系统获得产品的 BOM 表。

　　用户界面层通过 B/S 和 C/S 混合模式支持电脑浏览器、手持终端、车间工位电子看板进行数据的交互,方便各种权限用户的使用。

　　系统支撑层是在计算机硬件、操作系统、网络、数据库系统、安全防护体系等各个方面为系统提供基础支持。

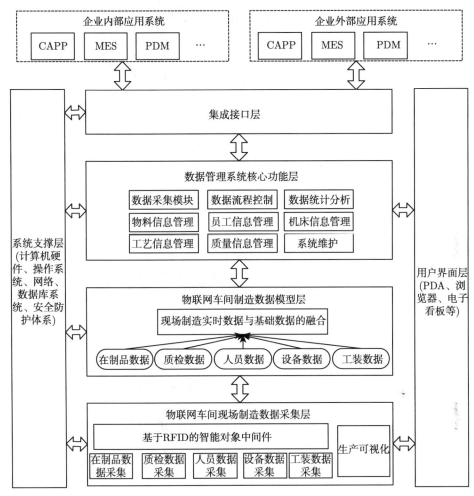

图 4.4　物联网车间数据管理系统体系结构图

4.3　制造物联功能框架

系统的功能框架的构建如图 4.5 所示, 其中虚线内部为主要组成部分, 具体包括: 物联网系统 (电子标签/二维码、传感器、读写器、天线等), 基于物联网的制造车间现场管理系统 (数据管理系统、数据库、知识库等), 两类电子看板 (手持式电子看板和固定式电子看板) 以及与应用系统的数据接口。系统的工作原理如下。

首先, 通过物联网中的 RFID 和传感器等相关技术, 将车间内所有制造要素, 包括静态制造要素 (如设备、工装等) 和动态制造要素 (如物料、工件、人员等) 进行联网, 相关制造要素通过物联网连接到现场制造数据协同管理平台。其次, 平台通过物联网对制造要素的相关数据进行制造数据采集，或者将相关制造参数进行写入的活动。再次，构建面向整个制造现场和制造过程的制造数据模型和制造数据过程管理模型，对各类现场制造数据进行管理和控制相关制造数据的传递。然后，通过两类电子看板为现场相关制造人员提供多维度的制造信息显示、查询、分析、追踪、追溯和仿真等功能。最后，通过紧密集成模式的应用接口实现与其他应用系统的集成，如 CAPP、PDM、CAM、MES、ERP、CAQ 等系统。

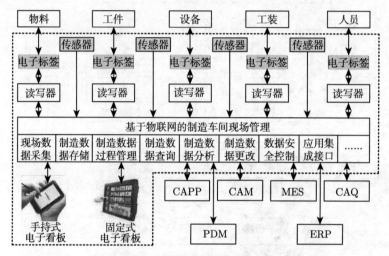

图 4.5   系统总体框架及组成

通过对离散制造车间现场制造数据管理需求的分析，结合物联网车间数据管理系统的体系结构，设计物联网车间数据管理系统的功能模块，包括数据采集、数据管理、数据分析、数据接口和系统维护等，建立各个功能模块的功能结构树，如图 4.6 所示。各个功能模块实现以下几个功能。

1. 数据采集

数据采集模块是对车间内使用的 RFID 电子标签和 RFID 读写器进行统一管理。对 RFID 电子标签的管理包括电子标签初始化、电子标签发放、电子标签回收等处理，对 RFID 读写器的管理包括 RFID 读写器配置 (比如设置 RFID 读写器为手动采集方式还是自动采集方式，工作模式是实时采集还是非实时采集)，以及每个 RFID 读写器与工位 (或者是机床) 的绑定信息，使所有读写器的工作状态一目了然。

2. 数据管理

基础数据管理是对车间所有制造资源的属性数据和生产制造过程中涉及的文件进行统一的管理，它对生产作业计划、物料信息、员工信息、机床信息、工装信息、工艺文件、质量文件、BOM 表以及图纸等进行详细的编码、定义和描述，这些基础数据是生产作业计划、在制品、工人、机床、工装的编码等信息转化为可以理解的实际意义的基础，是整个物联网车间数据管理系统运行的基石，为其他各个模块的正常运行提供数据支持。

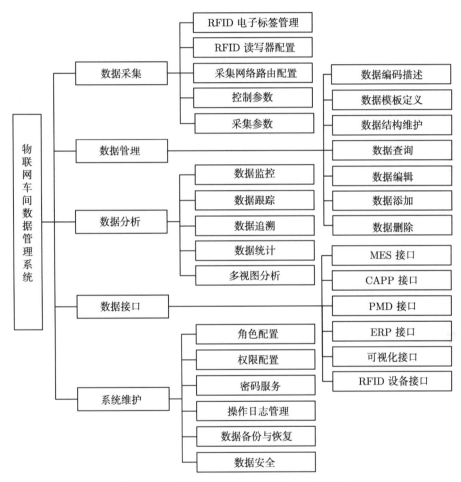

图 4.6　物联网车间数据管理系统的功能结构

3. 数据流程控制

数据流程控制功能包括人员监控、设备监控、在制品监控、工位监控、车间环境监控和质量数据控制等功能。通过对每个工位局部生产过程的优化控制，达到对车间全局的数据流程控制的效果。采用 Agent 技术对车间智能制造对象进行封装，建立智能代理模型，使每种 Agent 能按照预定义的工作逻辑主动获取现场制造数据，感知和分析制造车间环境的变化，对生产过程产生的数据进行有效控制。生产过程的质量数据控制与生产过程是同步进行的，建立质量 Agent 实现质检数据的自动判断和纠正，保证每道工序的产品质量，杜绝人工检测带来的问题隐患。

4. 数据统计分析

统计分析是管理层最关心的问题。通过车间智能制造对象技术，数据管理系统可以实时地掌握车间制造现场丰富全面的制造数据，准确了解每个生产计划的进度状况。由于工时的计算准确，运用简单移动平均法便可以对计划的进度状况做出预测。同时，员工工时统计是给员工发绩效工资的依据；设备利用率关系到企业的投资效益，用来统计反映车间设备实际使用时间占计划用时的比重；产品质量追溯可以实现对每件加工完成的产品的生产者、生产设备、检验者以及生产时间的历史追溯，因为可以定位每件产品质量问题的原因与责任者，可以实现对工人生产态度与积极性的间接鞭策；任务成本分析是对每道加工工序，每个零件、部件以及产品的生产成本进行全面的统计计算；对车间产能分析是对车间每天、每周、每月、每季度、每年的产品产量的分析及未来产能的预测，是宏观把握车间生产能力的一把钥匙。

5. 系统维护

系统维护包括角色配置、权限配置和密码服务等功能，为物联网车间数据管理系统的用户分配不同的角色，每种角色有各自的使用权限，例如现场工作的工人不必关心设备利用率、车间产能等功能模块，也不能看到和修改员工绩效考核模块，所以他们就没有这些模块的使用权限。密码服务为每个用户提供私人密码的设置和修改。

4.4　制造物联生产网络

物联网并非一个全新的网络体系，而是对现有网络资源的继承和延伸。因此，对制造车间中的各种生产要素 (包括机床、工装、物料、刀具、量具、工人、环境七类) 进行物联组网应借助于现有的网络基础。在现有的企业级应用网络及制造车间内的现场工业总线的基础上，扩展无线传感网络与 RFID 设备及其他终端设备是制造过程物联组网的基本框架。制造物联生产系统网络支撑体系如图 4.7 所示。

在企业级应用网络中新增若干台数据库服务器作为制造要素的数据处理平台，机床、工装、物料、刀具、量具、工人、环境七类组成了完整的制造车间的底层生产要素，根据各自的特点采用不同的传感器或标识方式接入工业总线或已有网络，从而形成底层物联网络；车间底层物联网络将所获得的数据通过网络传输方式向数据库服务器传递；所获得的数据在企业级应用网络中的数据库服务器中进行检索、分析、发布、存储等操作；而制造数据管理系统则借助企业级应用网络以 Web 方式展现各种管理界面和监控界面。通过中间件设备，该制造物联系统可为其他企业级应用系统 MES/CAPP/ERP 等提供统一双向的数据接口。

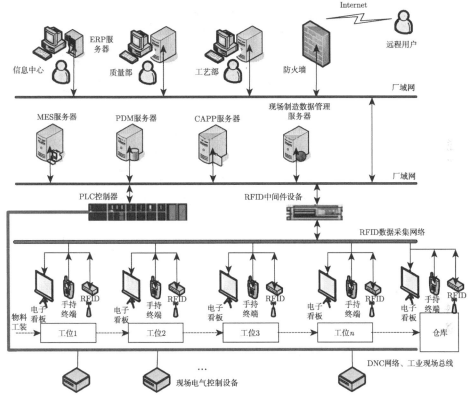

图 4.7　制造物联生产系统网络支撑体系

　　在车间的每个工序级加工工位都配置 RFID 读写器、手持式多功能数据采集终端和电子看板，实现对现场制造数据的实时采集和显示。同时，在车间的物料库、工装库以及仓库的出入口也安排相应的设备，统一管理物料、产品、工装的流动情况。

　　车间现场制造数据管理服务器是整个网络支撑体系的关键枢纽，它通过串口或无线网络 Wi-Fi 实时地与 RFID 读写器、手持式数据采集终端的数据、电子看板进行数据的交互，同时完成多源异构数据的融合处理，将有效的制造数据存储在实时数据库中，为数据管理系统各项功能的完成提供实时数据支持。车间现场制造数据管理服务器通过厂域网与企业的各个部门进行信息的传递，收发来自上层管理系统的文件,实现对车间的快捷管理。同时,物联网车间数据管理系统也提供 Internet 网络管理服务,获得网络授权的远程用户可以通过浏览器完成对物联网车间的实时监控。

4.5 制造物联数据运行模式

结合物联网制造车间管理系统的功能结构,为保证其各项功能之间的相互协作与调用,实现物联网车间的透明化和无纸化管理,物联网车间数据管理系统的运行模式如图 4.8 所示。

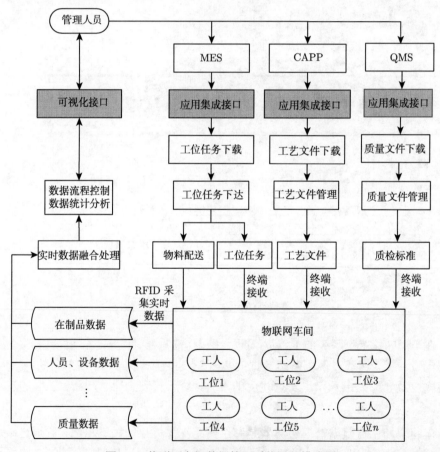

图 4.8 物联网车间数据管理系统运行模式图

通过与 MES、CAPP 系统的应用集成接口,物联网车间数据管理系统获取车间工位生产任务和产品的工艺文件,经工位任务下达,将每个加工工位的物料配送计划和工位任务,连同相应的工艺文件和质量检验标准一起下发到物联网车间的各个工位,每个车间工位可以通过电子看板和手持式多功能数据终端对文件数据进行接收。同时在生产过程中,RFID 读写器和多功能数据采集终端将生产过程中的在制品数据、人员数据、设备数据、质量数据进行实时的采集,经过实时数据的融合处理后,有效的过程数据被相应的数据流程控制和数据统计分析相应的功能模块提取和处理,并通过可视化接口实时地反馈给车间管理人员,形成物联网车间生产管理的闭环控制。

第5章　制造物联技术体系

物联网制造车间应用系统用于解决制造企业当前普遍存在的现场制造信息获取时效性差、信息准确性保障成本高、制造过程实物状态反馈不及时等问题。根据本实施方案的研究目标，可以把整个项目的研究框架分为三个部分，即面向跨组织流动的车间物联组网与物料标识的研究，贯穿生产过程的实物信息采集方法研究，以及实物状态与技术状态的对应评估方法研究。

本章主要内容如下：

(1) 制造车间物联组网技术和实时信息采集技术；

(2) 现场物料定位技术和实时数据分析与管理方法；

(3) 现场制造数据管理平台与移动式智能数据终端开发技术；

(4) 基于紧密集成模式的应用集成接口技术。

5.1　制造车间物联组网技术

当前，制造企业制造现场存在大量没有信息接口的制造要素，如旧的机床、现场物料、大多数工装 (模具、夹具、安装型架、测量设备等)，使得在现场制造时，对以上制造要素的相关参数和状态及时准确的获得变得非常困难，更不用说相关的制造参数和指令的快速发放问题了。即使有一些较为先进的制造装备，但它们与其他制造要素之间也无法进行互联，造成相关制造信息不能及时共享和传递。物联网技术为真正实现整个现场制造要素的互联和协同提供了有效手段，通过不同的物料标识方法给所有的制造要素建立起信息接口，并建立合理的网络将所有的制造要素纳入其中。因此，本部分的研究内容涉及两个方面：制造过程物联网组网技术和产品实物标识技术。

5.1.1　制造过程物联网组网技术

各个大型企业建立了包括局域网、DNC 网络、实验数据采集网络等多种用途的网络，但传感网络在制造过程仍不多见。实现以物联方式进行系统实物状态监控，需要融合当前企业信息化建设成果，引入传感网络，构建跨组织、面向制造过程的复杂的、形式多样的物联网络。结合物联网络技术体系，将制造过程物联网络分成 4 个层次，如图 5.1 所示。

图 5.1　面向实物状态集成控制的物联网技术体系框架

1. 感知层

结合当前制造现场的采集设备，研究包括条码技术、射频技术和传感器网络技术等在内，实现对生产过程零部件、生产设备、物流设备的标识。通过各种类型的传感器对物料属性、环境状态、行为状态等静、动态的信息获取与状态辨识，针对具体感知任务对多种类、多角度、多尺度的信息进行再现技术，与网络中的其他单元共享资源。

2. 传输层

主要功能是直接通过现有的企业网络如单位局域网、DNC 网络、实验数据采集网络等技术设施，对感知层的信息进行接收和传输。

3. 支撑层

在高性能计算技术的支撑下，将网络内海量的产品状态、资源状态信息通过计算机整合成一个可以互联互通的大型智能网络，为上层服务管理和制造过程技术状态控制应用建立一个高效、可靠和可信的支撑技术平台。

4. 应用层

根据技术状态控制的需求构建面向车间制造执行、车间物料管理等各类实际应用的管理和运行平台，并根据各种应用的特点集成相关的内容服务。为了更好地提供准确的信息服务，必须结合不同应用的具体知识和业务模型，形成更加精细和准确的智能化信息管理方式。

5.1.2　产品实物标识技术

针对产品技术状态控制要求，以及产品跨组织的特点，研究多级化物料命名服务技术，通过物料命名服务，实现以电子产品标签为载体，标识产品研制单位、物料与产品结构的关系。

具体内容包括：从产品全生命周期管理的要求出发，优化产品标识的方案与形式，满足阶段、技术状态、批次、更改等要求；根据生产现场的具体情况，提出生产现场设备、设施、工具、工装等各类资源的信息表达与采集方式，实现对生产资源的精细化管理；实现产品标识信息与产品全生命周期管理系统的紧密集成，并建立生产过程资源动态数据库。

5.2　车间实时信息采集技术

研究基于物联网技术的实物和环境信息感知技术，实现对各生产环境物料、产品、设备、环境等状态和信息的及时、准确采集与处理。传统的传感网络只具有感知简单标量数据 (如温度、湿度、光强等) 的能力，数据信息含量较少，无法支持技术状态的全面评价。产品实物技术状态在加工、装配、转运、实验过程中均在发生变化，受到环境温度、湿度、洁净度、机床状态的全面影响。根据产品的生产要求，保障和改进生产环境条件，包括能源、动力、资源条件，温湿度、洁净度、光照度、电磁环境、着装要求等，确保符合产品技术要求。为确保产品技术状态不但需要注重有用物的管理，如原材料，在制品，产成品，工、刀、夹、量具等；还要关注废弃物的流转和处理，如边、角、余料、废料，切屑、润滑液、冷却液等，及其他由生产现场产生并需要排除的物品，从而避免对环境的污染和对设备的妨碍。实物信息采集系统框架如图 5.2 所示。

考察产品的技术状态需要对产品外观、实验检测结果、加工环境、运输过程中是否发生磕碰等多种结果进行判断，技术状态信息采集是一个复杂的多媒体信息的采集过程，需要从以下几个方面重点解决信息采集问题。

1. 技术状态采集节点设计

多媒体功能计算机对通信能力要求高，需要引进专业的具有多媒体功能的传感节点，构建集数据采集、处理、传输等功能于一体的智能化传感节点。同时，需要根据技术状态控制需要，在生产现场合理布置采集点，规划设备监控方案，采用有向感知模型，实现覆盖实物流转全过程的实时监控。

2. 面向技术状态的异构信息采集与处理

研究适应产品技术状态控制的感知模型和有向覆盖控制方法，实现对过程中

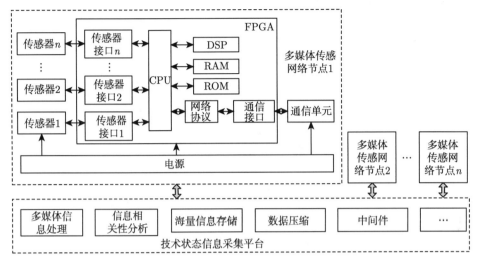

图 5.2 　 实物信息采集系统框架

温度、湿度等全向特征和图像、视频等有向特征的异构感知,同时解决大量数据传输所带来的传输效率和媒体同步的问题。

3. 技术状态特征的相关性分析

研究多源媒体数据的数据融合方法,实现具有特征不变性的媒体特征计算,从原始物理空间或信息空间中高效地提取多尺度、鲁棒的多媒体特征,支持技术状态的评估与分析。

4. 技术状态传感网络中间件技术

针对传感网络的异构性,研究传感网络中间件技术,评价网络的异构性,灵活地支持上层的应用,提高整个网络的运行效率,解决实物状态信息采集带来的数据量大、种类多、服务多样的多媒体采集与传输问题。需要重点考虑计算复杂性、多媒体的传播差异性与时序的关联性,从服务执行环境、同步机制、传输机制等方面研究灵活的多媒体服务、提高服务效率的方法以及高效的传感网络中间件平台。

5. 技术状态海量数据存储与数据压缩

复杂产品的制造过程信息具有多样性,实际支持技术状态评价的数据量非常巨大。需要研究数据层次存储架构,实现数据的分级、分布、层次等多种数据存储策略,必要时要采用数据压缩策略,包括压缩存储、减少冗余数据和无用数据等。

6. 技术状态信息安全技术

信息安全是信息应用必须注重的一个方面。需要研究适合于实时传感数据的有效安全模型和认证体制来防止非法的数据操作和数据窃取。

复杂产品生产过程中,产品实物、工装工具、设备设施的状态、位置等信息对于生产的精细化管理极为重要,当前缺少对这些实物信息及时采集的技术,导致实物信息难以迅速纳入信息管理系统,因此需要以典型生产系统为试点,采用制造物联技术,探索制造物联技术在生产现场的实际应用,为实现实物状态与环境信息的及时采集提供新的途径。

5.3　现场物料定位技术

离散型制造企业中的生产要素需要在多个加工工位进行加工处理和移动,零部件管理对无线定位功能具有潜在需求。基于 RFID 的车间移动对象的定位系统可以实现以下几个功能。

1. 记录车间生产要素的位置信息

通过 RFID 读写器、参考标签以及定位算法,可以确定 RFID 读写器覆盖范围内的生产要素的物理位置,并记录于数据库中,实现车间要素的实时位置记录。

2. 对车间生产要素进行追踪定位

用户可以通过集成有 RFID 读写器功能的手持式终端和联合固定式 RFID 读写器对车间内某一特定生产要素进行定位,将定位结果以车间地图的形式展示给用户,提高生产要素的定位效率,实现车间要素的快速追踪定位。

3. 对车间生产要素进行位置追溯

用户可以对某一特定的车间生产要素进行某段时间内历史运动轨迹追溯,实现生产要素历史位置信息的透明化、可追溯化。

4. 车间生产对象位置信息的地图显示

通过车间地图的形式,将车间要素的位置信息显示于手持式终端供用户使用,提高系统的适用性。

5. 车间 AGV 小车的自动定位与导航

将 RFID 读写器与 AGV 小车集成,通过 RFID 读写器读取车间定位参考标签的信息以及相应的定位导航算法,实现车间 AGV 小车的自动定位与导航。

基于 RFID 的车间移动对象的定位技术及管理系统可以实现车间生产要素的追踪、追溯及地图化显示,提高了车间对象的可控性,提高了生产要素的定位效率;可以实现车间 AGV 小车的自动定位与导航,降低 AGV 小车的定位与导航成本,对于提高离散型制造企业的管理水平和生产效率具有很大的作用。

通过定位需求分析和定位对象的确定，可以设计定位系统的功能结构，基于 RFID 的离散车间定位系统的功能结构设计如图 5.3 所示。基于 RFID 的车间移动对象定位系统位于集成有 RFID 读写器功能的手持式终端上，用户可以使用该终端在车间内进行定位相关操作，手持式终端可以访问系统数据库，通过手持式终端进行的 RFID 读写操作可以记录于系统数据库中，同时车间内分布有固定式 RFID 读写器，这些固定式读写器用于辅助定位和车间对象的监控，固定式读写器的读写操作同样记录于车间数据库系统中。手持式终端要实现的功能包括车间地图、车间定位、位置追溯、信息管理和 AGV 定位导航。

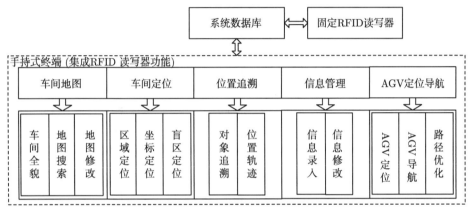

图 5.3　系统功能架构

5.4　现场实时数据分析与管理方法

媒体信息融合与特征提取的方法是制造物联现场实时数据分析管理的关键。在方案实施的过程中，构建可分解的工序、工步的电子流转单模型，并结合 RFID 读写器所标识的工位信息，定义制造现场统一制造的模型。制造现场统一制造模型中又包含了若干子模型，共同构成了完整的关系数据库表达形式，包括任务数据模型、工艺数据模型、质量数据模型、在制品数据模型和资源数据模型。

5.4.1　媒体信息融合与特征提取

为了满足产品技术状态判别的需求，首先需要对物联网前端的边缘设备采集到的源数据进行数据融合处理，形成有意义的逻辑数据，然后再对高层的逻辑数据进行数据集成，达到技术状态评估的目的。

物联网络前端数据采集所形成的数据空间内，数据对象的多态性表现在多类型、异构和无统一的模式，特别是声音、图像、视频等多媒体数据。因此，需要建立统一的数据模型,在描述常见的字符串和数值型数据的同时,也应该能够描述图像、视频、音频和信号等多媒体数据,并将这些数据以统一的方式表示出来。以统一模型为基础,将各种异构数据映射和转化到统一的数据框架中,并解决同一对象数据在结构上和语义上的冲突。

此外,物联网中的数据源是分散、自治和独立的。在数据集成过程中还需要自动地发现相关的数据源,不断完善数据模型中描述的内容,保证技术状态评估所需信息的全面性。为了保障数据的可靠性,尽可能消除不确定性,必要时需要记录数据的来源,可以从当前数据回溯到它的源数据。最后,实现面向技术状态评测的特征提取。

5.4.2　基于实物信息的技术状态逆向建模

要建立一个全面反映实物制造过程技术状态的模型,首先要分析技术状态模型的数据成分。制造过程中技术状态的数据主要包括车间人员、物料、加工设备、流转单、工装、加工过程、质量等,涉及车间的各个成分。因而,在数据类型分析的基础上需要寻找适用于不同数据类型的表达方法。离散制造车间现场数据可分为制造设备运行参数和生产现场工况数据,制造设备运行数据主要是数控设备运行过程的有关信息的采集。

通过媒体信息融合实现了实时信息的分类汇总和数据规整。规整后的分量信息输入到实时信息流发生器中,按照时间戳对各个分量进行排序,使得每一组分量信息构成一个分量实时信息流。分量实时信息流输入到逆向建模器中,进行逆向建模,重构产品的技术状态模型 (图 5.4)。

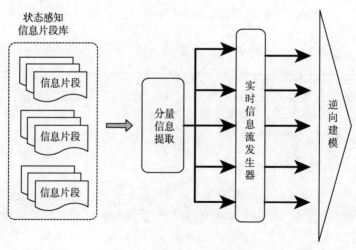

图 5.4　实时信息逆向建模

5.4.3　实物状态与技术状态的对应评估

复杂产品研制过程中，产品设计、工艺规划、质量管理等过程不断对产品技术状态进行规划，反映了自上向下所发布的指令状态。实物状态来源于实时所采集到的加工生产状态，由无线传感网络所采集的实时生产数据 (工序信息、工艺信息、质量数据、生产进度等) 与相关工位所接收的加工任务信息及工艺文件构成了制造车间内的实物状态。

在技术状态的数据模型中主要包含任务数据、工艺数据、质量数据、在制品数据及资源数据 5 个方面。在实物状态与技术状态的对应评估中也应该从这 5 个方面实施，分别评判各自的状态偏移情况。

需要建立产品结构研制技术状态与产品状态的对应控制机制，对生产管控信息及现场数据记录，基于生产视图、装配视图中的产品结构进行有效组织，并通过零部件节点，建立产品数据与生产过程间的关联关系，建立产品数据与产品实体之间的映射关系，建立不同技术状态与不同产品批次之间的对应关系，建立不同产品实体与不同零部件之间的组成关系，并最终形成对产品生产信息流与产品实物之间的同步管理。技术状态评估如图 5.5 所示。

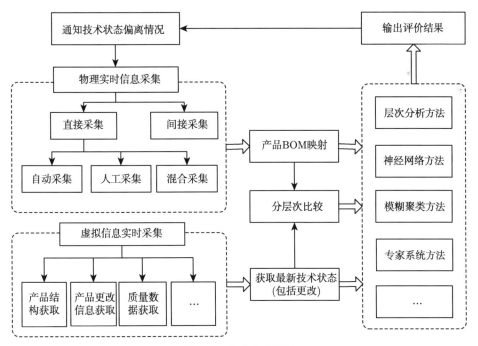

图 5.5　技术状态评估

在此基础上，实物状态与技术状态评测需要收集产品设计、工艺设计、生产和装配阶段各数据多视图 (BOM) 中所包含的产品技术状态关联数据、定义信息，通过与技术状态逆向建模所形成的数据模型，研究相应的技术状态评测算法，确定技术状态当前状况，并向各个应用系统输出预警，确保技术状态及时修正。

5.5 现场制造数据管理平台

当前企业产品生产具有小批量、多批次及质量要求高等特点，生产组织复杂多变，同时存在不同技术状态、多个产品类型同时投产的情况，造成生产过程的跟踪控制困难。采用物联网技术建立统一的标识规范，为各种物资、胚料、元器件、半成品及成品提供合理的编码；建立合理的生产规范，为生产过程中各种资源的调配、数据采集提供执行标准；配备条码、RFID 及相应的数据采集设备，为产品生产过程的跟踪提供有效支持，实现生产过程中采集大量的实时信息，为生产决策提供大量基础信息。

现场制造数据管理平台采用 B/S 和 C/S 混合模式架构，对需要用户操作的功能模块采用 B/S 架构，对于数据采集部分不需要一般用户操作的功能模块采用 C/S 架构。系统的功能结构树如图 5.6 所示。

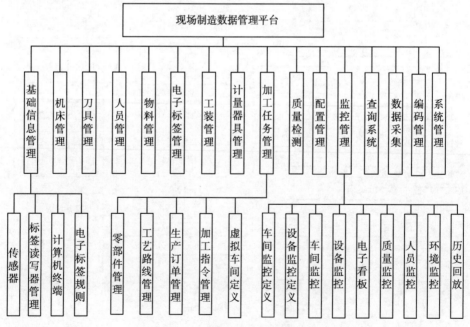

图 5.6　系统的功能结构树

　　现场制造数据管理平台的开发涉及功能设计、数据库设计、接口设计和安全设计。如图 5.6 所示,功能设计包括基础信息管理、机床管理、刀具管理等 16 个功能。数据库设计是建立在数据库及其应用系统的基础上,构建最优的数据库模式,能有效地存储数据,满足不同用户的应用需求 (信息要求和处理要求)。现场制造数据管理平台需要与其他系统交换信息,由于各应用系统开发环境各异,因此采用 WebService 服务组件进行系统之间的数据交换。数据交换文件格式采用 XML 文件。为了保证现场制造数据管理平台的安全,需要对平台中的关键数据进行加密传输和加密存储。对应用系统的使用进行认证、多级权限控制和使用跟踪,限制用户未经授权使用系统功能。

5.6　移动式智能数据终端开发技术

　　移动式智能数据终端是数据采集方案的重要组成部分,在系统中起着承上启下的作用:向上连接着车间 PC 机服务器,向下接收现场读写设备的各种数据。因此,移动式智能数据终端系统的设计与开发成为数据采集与传输方案成功与否的一个关键。

　　结合研究成果、人员能力和软硬件资源现状,兼顾系统的可扩展性、可维护性和系列化发展,强化数据终端功能,使之不仅具有信息采集、处理、显示、传输等诸多功能,还具有更通用的独立运行功能,制订 “基于 DSP 的智能数据采集终端” 方案。移动式智能数据终端系统的硬件结构方案如图 5.7 所示,系统由 DSP 作为主处理器,FPGA 作为协处理器,完成智能数据采集终端的所有功能。

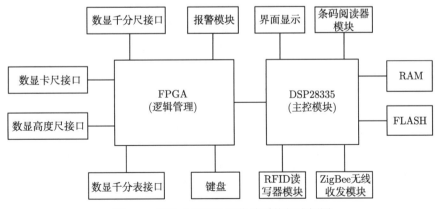

图 5.7　移动式智能数据终端系统组成框图

移动式智能数据终端系统的软件结构框图如图 5.8 所示。

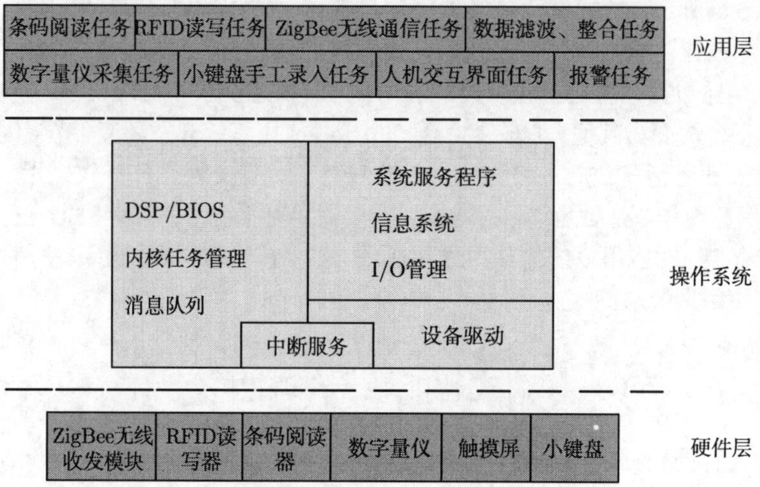

图 5.8　移动式智能数据终端系统的软件结构框图

5.7　基于紧密集成模式的应用集成接口技术

车间物联网数据管理平台管理制造现场数据，并为企业 CAPP、ERP、PDM 系统提供原始数据。根据典型应用系统的集成需求，设计其集成的总体方案，研究基于 XML 技术的信息集成方案，以统一、可扩展的方式解决跨语言、跨应用的应用系统间集成问题，降低其系统集成的耦合度，提高集成的适应性。

根据集成层次的不同，可以将应用系统与信息化平台的集成模式划分为封装模式、接口模式和紧密集成模式。紧密集成模式是最高层次的集成。在这一层次中，各应用程序被视为信息化平台系统的组成部分，对所有类型的信息，信息化平台都提供了全自动的双向相关交换，使用户能够在前后一致的环境里工作，真正实现一体化。采用紧密集成模式，需要对应用工具的数据和集成工作平台的产品结构数据进行详细分析，制订统一的产品数据之间的结构关系，只要其中之一的结构关系发生了变化，另一个会自动随之改变，始终保持应用工具和集成平台的产品数据的同步。图 5.9 为"局域"物联网数据管理平台数据集成需求。

基于物联网的离散制造过程控制与管理系统对生产进行实时监控，并以此进行动态调度生产管理，同时也为企业信息系统 (如 CAPP、ERP、PDM) 提供实时生产数据。如何将实时的 RFID 信息纳入到企业现有的信息科技基础设施中是一个重大的挑战，这是数据集成和互操作性的问题。WebService 被作为一项有前景的构件技术来解决这些问题。WebService 是一种应用程序，可以使用互联网协议进行数据交换,允许网络上的所有系统进行交互,能随需求变化将多种服务结合在一起来构建不同的组合,拥有良好的接口。WebService 具有可描述、可发布、可查找、可绑定、可调用和可组合的特性。根据企业典型信息应用系统的集成需求,研究基于 XML 技术的信息集成方案,以统一、可扩展的方式解决跨语言、跨平台的应用系统的集成问题,降低其系统集成的耦合度,提高集成的适应性。

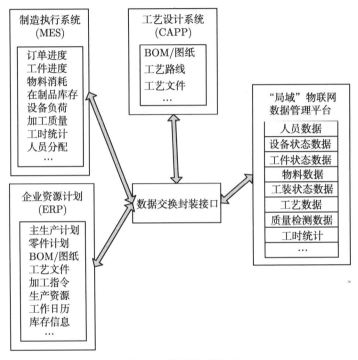

图 5.9　数据集成需求

　　基于物联网的离散制造系统将采集到的人员数据、机床数据、物料数据、工装数据、刀具数据、量具数据和环境数据等经过数据交互接口传递到企业信息系统,这些数据可以为 ERP 系统在生产作业计划的制订、物料使用、设备利用、人员工时管理等方面提供基础,也可以为 MES 系统在订单进度跟踪、设备负荷和加工质量分析等方面提供数据源支持。

　　目前,企业使用 ERP、PDM 和 MES 等各种信息系统,它们的数据存储和表现形式各不相同,每个系统面向的使用层次以及涉及的数据也不一样,这些都造成软件结构的较大差异。WebService 作为一个基于 XML 的软件接口,本身就与平台无关,可以使用互联网协议进行数据交换,允许网络上所有系统的交互,因此采用WebService 实现系统的集成。基于 WebService 的管理平台集成框架如图 5.10 所示,管理系统提供的制造过程数据被封装为 Web 服务组件,通过 WSDL 进行描述,然后将此服务描述文件发布到 UDDI 注册中心,就可进行基于 XML 数据格式和 SOAP 协议的各应用系统间的数据交换。

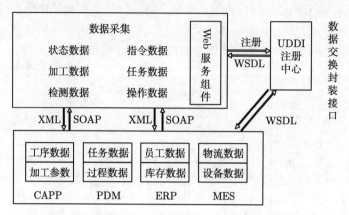

图 5.10   数据管理平台基于 WebService 的集成

第三篇　制造物联关键技术

第6章　基于 RFID 的电子标识技术

本章主要介绍 RFID 技术相关内容，主要内容如下：

(1) RFID 的基本原理及数据结构；

(2) RFID 在制造应用中存在的问题分析。

6.1　制造行业常用自动识别技术

6.1.1　自动识别技术的概念

在 20 世纪 80 年代之前，产品标识主要以纸质载体为主，并在其上标明产品的相关信息。随着计算机技术的应用，以纸质为载体的产品标识目前已经逐渐被自动识别技术所取代，而其只是作为辅助直接阅读的依据。自从自动识别与数据采集技术产生后，更加方便、快捷、准确的产品标识载体的应用逐渐取得主导地位，包括光学字符识别 OCR、条码技术、磁条 (卡) 技术、IC 卡识别技术、射频识别技术 RFID[11,12,75−92] 等。

6.1.2　自动识别技术的分类与比较

条码在过去 20 年里牢牢地统治着识别系统领域 (图 6.1)。条码技术的应用，提高了零部件管理的有效性。以波音公司为例，使用 RFID 技术对入库零部件进行管理，在装运铅板的车上加贴 RFID 标签，由于标签带有唯一的识别码，当它经过一个装有特别的 RFID 阅读器和天线的大门时，员工即可在几秒钟的时间内检测到材料到货情况，阅读器便可以通过电脑系统下达另一指令，系统可以自动与供应商进行结账。在这个花费 16 000 美元的 RFID 系统付诸实施的前 6 个月，仅劳动力成本一项便为波音节省了 29 000 美元。2008 年投入商业运营的第一批波音 787 型飞机上开始安装 RFID 标签，并要求它的数百家关键供应商使用高端的、被动的 RFID 智能化标签 (图 6.2)，以更好地跟踪和维护零部件的维修记录，将波音 787 型飞机打造成最高标准和最佳服务的超级飞机。

针对不同状态、属性的物料可以采用不同形态的 RFID 标签进行标识。针对机床车间内的金属环境采用铁氧体过渡以增强标签的抗金属性；将 RFID 标签与二维码、条形码配合使用，提高标签的人工辨识度；采用磁性标签及托盘标签对去材料加工步骤进行标识。通过现场的测试，以上各类柔性封装技术很好地解决了各类物料标识的问题。图 6.3 展示了电子标签的各类柔性封装技术。

PDF417

1234567890123

图 6.1　典型的条码形式

图 6.2　几种典型的 RFID 形式

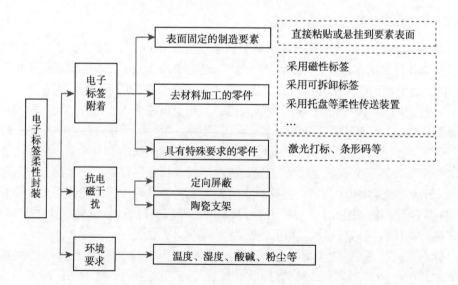

图 6.3　电子标签的柔性封装技术

6.2　RFID 的基本原理及数据结构

6.2.1　RFID 的工作原理与系统组成

RFID(radio frequency identification) 即射频识别技术。RFID 技术识别过程自动化程度高，识别距离灵活，对工作环境适应性高，支持双向的读写工作模式，它的系统主要是由标签和读写器组成，其原理如图 6.4 所示。

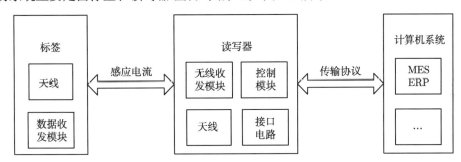

图 6.4　RFID 系统组成原理

标签与读写器之间通过感应线圈产生的感应电流进行交互，读写器发射一定频率的射频电波，当电子标签进入到射频电波区后，电子标签内的感应线圈就被激活，标签内的编码内容将经天线发射出去，读写器天线对接收到的信号通过控制模块进行解码和编译，最后通过一定的传输方式抵达计算机系统，通过计算机系统来完成数据的存储和处理。RFID 技术非常适用于产品制造过程技术状态的管理，它的优势主要表现在以下几个方面。

1) 快捷的数据读取

读写数据过程对光源没有要求，可穿透一般障碍物进行读取，识别距离灵活，若使用有源标签探测距离可达 30m 以上。

2) 存储数据量大

一般常用的条形码最多可存储 2725 个字节，而电子标签的容量最大可达几十千字节。

3) 寿命长，适应性强

标签和读写器通过无线方式通信，对环境要求低，密闭式的封装有效地延长了标签的寿命。

4) 可重复利用

通过对标签扇区内的编码进行多次擦除和清空，针对新的内容进行编码添加，使得标签可以有效地重复利用，降低了生产成本。

6.2.2   RFID 编码与数据及结构

数据内容标准主要规定数据在标签、读写器到主机 (即中间件或应用程序) 各个环节的表示形式。因为标签能力 (存储能力、通信能力) 的限制，在各个环节的数据表示形式必须充分考虑各自的特点，采取不同的表现形式。另外主机对标签的访问可以独立于读写器和空中接口协议，也就是说读写器和空中接口协议对应用程序来说是透明的。RFID 数据协议的应用接口基于 ASN.1，它提供了一套独立于应用程序、操作系统和编程语言，也独立于标签读写器与标签驱动之间的命令结构。

ISO/IEC 15961 规定读写器与应用程序之间的接口，侧重于应用命令与数据协议加工器交换数据的标准方式，这样应用程序可以完成对电子标签数据的读取、写入、修改、删除等操作功能。该协议也定义错误响应消息。

ISO/IEC 15962 规定数据的编码、压缩、逻辑内存映射格式，再加上如何将电子标签中的数据转化为应用程序有意义的方式。该协议提供一套数据压缩的机制，能够充分利用电子标签中有限数据存储空间和空中通信能力。

ISO/IEC 24753 扩展 ISO/IEC 15962 数据处理能力，适用于具有辅助电源和传感器功能的电子标签。增加传感器以后，电子标签中存储的数据量再加上对传感器的管理任务大大增加，ISO/IEC 24753 规定了电池状态监视、传感器设置与复位、传感器处理等功能。它们的作用使得 ISO/IEC 15961 独立于电子标签和空中接口协议。

ISO/IEC 15963 规定电子标签唯一标识的编码标准，该标准兼容 ISO/IEC 7816-6、ISO/TS 14816、EAN.UCC 标准编码体系、INCITS 256 再加上保留对未来扩展。注意与物品编码的区别，物品编码是对标签所贴附物品的编码，而该标准标识的是标签自身。

6.3   RFID 在制造应用中存在的问题分析

6.3.1   保密与安全性问题

RFID 电子标签的安全问题与标签类别直接相关。一般来说，安全性等级中存储型标签安全级别最低，CPU 型标签最高，逻辑加密型标签居中，目前通常使用的 RFID 电子标签中以逻辑加密型标签为多。存储型 RFID 电子标签有一个厂商固化的不重复、不可更改的唯一序列号，并且标签内部存储区可存储一定容量的数据信息，因为标签并没有做特殊的安全设置，因此不需要进行安全识别认证就可进行读写。虽然目前所有的 RFID 电子标签在通信链路层中都没有设置加密机制，并且芯片 (除 CPU 型外) 本身的安全设计也不是非常强大，但在实际应用过程中，由于采取了多种加密手段，可以确保其使用过程足够的安全性。CPU 型的 RFID 电子标签在安全性方面做了大量的工作,因此在应用中具有很大的优势。但从严格意义上来说,CPU 型电子标签不应该归为 RFID 电子标签的范畴,而是应该属于非接触智能卡。可由于使用 ISO 14443 Type A/B 协议的 CPU 非接触智能卡与应用广泛的 RFID 高频电子标签通信协议相同,所以通常也被归为 RFID 电子标签类。逻辑加密型的 RFID 电子标签具有一定等级的安全级别,内部通常会采用密钥算法及逻辑加密电路,可对安全设置进行启用或关闭配置。另外,还有一些逻辑加密型电子标签具备密码保护功能,这种加密方式是目前逻辑加密型电子标签所采取的主流安全模式,进行相关配置后可通过验证密钥实现对标签内部数据的读取或写入等。采用这种方式加密的 RFID 电子标签密钥一般不会太长,通常采用 4 字节或者 6 字节的数字密码。有了安全设置功能,逻辑加密型 RFID 电子标签就可以具备一些身份认证或者小额消费的功能,如第二代公民身份证、公交卡等。

CPU 型 RFID 电子标签具备非常高的安全性,芯片内部的 COS 本身采用了安全的体系设计,并且在应用方面设计了密钥文件、认证机制等,比存储型和逻辑加密型 RFID 电子标签的安全等级有了极大的提高。首先,探讨存储型 RFID 电子标签在应用中的安全设计。存储型 RFID 电子标签的识别过程是通过读取标签 ID 号实现标签识别的,主要应用于运动识别、跟踪追溯等方面。存储型 RFID 电子标签应用过程中要求的是确保应用系统的完整性,但对于标签本身所存储的数据要求不高,多是利用标签唯一序列号的识别功能。对于部分容量稍大的存储型 RFID 电子标签想在芯片内存储数据,只需要对数据进行加密后写入标签即可,这样标签信息的安全性主要由应用系统密钥体系的安全性来保证,与存储型 RFID 标签本身的特性就没有太大关系。逻辑加密型 RFID 电子标签的应用极其广泛,并且其中还有可能涉及小额消费功能,因此对于它的安全系统设计是非常重要的。逻辑加密型 RFID 电子标签内部的存储区域一般都按块划分,并有单独的密钥控制位来保证每个数据块的安全性。这里先来说明一下逻辑加密型 RFID 电子标签的密钥认证流程,以 Mifare One 飞利浦技术为例,标签密钥认证流程见图 6.5。由图 6.6 可知,认证的流程可以分成以下几个步骤。

(1) 应用程序通过 RFID 读写器向 RFID 电子标签发送认证请求。

(2) RFID 电子标签收到请求后向读写器发送一个随机数 B。

(3) 读写器收到随机数 B 后向 RFID 电子标签发送使用要验证的密钥加密 B 的数据包,其中包含了读写器生成的另一个随机数 A。

(4) RFID 电子标签收到数据包后,使用芯片内部存储的密钥进行解密,解出随机数 B 并校验与之发出的随机数 B 是否一致。

(5) 如果是一致的,则 RFID 使用芯片内部存储的密钥对 A 进行加密并发送给读写器。

(6) 读写器收到此数据包后,进行解密,解出 A 并与前述的 A 比较是否一致。

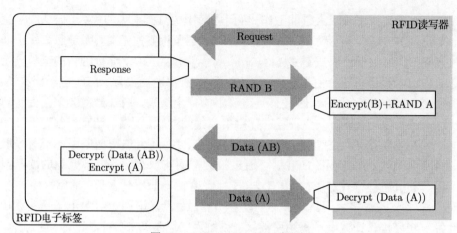

图 6.5　Mifare one 认证流程图

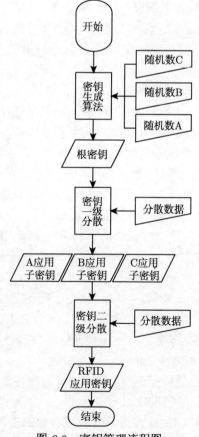

图 6.6　密钥管理流程图

如果上述的每一个认证环节都能成功，那么密钥验证成功，否则验证失败。这种验证方式从某种意义上说是非常安全的, 而且破解的难度也非常大, 比如 Mifare 的密钥为 6 字节, 也就是 48 位, Mifare 一次典型验证需要 6ms, 如果在外部使用暴力破解的话, 所需时间为 $(248 \times 6)ms/(3.6 \times 10^6)h$, 显而易见, 所需破解的时间是一个非常大的数字, 如果采用常规的破解手段必然将耗费大量的时间。CPU 型 RFID 电子标签的安全设计与逻辑加密型相类似, 但安全等级与强度要比逻辑加密型标签高得多; CPU 型 RFID 电子标签芯片内部采用了核心处理器, 而不是如逻辑加密型芯片那样在内部使用逻辑电路; 并且芯片安装有专用操作系统, 可以根据需求将存储区设计成不同大小的二进制文件、记录文件、密钥文件等。使用 FAC 设计每一个文件的访问权限, 密钥验证的过程与上述相类似, 也是采用随机数+密文传送+芯片内部验证方式, 但密钥长度为 16 字节。并且还可以根据芯片与读写器之间采用的通信协议使用加密传送通信指令。

6.3.2　金属对 RFID 性能的影响

金属物体对标签天线的影响, 一方面要考虑天线靠近金属时金属表面电磁场的特性。根据电磁感应定理, 这时金属表面附近的磁场分布会发生 "畸变", 磁力线趋于平缓, 在很近的区域内几乎平行于金属表面, 使得金属表面附近的磁场只存在切向的分量而没有法向的分量, 因此天线将无法通过切割磁力线来获得电磁场能量, 无源电子标签则失去正常工作的能力。另一方面, 当天线靠近金属时, 其内部产生涡流的同时还会吸收射频能量转换成自身的电场能, 使原有射频场强的总能量急剧减弱。而上述涡流也会产生自身的感应磁场, 该场的磁力线垂直于金属表面且方向与射频场相反并对读写器产生的磁场起到反作用, 致使金属表面的磁场大幅度衰减, 使得标签与读写器之间通信受阻。另外, 金属还会引起额外的寄生电容, 即金属引起的电磁摩擦造成能源损耗, 使得标签天线与读写器失谐, 破坏 RFID 系统的性能。

抗金属原理主要靠与金属隔离的介质, 同时把金属当作反射面, 提高标签在金属上的特性。抗金属标签是用一种特殊的防磁性吸波材料封装成的电子标签, 从技术上解决了电子标签不能附着于金属表面使用的难题。产品可防水、防酸、防碱、防碰撞, 可在户外使用。将抗金属电子标签贴在金属上能获得良好的读取性能, 甚至比在空气中读取距离更远, 并能有效防止金属对射频信号的干扰。

6.3.3　其他问题分析

RFID 电子标签在制造业当中成熟地应用是一项系统工程, 其广泛深入的使用必须建立在完备的企业信息系统以及训练有素的企业管理之上。然而, 我国传统制造企业中, 企业管理的信息化水平普遍较低, 企业管理模式同样存在诸多不足, 因此, 在 RFID 的应用过程中必须克服这两类问题。

此外，RFID 的经济性问题同样是制造企业必须考虑的问题。在具体实施的过程中，RFID 读写器及 RFID 标签的需求量巨大，初期投入较高，存在较高的成本风险。因此在各类 RFID 自动标识项目的实施之前，应对整个工程项目作项目完备的分析、计划及预案。

第7章 制造物联数据编码技术

本章主要介绍制造物联网编码的目的并对其进行简要概述，最后介绍制造物联网编码规则。

7.1 制造物联网编码概述

7.1.1 制造物联网编码的目的

编码是实施制造物联网的基础性工作之一，从通用物联网的角度，物料编码应归属于"对象名称解析服务"(object name service, ONS) 的范畴。制造物联网的编码为制造车间中的每一项生产要素都建立了唯一的索引方式，并将其映射到某个 IP 地址或 URL 服务网址上，并提供给整个制造物联网内的节点访问使用，实现对生产要素全方位的高效管理。

7.1.2 物联网编码技术概述

国际上已经广泛采用的物联网编码技术以 EPCglobal 为代表，EPC 编码采用注册会员制的实施方法，具体流程如下：

(1) 获得 EPC 厂商识别代码，为其托盘、包装箱、资产和单件物品分配全球唯一对象分类代码和系列号。

(2) 获得一个用户代码和安全密码，通过"电子屋"(Eroom) 随时访问地区或全球的 EPC 网络和无版税的 EPC 系统。

(3) 第一时间参与 EPCglobal 有关技术的研发、应用，参加各标准工作组的工作，获得 EPCglobal 有关技术资料。

(4) 使用 EPCglobal China 的相关技术资源，与 EPCglobal China 的专家进行技术交流。

(5) 参加 EPCglobal China 举办的市场推广活动。

(6) 参加 EPCglobal China 组织的宣传、教育和培训活动，了解 EPC 发展的最新进展，并与其他系统成员一起分享 EPC 的商业实施案例。

然而现有的 EPCglobal 编码规范并不能完全满足我国制造业中的要求，因此本书提出了相关应用方案。当前，由于各类实物的数字化标识情况应用情况不同，已经形成了一定的编码规则，为了使编码规则具有一定的延续性，方便机器识别的同时，也能够方便人为辨识，在制订编码规则的过程中应该考虑继承性和统一规范。统一编码遵循三项基本原则：①编码规则要考虑到当前不同物理产品的现有特点；②编码要能够统一适应不同物品的编码要求；③编码规则要求明确各个字段之间的关系。

在统一框架下，对所有类型的实物进行标识，兼顾已有的编码习惯，采用扩展的编码方法，该编码方法采用 A、B、C 三段进行描述。

A	—	B	—	C

其中，A 表示实物的类型：产品、半成品、工装、工具、物料、包装箱、文档等；

B 表示具体实物的编码：根据实物的不同制订不同的规则，该规则可以沿用以往的编码方式；

C 表示序列码：对于多件同类物品的标识中，表示标识物品是本批物品中的第几件。

7.2　制造物联网编码技术

7.2.1　制造物联网编码对象的选择

在制造企业中，生产要素包括工装、物料、刀具、量具、工人、机床、环境七类。在制造物联网的编码体系中应当囊括这七类生产要素。

7.2.2　制造物联网编码规则

1. 产品标识码

产品标识码包括生产计划号、任务号、批次类型、批次号、产品序号、本组数量等要素。如产品标识码：**080405E1_006 221-214 L 0406 001 20**，表 7.1 对该产品标识码进行详细说明。

表 7.1　产品标识码

序号	举例	名称	字符	说明
1	080405E1_006	生产计划号	12	依据生产任务由系统产生的大流水号
2	221-214	任务号	8	依据生产任务由型号调度确定
3	L	批次类型	2	J：计件批，本批次的每件产品单独编号； L：计量批，本批次的每组产品（含多件）单独编号
4	0406	批次号	8	以 4 位投产日期表示
5	001	产品序号	4	计件批：每件产品以 3 位阿拉伯数字顺序表示； 计量批：每组产品以 3 位阿拉伯数字顺序表示
6	20	本组数量	4	计件批：无； 计量批：本组产品数量

2. 物料标识码

当前, 在物资配送的实施过程中, 物料标识既要考虑到物料自身类别的信息, 也要考虑到物资配送是属于哪一张配送单。配送单后期将作为物料合格的重要标志, 也将作为后续物料质量追溯的依据。因此, 物料标示采用四段的编码方式。

A	—	B	—	C	—	D

其中, A 表示配送单号, 代表该物料是属于哪一张配送单;

B 表示该物料在配送单的序号, 代表该物料是配送单上的哪一条物料;

C 表示物料编号, 该编号为该类型物料在物资系统中的唯一编码;

D 表示物料名称, 该名称为该类型物料在物资系统中与物料编码对应的中文名称。

3. 工装标识码

工装分为两种: 一种为通用工装; 一种为专用工装。通用工装包括结构板埋件的工装钉、组合夹具等; 专用工装则专为某产品设计的工装, 在 529 厂内有自身的图号、生产计划号, 如 "神舟" 飞船的焊接工装等。通用工装可以用于一种产品的加工过程, 也可以用于另外一种产品的加工过程; 专用工装为某一种产品专门定制的。

根据以上特点可知, 通用工装采用工具的标识码方式进行标识, 专用工装则采用产品标识码的方式进行标识。

4. 工具标识码

刀量具编号由四部分组成: 第一至三部分为刀具编号的主码, 第四部分为辅码。主码采用刚性编码系统, 即位数一定; 辅码采用柔性编码方式。

第一部分, 类别代码。D——刀具, L——量具, F——非标准刀具 (第一个汉字汉语拼音的简写)。

第二部分, 大类代码。01 02 03 04⋯ 依次排下去。

第三部分, 小类代码。10 11 12 13 14⋯ 依次排下去。

第四部分, 辅码。

a	—	b	—	c	—	d

其中, a—— 类别代码 (一位)

b—— 大类代码 (二位)

c—— 小类代码 (二位)

  d—— 刀具参数 (多位)

1) 类别代码

  D—— 刀具

  L—— 量具

  F—— 非标准刀具

2) 大类代码

(1) 刀具类

  01—— 铣刀类

  02—— 车刀类

  …

(2) 量具类

  01—— 螺纹塞规

  02—— 螺纹环规

  03—— 光滑塞规

  …

3) 小类代码

(1) 刀具类

① D01 类 (铣刀类)

  01—— 直柄立铣刀

  02—— 锥柄立铣刀

  03—— 直柄加长立铣刀

  04—— 锥柄加长立铣刀

  05—— 直柄键槽铣刀

  06—— 单角铣刀

  …

② D02 类 (车刀类)

  01—— 凸 R 车刀

  02—— 凹 R 车刀

  03—— 右偏凸 R 车刀

  …

(2) 量具类

  L01 类

  01—— 普通螺纹塞规

  02—— 新国标螺纹塞规

　　03——钢丝罗套螺纹塞规

　　...

　4) 辅码

　　根据厂区刀具的实际情况,确定辅码的编码方式。辅码主要描述标识特征,如刀具生产厂家、行业标准、刀具参数等,反映数控刀具和加工中心刀具自动识别问题。

　5. 包装箱标识码

　　包装箱与产品结构的接点不完全对应,因此包装箱的编码还需要有别于产品的标识。包装箱标识采用三段标识方式。

A	—	B	—	C

其中,A 表示包装箱所属型号,如 BD-2;

　　B 表示包装箱的名称,如缓冲器 7-0;

　　C 表示包装箱的规格尺寸,如 1800×795×170。

第8章 面向离散制造业的中间件技术

面向离散制造车间的 RFID 中间件是一类新型的制造业信息化应用系统，为提高 RFID 技术在离散制造车间内更深入广泛的应用而产生。

中间件的应用使得不同应用程序之间可以相互协同地工作，甚至是实现跨操作系统或跨网络环境的互操作，解决了具有不同信息接口的应用程序之间交换信息的问题，允许各应用程序之下涉及网络环境、操作系统、通信协议、数据库及其他应用服务。

中间件技术对 RFID 系统的广泛应用具有重要的推动作用，RFID 中间件系统高效、经济地将 RFID 设备与现有的应用程序相连接。不同的应用程序均可使用 RFID 中间件提供的一组应用程序接口 (API) 连接到 RFID 读写器，读取 RFID 标签数据，实现 RFID 系统与现有应用程序的融合连接；此外，由于 RFID 中间件的应用，RFID 系统可实现软、硬件部分独立升级，降低了升级成本，保护了企业在应用系统开发和维护中的重大投资。

面向离散制造车间的 RFID 中间件不同于当前广泛使用的 (分布式)RFID 中间件，这种中间件将专注于为离散制造车间服务，用于解决离散制造车间底层生产数据与 MES、CAPP、ERP 等企业级应用系统进行交互的问题。

离散制造车间内以产品的工序流程为生产导向，采用射频识别标识技术可有效地对车间内产品的制造情况进行实时追踪，然而不同的产品通常会有不同的制造工序，因此自车间底层所采集到的制造数据的数据结构各异，如何将这些制造数据系统地、有序地与企业级应用系统交互成为了 RFID 系统在离散制造企业内的核心问题。如同其他 RFID 应用系统需要中间件作为硬件设备与应用软件的连接平台一样，离散制造车间内的 RFID 设备也需要一个 RFID 中间件对底层的制造数据进行采集、解析、组织、封装，为企业级应用程序提供输入数据交互服务接口。

随着 RFID 中间件技术的发展，RFID 中间件已经能很好地解决 RFID 硬件设备的协调配置及逻辑事件驱动等问题，面向不同行业的专业性 RFID 中间件的实施关键在于将中间件内的功能模块打造成符合于各行业自身运行特点的信息服务。

目前现有的大多数 RFID 中间件产品主要遵循 EPCglobal 规范的应用层事件 (ALE) 标准而开发，通常包括设备配置、事件驱动及商务集成等模块，形成电子商务信息处理平台，其消息触发模式及对数据的组织与封装方式并不符合离散制造业的特征。

因此将离散制造车间内的运行流程设计成为 RFID 中间件的事件消息服务及按离散制造车间的特征对采集数据进行组织与封装是面向离散制造车间 RFID 中间件设计的关键。

本章主要内容如下：

(1) 介绍面向制造业的 RFID 中间件的结构；

(2) 中间件硬件集成技术；

(3) 制造业 RFID 中间件与企业系统的集成技术。

8.1 RFID 中间件概述

为解决分布异构问题，人们提出了中间件 (middleware) 的概念。中间件是位于平台 (硬件和操作系统) 和应用之间的通用服务，这些服务具有标准的程序接口和协议。针对不同的操作系统和硬件平台，它们可以有符合接口和协议规范的多种实现。中间件应具备如下特征：

(1) 满足大量应用的需要；

(2) 运行于多种硬件和 OS 平台；

(3) 支持分布计算，提供跨网络、硬件和 OS 平台的透明性的应用或服务的交互；

(4) 支持标准的协议；

(5) 支持标准的接口。

由于标准接口对于可移植性和标准协议对于互操作性的重要性，中间件已成为许多标准化工作的主要部分。对于应用软件开发，中间件远比操作系统和网络服务更为重要，中间件提供的程序接口定义了一个相对稳定的高层应用环境，不管底层的计算机硬件和系统软件怎样更新换代，只要将中间件升级更新，并保持中间件对外的接口定义不变，应用软件几乎不需任何修改，从而保护了企业在应用软件开发和维护中的重大投资。

8.1.1 RFID 中间件的定义与目标

RFID 中间件具有下列特点。

1. **独立架构** (insulation infrastructure)

RFID 中间件独立并介于 RFID 读写器与后端应用程序之间，并且能够与多个 RFID 读写器以及多个后端应用程序连接，以减轻架构与维护的复杂性。

2. 数据流 (data flow)

RFID 的主要目的在于将实体对象转换为信息环境下的虚拟对象,因此数据处理是 RFID 最重要的功能。RFID 中间件具有数据的搜集、过滤、整合与传递等特性,以便将正确的对象信息传到企业后端的应用系统。

3. 处理流 (process flow)

RFID 中间件采用程序逻辑及存储再转送 (store-and-forward) 的功能来提供顺序的消息流,具有数据流设计与管理的能力。

4. 标准 (standard)

RFID 为自动数据采样技术与辨识实体对象的应用。EPCglobal 目前正在研究为各种产品的全球唯一识别号码提出通用标准,即 EPC(产品电子编码)。EPC 是在供应链系统中,以一串数字来识别一项特定的商品,通过无线射频辨识标签由 RFID 读写器读入后,传送到计算机或是应用系统中的过程称为对象命名服务 (object name service, ONS)。对象命名服务系统会锁定计算机网络中的固定点抓取有关商品的消息。EPC 存放在 RFID 标签中,被 RFID 读写器读出后,即可提供追踪 EPC 所代表的物品名称及相关信息,并立即识别及分享供应链中的物品数据,有效率地提供信息透明度。

RFID 中间件是一种面向消息的中间件 (message-oriented middleware,MOM),信息 (information) 是以消息 (message) 的形式,从一个程序传送到另一个或多个程序。信息可以以异步 (asynchronous) 的方式传送,所以传送者不必等待回应。面向消息的中间件包含的功能不仅是传递 (passing) 信息,还必须包括解译数据、安全性、数据广播、错误恢复、定位网络资源、找出符合成本的路径、消息与要求的优先次序以及延伸的除错工具等服务。

8.1.2 RFID 中间件的发展现状

最先提出 RFID 中间件概念的是美国。美国企业在实施 RFID 项目改造期间,发现最耗时和耗力、复杂度和难度最大的问题是如何保证 RFID 数据正确导入企业的管理系统,为此企业做了大量的工作用于保证 RFID 数据的正确性。经企业和研究机构的多方研究、论证、实验,最终找到了一个比较好的解决方法,这就是 RFID 中间件。

在国际上,目前比较知名的 RFID 中间件厂商有 IBM、Oracle、Microsoft、SAP、Sun、Sybase、BEA 等。由于这些软件厂商自身都具有比较雄厚的技术储备,其开发的 RFID 中间件产品又经过多次的实验室、企业实地测试,RFID 中间件产品的稳定性、先进性、海量数据的处理能力都比较完善,已经得到了企业的认同。

1. IBM RFID 中间件

IBM RFID 中间件是一套基于 Java 语言并且遵循 J2EE 企业架构开发的开放式 RFID 中间件产品,可以有效地帮助企业简化 RFID 项目实施的步骤,能满足大量货物数据的应用要求;IBM RFID 中间件中基于高度标准化的开发方式,可以实现与企业信息管理系统的无缝连接,有效缩短企业的项目实施周期,降低了 RFID 项目实施过程中的出错率和实施成本。

目前 IBM 公司的 RFID 中间件产品已经成功应用于全球第四大零售商 METRO 公司的供应链之中,该中间件不但提高了 METRO 公司整个供应链的流转速度和服务水平,还减少了产品差错率,降低了整个供应链的运营成本。除此之外,大约还有 80 多家供应商表示将采用 IBM 公司的全套 IBM WebSphere RFID 中间件解决方案。

为了进一步提高 RFID 解决方案的竞争力,目前 IBM 与 Intermec 公司进行合作,将 IBM RFID 中间件成功地嵌入 Intermec 的 IF5 RFID 读写器中,共同向企业提供一整套 RFID 企业或供应链解决方案。

2. Oracle RFID 中间件

Oracle RFID 中间件是甲骨文公司着眼于未来 RFID 的巨大市场而开发的一套中间件产品。Oracle 中间件主要以 Oracle 数据库为基础,充分发挥 Oracle 数据库在数据处理方面的优势,满足企业对海量 RFID 数据存储和分析处理的需求。Oracle RFID 中间件除了基本的数据处理功能外,还向用户提供了智能化的可配置手工界面。实施 RFID 项目的企业可根据业务的实际需求,对 RFID 读写器的数据扫描周期、过滤周期进行特定配置,并可以指定 RFID 中间件将采集数据存储到指定的服务数据库中,并且企业还可以利用 Oracle 提供的各种数据库工具对 RFID 中间件导入的货物数据进行各种指标数据分析,并做出准确的预测。

3. Microsoft 的 RFID 中间件

微软公司在 RFID 巨大的市场面前自然不会袖手旁观,投入巨资组建了 RFID 实验室,着手进行 RFID 中间件和 RFID 平台的开发,并以微软 SQL 数据库和 Windows 操作系统为依托,向大、中、小型企业提供 RFID 中间件企业解决方案。

与其他软件厂商运行的 Java 平台不同,Microsoft 中间件产品主要运行于微软的 Windows 系列操作平台。企业在选用中间件技术时,一定要考虑 RFID 中间件产品与自己现有的企业管理软件的运行平台是否兼容。

根据微软的 RFID 中间件计划,微软准备将 RFID 中间件产品集成为 Windows 平台的一部分,并专门为 RFID 中间件产品的数据传输进行系统级的网络优化。依据 Windows 占据的全球市场份额及 Windows 平台优势,微软的 RFID 中间件产品拥有了更大的的竞争优势。

4. SAP RFID 中间件

SAP RFID 中间件产品也是基于 Java 语言并且遵循 J2EE 企业架构开发的产品。SAP RFID 中间件产品具有两个显著的特征：①SAP 的 RFID 中间件产品是系列化产品；②SAP 的 RFID 中间件是一个整合中间件，可以将其他厂商的 RFID 中间件产品整合在一起，作为 SAP 整个企业信息管理系统应用体系的一部分实施。

SAP RFID 中间件主要包括：SAP 自动身份识别基础设施软件、SAP 事件管理软件和 SAP 企业门户。为增强 SAP RFID 中间件的企业竞争力，SAP 又联合 Sun 和 Sybase，将这两家的 RFID 中间件产品整合到 SAP 的中间件产品中。与 Sybase 的 RFID 中间件整合，提高了 SAP 中间件数据传输的安全性；与 Sun 的 RFID 中间件结合，使得 SAP 中间件的功能得到了极大的扩展。

SAP 的企业用户大多数是世界 500 强企业，大多采用 SAP 的管理系统。这些企业实施 RFID 项目的规模一般都比较大，对相关软件和硬件的性能要求比较高。这些企业实施 RFID 项目改造，应用 SAP 提供的 RFID 中间件技术可以和 SAP 的管理系统实现无缝集成，能为企业节省大量的软件测试时间、软件集成时间，有效缩短了 RFID 项目的实施步骤和时间。

5. Sun 公司的 RFID 中间件

Sun 公司开发的 Java 语言，目前被广泛应用于开发各种企业级的管理软件。目前，Sun 公司根据市场需求，利用 Java 语言在企业的应用优势开发的 RFID 中间件，也具有独特的技术优势。

Sun 公司开发的 RFID 中间件产品从 1.0 版本开始，经历了较长时间的测试，随着产品不断完善，已经完全达到了设计要求。随着 RFID 标准 Gen2.0 的推出，目前 SUN 中间件已推出了 2.0 版本，实现了 RFID 中间件对 Gen2.0 版本的全面支持和中央系统管理。

其中间件分为事件管理器和信息服务器两个部分。事件管理器用来帮助处理通过 RFID 系统收集的信息或依照客户的需求筛选信息；信息服务器用来得到和储存使用 RFID 技术生成的信息，并将这些信息提供给供应链管理系统中的软件系统。

由于 Sun 公司在 RFID 中间件系统中集成了 Jini 网络工具，有新的 RFID 设备接入网络时，立刻能被系统自动发现并集成到网络中，实现新设备数据的自动收集。这一功能在储存库环境中是非常实用的。

为了进一步扩大公司的 RFID 中间件产品的影响力，Sun 公司已经与 SAP 等几家厂商组建了 RFID 中间件联盟，将各个厂商的 RFID 中间件产品整合到一起，利用各自的企业资源,进行 RFID 中间件产品推广工作。

6. Sybase 中间件

Sybase 原来是一家数据库公司,其开发的 Sybase 数据库在 20 世纪八九十年代曾辉煌一时。在收购 XcelleNet 公司后,Sybase 公司正式进入 RFID 中间件领域,并开始使用 XcelleNet 公司技术开发 RFID 中间件产品。

Sybase 中间件包括 Edgeware 软件套件、RFID 业务流程、集成和监控工具。该工具采用基于网络的程序界面,将 RFID 数据所需要的业务流程映射到现有企业的系统中。客户可以建立独有的规则,并根据这些规则监控实时事件流和 RFID 中间件取得的信息数据。

Sybase 中间件的安全套件被 SAP 看中,被 SAP 整合进 SAP 企业应用系统,双方还签订了 RFID 中间件联盟协议,利用双方资源共同推广 RFID 中间件的企业 RFID 解决方案。

7. BEA RFID 中间件

BEA RFID 中间件是目前 RFID 中间件领域最具竞争力的产品之一,尤其是在 2005 年 BEA 收购了 RFID 中间件技术领域的领先厂商 ConnecTerra 公司之后,ConnecTerra 的中间件整合进了 BEA 的中间件产品,使 BEA 的 RFID 中间件功能得到极大的扩展。因此,BEA 可以向企业提供完整的一套产品解决方案,帮助企业方便地实施 RFID 项目,帮助客户处理从供应链上获取的日益庞大的 RFID 数据。

BEA 公司的 RFID 解决方案由四个部分构成。

(1) BEA WebLogic RFID Edition。先进的 EPC 中间件,支持多达 12 个阅读器提供商的主流阅读器,支持 EPC Class0、0+、1,ISO15693,ISO18000-6Bv1.19EPC,GEN2 等规格的电子标签。

(2) BEA WebLogic Enterprise Platform。专门为构建面向服务型企业解决方案而设计的统一的、可扩展的应用基础架构。

(3) BEA RFID 解决方案工具箱。是实施 RFID 解决方案的加速器,包含快速配置和部署 RFID 应用系统所必需的代码、文档和最佳实践路线。主要内容包括事件模型框架、消息总线架构、预置的 portlet 等。

(4) 为开发、配置和部署该解决方案提供帮助的咨询服务。该解决方案可以为客户实施 RFID 应用提供完整的基础架构,用户可以围绕 RFID 进行业务流程创新,开发新的应用,从而提高 RFID 项目投资的回报率。

目前,BEA 已成为基于标准的端到端 RFID 基础设施——从获取原始的 RFID 事件直到把这些事件转换成重要的商业数据的厂家。

8.2　面向制造业的 RFID 中间件的结构

RFID 中间件可以从架构上分为两种。

(1) 以应用程序为中心 (application centric) 的设计概念是通过 RFID Reader 厂商提供的 API，以 Hot Code 方式直接编写特定 Reader 读取数据的 Adapter，并传送至后端系统的应用程序或数据库，从而达成与后端系统或服务串接的目的。

(2) 以架构为中心 (infrastructure centric)。随着企业应用系统的复杂度增高，企业无法负荷以 Hot Code 方式为每个应用程序编写 Adapter，同时面对对象标准化等问题，企业可以考虑采用厂商所提供标准规格的 RFID 中间件。这样一来，即使存储 RFID 标签情报的数据库软件改由其他软件代替，或读写 RFID 标签的 RFID Reader 种类增加等情况发生时，应用端不做修改也能应付。

8.2.1　面向制造业的 RFID 中间件的系统框架

针对离散制造车间的组织生产模式开发了面向离散制造车间的 RFID 中间件。该中间件在遵循现有的 RFID 系统的空气接口协议 (ISO/IEC14443、15693、18000) 及 RFID 中间件设计规范 (EPCglobal ALE) 的基础上，将离散制造车间内的运行特点及流程规范集成为事件消息服务并驱动 RFID 硬件设备的运行，将电子标签所携带的信息组织封装成可直接供 MES、CAPP、ERP 等企业级应用程序使用的数据源，使得 RFID 系统与各类企业级应用程序有更紧密的集成，在离散制造车间内有更深入、广泛的应用。

本书采用面向离散制造车间的 RFID 中间件装置，具有以下结构特点。

1. 注册管理模块

它是其他模块的管理者与组织者，该模块含有四个子模块，具备如下几个功能。

(1) 对上层应用程序的外部操作指令进行认证与授权，为动态链接中间件内部组件的操作指令提供注册服务，当外部操作指令认证通过之后实例化一个代理对象用于执行后续的操作。

(2) 遵循 ALE 标准，向使用 RFID 系统的上层应用程序提供交互接口，该接口对于不同的上层应用程序采用统一的调用形式，上层应用程序可通过该接口向 RFID 中间件发送统一的操作指令来控制多个不同类型的 RFID 读写器的运行，并接收返回的数据文件或运行结果，从而屏蔽掉底层的具体实现；关于各类 RFID 读写器的操作指令归结为若干类，相同类型的操作指令在本子模块中具有统一的表达形式，如 RFID 读写器配置模块。

(3) 集成管理该 RFID 中间件所封装的各类 RFID 读写器驱动组件,采用组件代理模式,建立并维护 RFID 中间件所涉及的组件列表及关联映射表,根据上层应用程序的操作指令调用相对应的组件来完成操作任务。

(4) 协调中间件内部的处理线程,管理 RFID 读写器的运行任务。该模块处理上层应用程序对中间件的并发操作,对多操作进行串行化线程处理或自由线程处理,始终保持读写器指令操作的连贯性与准确性,保证中间件内部程序处理的有序进行。

2. 电子标签智能存储模块

该模块将 RFID 电子标签内存储空间按生产要素内容进行分区,电子标签内记录了 "隶属型号、设计图号、投产批次、领料时间" 及 "本道工序、下道工序、当前工位、完成状态" 等字段内容,并将以上字段内容组合成为堆栈格式。其中 "隶属型号、设计图号、投产批次、领料时间" 字段内容为静态标记内容,在零部件加工周期内保持不变,其内容在领料发卡时写入;"本道工序、下道工序、当前工位、完成状态" 为动态标记内容,当被加工零部件在制造车间内流转时,所记录内容按工序、工位及完成情况进行动态记录。该模块对上述字段的密文内容进行字节测量并动态分配其在 RFID 标签内的存储地址,当存储字段的内容总量超过 1KB,中断中间件对本条指令的操作并反馈 "请压缩内容" 的警告信息。

3. 存取内容密文互译模块

RFID 标签内的内容均为密文存储,本模块内集成了 DES、3DES、RC2、IDEA、AES 等多种加密算法,并提供动态更换加密算法及按字段采用不同加密算法的功能,用户按照需要选择加密算法及模式将存储内容转换为密文,在针对同一标签的后续读取过程中按照相应算法及模式进行解密。

4. RFID 读写器配置模块

RFID 读写器的支撑协议各不相同,相同协议但不同厂商的 RFID 读写器也有区别,最直接的影响在于与 RFID 读写器配套的 API(应用程序接口) 函数无法通用。该模块将 RFID 读写器的操作指令归类为 "连接 RFID 读写器、配置 RFID 读写器参数、寻卡请求、防碰撞操作、选卡、获得授权、配置 RFID 标签参数、读操作、写操作、终止数据传输、断开 RFID 读写器" 等若干大类,并构建了相应的通用程序段用于内嵌调用各读写器相应的 API 函数。程序段内含有测试接口,借此可实现 API 函数的快速部署,从而使本 RFID 中间件能够支持不同协议、不同厂商的 RFID 读写器,当 RFID 读写器硬件需要升级或更改时,只需在本模块内重新嵌入相应的 API 函数即可。

本书中四个模块的动态工作过程如下。

(1) 上层应用程序向中间件发送操作指令 Command A；

(2) 注册管理模块对操作指令 Command A 进行认证授权；

(3) 在中间件内由注册管理模块实例化一个对应于 Command A 的代理对象，用于完成该指令后续的操作。

如 Command A 为 RFID 读写器或 RFID 标签的参数配置命令，则通过读写器配置模块调用相应程序段内的 API 函数完成配置，再通过 "注册管理模块" 给上层应用程序返回运行结果。

如 Command A 为 RFID 标签的写入命令，则通过 "存取内容密文互译模块" 对写入内容进行加密，然后 "电子标签智能存储模块" 按其字节长度分配存储地址，再通过 "RFID 读写器配置模块" 调用相应程序段内的 API 函数完成写入操作，最后通过 "注册管理模块" 给上层应用程序返回运行结果。

如 Command A 为 RFID 标签的读取命令，则通过读写器配置模块调用相应程序段内的 API 函数完成读取操作，然后通过 "存取内容密文互译模块" 对读取内容进行解密，再通过 "注册管理模块" 给上层应用程序提供数据文件。

本书采用的 RFID 中间件装置与现有技术相比，优点在于以下几方面。

(1) 充分考虑离散制造车间运转的实际状况，与 MES、CAPP、ERP 等企业级应用程序无缝对接。

(2) 对 RFID 标签内的记录内容进行加密，防止记录内容泄露。

(3) 采用 API 函数内嵌调用方式及测试接口，RFID 中间件能以最小的程序变动，快速支持 RFID 读写器硬件的升级或更改。

8.2.2　面向制造业的 RFID 中间件的功能模块

本书的实施方式之一是采用基于 COM(组件对象模型) 相关技术开发适用于 B/S 架构的 ActiveX 控件。

图 8.1 说明了 RFID 中间件在整个 RFID 应用系统中所处的层次，RFID 中间件为上层企业级应用程序所调用，通过向上层应用程序提供统一的数据交互接口实现对底层不同 RFID 读写器的操作。RFID 中间件能够直接处理离散制造车间的数据，数据内容反映生产流程及状态，与上层应用程序无缝对接。RFID 中间件能够识别调用命令类型，分类响应并调用不同的组件完成具体操作。RFID 中间件通过代理机制，并对读写器驱动组件进行管理，实现了对多个且不同型号的 RFID 读写器的支持。

如图 8.2、图 8.3 所示，两图说明了 RFID 中间件模块的组成及各模块之间的相互作用关系。

本书 RFID 中间件主要由注册管理模块、电子标签智能存储模块、密文互译模块和 RFID 读写器配置模块 4 个模块组成，下面以 C++语言为例具体说明各个模块

的实现方案。图 8.2 展示了实现 4 个模块对应的类，分别是：RegistryManagement，
SmartMemory，CiphertextTranslator 和 ReaderConfigurator。

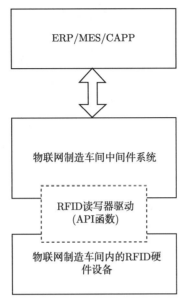

图 8.1　面向制造业中间件的结构

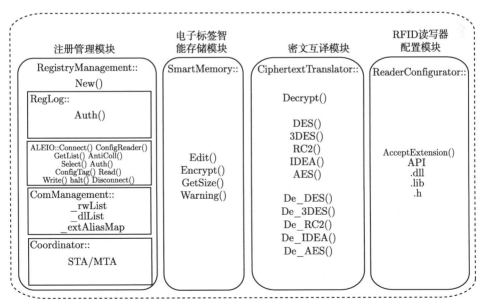

图 8.2　面向制造业中间件的系统结构

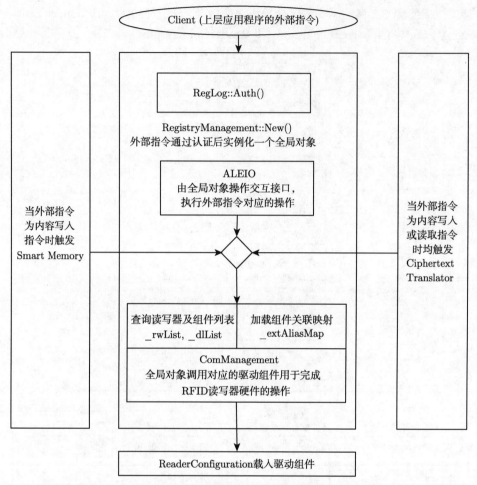

图 8.3 面向制造业中间件的运行流程

1) 注册管理模块, 是其他模块的组织者和管理者, 是整个中间件的核心

注册管理模块由 RegistryManagement 类实现, 在该类中注册管理模块包含注册认证、ALE 规范、组件管理、线程协调 4 个子模块, 分别由 RegLog、ALEIO、ComManagement、Coordinator 4 个类实现相应功能。

(1) RegLog 类对上层应用程序的外部操作指令进行认证与授权, 采用外部指令认证接口。RegLog::Auth(Command A) 对上层应用系统指令 Command A 进行认证。当认证接口获得正确的返回值后, 经过线程协调 (由线程协调子模块 Coordinator 类完成) 由 RegistryManagement::New(Command A) 实例化一个全局操作对象用以执行后续工作。

(2) ALEIO 类遵循 ALE 标准, 向使用 RFID 系统的上层应用程序提供交互接口。该接口遵循 ALE 标准的实现可参考 EPCglobal 的规范文献*The Application Level Events (ALE) Specification, Version 1.1*，ALEIO 类中包含如下功能函数与上层应用程序交互数据：

```
ALEIO::Connect()
ALEIO::ConfigReader()
ALEIO::GetList()
ALEIO::AntiColl()
ALEIO::Select()
ALEIO::Auth()
ALEIO::ConfigTag()
ALEIO::Read()
ALEIO::Write()
ALEIO::halt()
ALEIO::Disconnect()
```

分别对应了 "连接 RFID 读写器、配置 RFID 读写器参数、寻卡请求、防碰撞操作、选卡、获得授权、配置 RFID 标签参数、读操作、写操作、终止数据传输、断开 RFID 读写器" 等操作，在上述功能函数中调用读写器配置模块 (模块 4) 中对应的底层操作。

(3) ComManagement 类采用组件代理模式集成管理 RFID 中间件所封装的各类 RFID 读写器驱动组件，ComManagement 类通过读写器列表_rwList 和动态库列表_dlList 类维护、管理系统的组件，同时使用一个 map 对象_extAliasMap 的数据结构来维护相关文件的关联映射表；ComManagement 类中对每一个底层组件均建立一个作为代理的类的全局对象，在组件库载入的时候就会调用构造函数实例化该代理对象，该构造函数向读写器列表_rwList 中写入该组件的读写器对象指针，并在_extAliasMap 中建立映射关系，并准备在需要的时候进行调用。

(4) Coordinator 类协调中间件内部的处理线程，保证中间件内部程序处理的有序进行。上层应用程序的指令经过 RegLog::Auth() 认证后由 Coordinator 类建立单线程块模型 (STA) 或多线程块模型 (MTA)，从而响应多条外部指令的并发事件。在 C++环境下的 STA/MTA 设计可参考文献 [93]。

2) 电子标签智能存储模块

该模块将 RFID 电子标签内的写入内容按生产要素内容进行编辑、整理，并调用密文互译模块对内容进行加密。

　　电子标签智能存储模块由 SmartMemory 类实现，在外部指令为向电子标签写入内容 (即调用 ALEIO::Write() 函数) 时，由全局操作对象调用该类中相关函数。

SmartMemory::Edit()

　　该函数将外部操作指令中的输入内容进行编辑，将工序信息按前文所述顺序编辑成为字符数据。

SmartMemory::Encrypt()

　　该函数内调用密文互译模块对字符数据进行加密，所选加密方式以函数参数形式传递至密文互译模块，该函数的返回值为密文字符数据。

SmartMemory::GetSize()

　　该函数对密文字符数据进行存储空间测量。

SmartMemory::Warning()

　　该函数根据 SmartMemory::GetSize() 的测量值向用户发布警告信息。

　　3) 密文互译模块

　　在 RFID 标签内密文数据与上层应用程序的明文数据间进行转换。密文互译模块由 CiphertextTranslator 类实现，应用场景分为加密与解密两类，其中加密部分由电子标签智能存储模块调用；而在外部指令为读取电子标签的内容 (即调用 ALEIO::Read() 函数) 时，由全局操作对象调用 CiphertextTranslator::Decrypt() 进行解密操作。加密/解密应用场景分别调用加密方法函数与解密方法函数，CiphertextTranslator 类中包含：

　　加密方法函数

CiphertextTranslator::DES()

CiphertextTranslator::3DES()

CiphertextTranslator::RC2()

CiphertextTranslator::IDEA()

CiphertextTranslator::AES()

　　解密方法函数

CiphertextTranslator::De_DES()

CiphertextTranslator::De_3DES()

CiphertextTranslator::De_RC2()

```
CiphertextTranslator::De_IDEA()
CiphertextTranslator::De_AES()
```

C 或 C++环境下的各类加密与解密方法函数的实现可参考文献 [94]。

4) RFID 读写器配置模块

该模块是实际数据读写操作及相关参数配置操作的执行者，接收中心管理模块的命令，调用具体的组件方法完成读写。

该模块封装了实现插件读写的接口，该接口是一个纯虚类，该类的所有方法都是虚函数。在该类中包含了 read() 和 write() 方法，同时包含了 acceptExtension() 方法用来判断组件与文件类型的兼容性。具体的组件继承自该类，实现 read() 和 write() 方法来完成具体的数据读写，采用 acceptExtension() 方法对其兼容性进行判断。

读写器模块实际上是在 RFID 中间件与 RFID 读写器硬件驱动组件之间形成了一个接口，要加入 RFID 读写器硬件驱动组件就必须实现上面提到的方法。这样通过调用读写器模块即可完成对不同厂商、不同制式的 RFID 读写器的操作。

8.3　中间件硬件集成技术

8.3.1　RFID 硬件设备集成体系

1. 接口协议

协议的作用是让多个参与者按照他们共同的约定方法和规则完成某项共同的任务从而保证及时准确地完成任务。空中接口协议是读写器与射频卡之间相互通信的关键问题，一般规定了硬件设备之间在空气中传播的通信协议及参数，因此它是射频识别技术中最重要的关键技术之一。国际上射频识别技术的标准体系大致分为三大类，即 ISO/IEC 18000、EPCglobal、日本的 UID。应用较为广泛的 EPC Class-1 Generation-2 已经与 ISO/IEC 18000-6 融合。超高频频段射频识别系统的空中接口协议一般会规定读写器与射频卡之间的通信方法及参数，包括了物理层、链路层和应用层等方面的数据、算法等标准。标准协议 ISO/IEC 18000-6 中又分别定义了 Type A、Type B 和 Type C 三种不同的模式，虽然这三种模式在数据的编码、信息速率、调制和防冲突算法方面各有差异，但在系统性能方面有相近的地方。ISO/IEC 18000-6C 协议规定了空中接口协议，主要适用于物流供应链管理，具有识别速度快、阅读距离远以及电子标签成本低的特点。总体来说在国内外应用较多的标准中，作为超高频频段无源射频识别的空中接口协议标准主要有 ISO/IEC 18000-6 和 ISO/IEC 18000-4 等。

ISO/IEC 15693 协议是用于近距离接触识别的高频协议，规定了电子标签的尺寸大小、编码规则，读写器与电子标签通信的空中接口和初始化，读写器和电子标签必须支持的命令、可支持的命令等。ISO/IEC 15693 协议规定了读写器与电子标签通信接口的内容，从电子标签到读写器的通信有负载调制、副载波、数据速率、位表示和编码、电子标签到读写器的帧，从读写器到电子标签的通信有调制、数据速率和数据编码、读写器到电子标签的帧。

本书采用的协议有 ISO/IEC 15693 和 ISO/IEC 18000-6C，读写器与 PC 机之间的通信是通过厂商提供的应用接口函数，这些接口函数符合 ISO/IEC 15693 和 ISO/IEC 18000-6C 中的接口协议。基于 ISO/IEC 15693 协议的泰格瑞格读写器的接口文件为 ISO 15693DLL.dll，该文件的主要内容有与读写器建立连接、查询电子标签、读写数据、系统设置、断开与读写器的连接。基于 ISO/IEC 18000-6C 协议的远望谷 XCRF-860 型的读写器接口文件有 Invengo.ConfigFileClass.dll, Invengo.Order.dll, Invengo.XCRFAPI.dll, log4net.dll, Invengo.XCRFReader.dll, FreqType.xml, Sysit.xml 和 language/XCRFErrCode.xml，Sysit.xml 是远望谷 XCRF-860 型读写器的系统配置文件，FreqType.xml 是记录频点的详细默认设置的文件，language 文件夹下的 XCRFErrCode.xml 记录的是读写器运行时的错误信息代码，其支持中文 (zh-CN)、英文 (en-US) 等语言。Invengo.XCRFReader.dll 文件中 Reader 类是射频识别系统中应用软件和 API 之间的桥梁，直接提供 PC 机和读写器的接口。

2. 读写器接口设计

读写器接口处于 RFID 中间件平台的最底层，该层主要负责屏蔽读写器设备的硬件差异性，提取统一的操作接口，为上层应用提供透明的硬件设备访问服务。

由于国内 RFID 技术尚不成熟，没有统一的国家标准颁布，许多 RFID 读写器设备厂商生产的设备有很大的差别，另外同一厂家生产的读写器也有不同型号、类型的区分。例如，采用不同的标签编码规则、不同的空中接口协议，PC 机与读写器的通信标准是存在差异性的，读写器与 PC 机之间采用网口、串口、USB 等不同的方式进行连接。这些差异和不同就造成了射频识别设备选型以及应用系统开发与集成上的困难，也会不利于射频识别技术的应用和推广。

到目前为止，这个问题的解决办法通常是针对一种应用购买同一厂商的射频识别读写器及其软硬件配套设备。不仅如此，还要针对不同的上层应用系统开发相应的下层读写器访问模块。不管企业的应用需求发生多少改变、怎么改变，都必须要对下层读写器的访问模块进行重新开发，很大程度上增加了企业的项目成本和延缓了工程进度。通过 RFID 中间件连接读写器可以很好地解决上述问题，故将射频识别技术应用于采集制造车间数据，必须屏蔽掉读写器差异性，这就需要对读写器接口进行功能的设计。

一般厂商的读写器连接到 PC 机的方式有串口、网口和 USB，软件接口主要是动态链接库形式的 API 函数，一般都包括建立与读写器的连接、寻找电子标签、读取电子标签用户区的数据、向用户区写入数据、断开与读写器的连接等。本书中读写器通过 RS232 串口与 PC 机建立连接。

读写器接口的主要流程是，通过全局变量来标识不同类型的读写器，通过对全局变量的判断来调用不同的应用程序函数建立 RFID 中间件与读写器的连接。该全局变量的值主要有两个方法可以改变，一种是通过对读写器的选择会使其设置成相应的读写器标识，另一种是 RFID 中间件运行时对是否连接到读写器的判断，若连接到读写器就设置成相应的标识，否则就会保持初始时的值不变。RFID 中间件运行时对是否连接到读写器的判断过程是：调用某一种读写器的 API 函数进行建立连接，如果能成功建立连接则设置相对应的标识，并且结束整个判断过程；如果建立连接失败，则调用下一个读写器的 API 函数建立连接，同样对其进行判断直到建立连接或调用完全部读写器的 API 函数。当调用完全部的读写器接口函数都没有建立与读写器的连接时，就会让用户进行选择要建立连接的读写器，这样就可以调用相关函数进行操作。读写器接口的流程图见图 8.4。

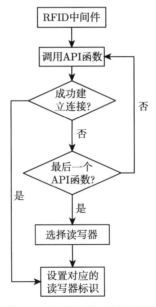

图 8.4　读写器接口的流程图

8.3.2　RFID 设备接入技术

RFID 作为制造车间内新的硬件系统，应充分考虑将其纳入整个制造系统的接入方式与方法。

传统的机床等设备通常采用工业现场总线的形式接入整个制造系统。工业现场总线是指安装在制造或过程区域的现场装置与控制室内的自动装置之间的数字式、串行、多点通信的数据总线。它是一种工业数据总线，是自动化领域中底层数据通信网络。

简单地说，现场总线就是以数字通信替代传统 4~20mA 模拟信号及普通开关量信号的传输，是连接智能现场设备和自动化系统的全数字、双向、多站的通信系统，主要解决工业现场的智能化仪器仪表、控制器、执行机构等现场设备间的数字通信以及这些现场控制设备和高级控制系统之间的信息传递问题。

工业现场总线的缺点很明显，网络通信中数据包的传输延迟，通信系统的瞬时错误和数据包丢失，发送与到达次序的不一致等都会破坏传统控制系统原本具有的确定性，使得控制系统的分析与综合变得更复杂，使控制系统的性能受到负面影响。因此，工业以太网应运而生。

统一、开放的 TCP/IP Ethernet 是 20 多年来发展最成功的网络技术[95−112]，过去一直认为，Ethernet 是为 IT 领域应用而开发的，但它与工业网络在实时性、环境适应性、总线馈电等许多方面的要求存在差距，在工业自动化领域只能得到有限应用。事实上，这些问题正在迅速得到解决，国内对 EPA 技术 (ethernet for process automation) 研究也取得了很大的进展。随着 FF HSE 的成功开发以及 PROFINET 的推广应用，可以预见 Ethernet 技术将会十分迅速地进入工业控制系统的各级网络。

工业以太网是制造设备联网的新趋势，RFID 系统也理应采取工业以太网的形式接入制造系统。

8.3.3　RFID 设备监控技术

大规模 RFID 应用需要部署大量的 RFID 读写器，这些读写器并不是相互独立的，读写器之间会存在一定的关联关系，从而形成读写器网络。RFID 系统需要对读写器网络进行管理和监控，保证读写器网络的正常运作；同时收集 RFID 数据的任务由网络中的多个读写器共同完成，RFID 系统需要对多个读写器进行协调，使读写器网络收集的数据符合应用系统的要求。

RFID 设备的组网监控可采用工业总线的形式实现，但将 RFID 设备连接为以太网节点，将 RFID 设备构建成为工业以太网是当前工业自动化的趋势。

8.4　制造业 RFID 中间件与企业系统的集成技术

8.4.1　中间件与企业系统的数据交换协议

在制造系统信息集成平台的开发过程中，SOA、WebService 及 Socket 接口三项技术是必须采用的基础技术支持。但其实现过程可采用不同的商业软件系统。

其中 SOA 技术的应用主要体现为 ESB 模块的实现，并采用 ESB 管理制造系统中的所有 Web 服务，SOA 技术的实施与其他两项技术相当独立，用户可以自行开发，也可以使用成熟的商业化软件包。商业化软件包主要有：Oracle Service Bus、IBM WebSphere ESB 及 Microsoft ESB 等。

WebService 及 Socket 两项技术的实施通常分为 C# 与 Java 两大技术路线。其中 Java 技术路线的开发环境为：①开发语言：Java，② Web 服务器：Tomcat，③开发 IDE：Eclipse；C# 技术路线的开发环境为：①开发语言：C#，②Web 服务器：IIS，③开发 IDE：Visual Studio。

8.4.2　制造业 RFID 中间件与 MES/CAPP/PDM 系统的集成方案

在制造系统的信息集成过程中，应将各独立系统的所有对外功能抽象、封装成为 Web 服务。

1. ERP/MES 系统的对外 Web 服务

ERP 系统下发的生产任务信息作为制造系统的信息源，驱动制造现场的制造要素网络有序地运行，因此下发的任务信息应封装为 ERP 系统的主要 Web 服务。

MES 系统应该对实物状态进行实时监控，并将制造过程中所生成的产品履历数据包上传至 ERP 系统，因此 ERP 系统仍须具备接收产品履历数据包的 Web 服务。同时，相关文档的更新信息也应上传至 PDM 系统，从而形成有效的闭环负反馈控制系统。

2. 与 CAPP 系统的对外 Web 服务

在制造系统中，对制造过程的准确驱动需要 CAPP 系统的支持。CAPP 系统将在制造零部件的工序信息及每道工序的关键质量参数以 Web 服务形式，通过实时动态数据库传入 ESB。制造系统可根据 CAPP 系统所提供的 Web 服务生成详细的状态监控计划，如图 8.5 所示。根据零部件在制造过程中的状态监控计划，制造系统生成追踪过程中的动态数据包，详细追踪记录相关零部件在制造网络节点当中的制造细节，并据此装配成为产品履历数据包。

3. 与 PDM 系统的对外 Web 服务

生产过程中的零部件进入相应的工位之后，由 PDM 服务器向工位的终端 PC 推送所有相关的设计、制造、工艺文档，因此，PDM 的主要 Web 服务应为相关文档的传输和显示，如图 8.6 所示。

PDM 系统应提供的开放式 Web 服务，用户可根据需要同时浏览一个或多个当前工位零部件的文档。

此外，PDM 系统也应该提供文件更新的 Web 服务，应对其他系统所提交的更新版本文档。

选择任务	工序指令	工序名称	开工状态	物料资源数	起	止	完工数量	工位	工作者	完成状态	质量检测数据
10	yj63-0001	车端面	已完成	0	3-7,8:30	3-7,9:43	10	普车2号	007	已完工	
20	yj63-0002	粗车台阶1	已完成	0	3-7,9:45	3-7,10:50	10	普车2号	007	已完工	150.01
30	yj63-0003	粗车台阶2	已完成	0	3-7,10:52	3-7,11:50	10	普车2号	007	已完工	150.01 150.02 149.99
☒ 40	yj63-0004	精车台阶1	具备条件	10	3-7,14:00	-	4	数车6号	009	加工中	149.98 150.01 150.01
☐ 50	yj63-0005	精车台阶2	具备条件	0	-	-	0	数车6号		待加工	149.98 149.99
60	yj63-0006	铣键槽1	不具条件	0	-	-	0	数铣3号		待加工	

图 8.5　零部件状态监控计划

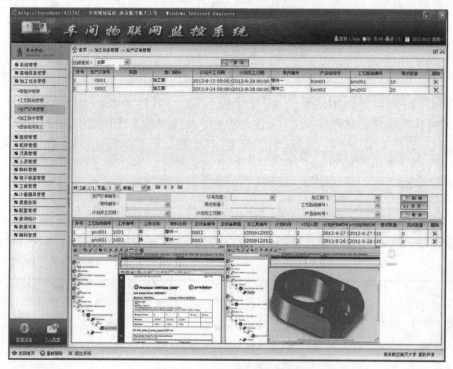

图 8.6　内嵌 PDM 客户端

第9章 面向制造业的无线传感网技术

物联网技术的研究必须依赖信息获取和感知技术发展，无线感知技术是物联网中 "物" 与 "网" 连接的基本手段，也是制造物联建设的关键环节。制造物联的信息获取方式并不能依赖单一的、特定的信息感知技术。制造物联技术之所以设计多种信息获取和感知技术，是因为它们各有优势，又都有一定的局限性。物联网技术实施需要通过 RFID、二维码、条码等自动识别技术，也需要通过传感器等数据采集手段，同时还需要通过 Wi-Fi、ZigBee、蓝牙等各种通信支撑技术，进行信息加工、过滤、存储以及网络接口与传输技术的全面协调。

因此，无线传感技术在物联网的实施和应用中担当重要的角色，通过它构成的无线传感网络 (wireless sensor networks, WSN) 连接了物理世界和数字世界，目前国际上已有研究工作将其应用于环境监测和保护以及时发现和定位事故源、航空和航天的落点控制、军事目标的定位与跟踪等方面[113-137]。物联网的应用也因此给无线传感技术提供了前所未有的发展机遇[63,138-156]。

本章主要介绍 WSN 在制造业的应用分析。

9.1 无线传感网技术概述

1991 年，Mark Weiser 在 *The Computer for 21st Century* 一文中，首先提出普适计算 (ubiquitous computing) 概念。作为普适计算思想的一个典型应用，无线传感器网络集成了传感器、微机电系统 (micro-electro-mechanism system，MEMS)、无线通信和分布式信息处理等技术，具有信息采集、通信和计算等能力，是一个能够自主实现数据的采集、融合和传输应用的智能网络应用系统，它使逻辑上的信息世界与真实的物理世界紧密结合，从而真正实现了 "无处不在的计算" 模式。

无线传感网在新一代网络中扮演着关键性的角色，将是继因特网之后对 21 世纪人类生活方式产生重大影响和作用的 IT 热点技术，直接关系到国家政治、经济和社会安全，目前它也已成为国际竞争的焦点和制高点。早在 1999 年，美国的《商业周刊》就将无线传感网列为 21 世纪最具影响的 21 项技术之一。美国的《MIT 技术评论》杂志在 2003 年时预测未来技术发展报告中将无线传感网列为未来改变世界十大新兴技术之首，同时美国《商业周刊》也将无线传感网列入未来四大高新技术产业之一。从而，发展我国具有自主知识产权的无线传感网技术，推动我国新型无线传感网络产业的跨越式发展，对于我国在 21 世纪确立国际战略地位具有至关重要的意义。为此，我国将其列入信息产业科技发展"十一五"计划和 2020 年中长期规划 (纲要)，并于 2006 年将无线传感网列入了 973 计划。近几年，国家自然科学基金委员会也通过设立多个重点项目和一系列面上项目对无线传感网领域的研究给予了大力的支持。

无线传感网的出现引起了全世界范围的广泛关注，最早开始无线传感网研究的是美国军方。时任美国海军副司令 Arthur Cebrowski 说过："我们时刻关注着正在兴起的基于传感器网络的战争。众所周知，只要我们能感知到敌人的存在，我们就一定能消灭之。"目前，无线传感网的应用已由军事领域扩展到其他相关领域的研究，它能够完成诸如灾难预警与救助、空间探索和家庭健康监测等传统系统无法完成的任务，具有很好的实际应用价值，在未来也具有无限光明的应用前景。因而，无线传感网备受各国政府、军方、科研机构和跨国公司的关注与重视，是当今世界工业界与科研界的研究热点，已成为电子信息与计算机科学等领域一个非常活跃的研究分支，它所带来的问题也向研究者提出了严峻的挑战。

9.1.1　WSN 的基本概念

无线传感网就是由部署在监测区域内大量的廉价微型传感器节点组成，通过无线通信方式形成的一个多跳的自组织的网络系统，其目的是协作地感知、采集和处理网络覆盖区域中被感知对象的信息，并发送给观察者。传感器、感知对象和观察者构成了无线传感网的三个要素。无线传感网所具有的众多类型的传感器，可探测包括地震、电磁、温度、湿度、噪声、光强度、压力、土壤成分以及移动物体的大小、速度和方向等周边环境中多种多样的现象。潜在的应用领域可以归纳为军事、航空、防爆、救灾、环境、医疗、保健、家居、工业、商业等领域。

无线传感网的发展可以分为 3 个阶段：智能传感器、无线智能传感器和无线传感网络。智能传感器是利用微机控制芯片将计算和处理信息能力嵌入到传感器中，从而使传感器节点不但具有数据采集的能力，而且还具有数据滤波和处理信息能力；无线智能传感器就是在传感器的基础上加入了无线通信功能，这样很大程度上延长了传感器的感知范围，降低了传感器布置过程中的实施成本；无线传感网络则将网络通信技术引入到无线传感器中，使传感器节点不再是孤立的感知单元，而成为能够进行信息交换、协调控制的有机整体，实现了物与物之间的互联通信，把感知技术触角深入到每个角落。

9.1.2　WSN 的发展现状

1. 国外研究现状

无线传感网最早的研究开始于美国国防部、美国自然科学基金设立的研究项目。早在 20 世纪 80 年代，美国国防部高级研究计划局 (DARPA) 在卡内基·梅隆大学设立的分布式传感器网络工作组就根据军事侦察系统的需求，研究了无线传感网中通信、计算、传感等方面的相关问题。20 世纪 90 年代中期以后，美国军方在众多大学实验室中开展研究计划，如针对战场应用的 SensIT (sensor information technology) 研究计划，研究微小无线太阳能节点的加州大学伯克利分校的 "智能微尘" (smart dust)；设计节能、自组织、可重构无线传感网的 MIT 的 μAMPS 项目，以及由 DARPA 资助的加州大学洛杉矶分校的 WINS 项目。2000 年前后，MIT 计算科学与人工智能实验室开展了 Oxygen 项目。该项目主要是在普适计算思想的指引下构建感知网络，使得用户能够利用手持设备和环境之中的装置进行交互。

　　2000 年以后，WSN 受到越来越多的关注，各大研究机构与大学先后研制出了低功耗的试验平台，如 Mica、Mica-2、Mica-dot、iMote、btNode 节点。如何能够让传感器节点长期、有效地工作成为研究的重点，从这一时期起，低功耗就成为无线传感网研究的核心。

　　为了便于无线传感网的开发，更好地管理传感器网络的硬件资源，加州大学伯克利分校的 David Culler 领导的研究小组为无线传感网节点设计、制作了操作系统 TinyOS，TinyOS 开放源代码是目前无线传感网中应用最为广泛的操作系统，目前已成为一个 Sourceforge 项目。此外，科罗拉多大学玻尔得分校的 Mantis、加州大学洛杉矶分校的 SOS，也是这时期较有影响力的无线传感网操作系统。

　　随着 21 世纪初无线射频识别技术 (RFID) 受到广泛关注，研究人员开始寻求其识别能力与 WSN 传感能力的融合方法。其本质在于研究人、物的相互感知，实际上是对 WSN 传感能力的一种扩充。有关研究中结合 RFID 标签的识别特性和 WSN 的组网优势，针对不同的应用提出了多种 RFID 与 WSN 的融合方案，并认为主动式 RFID 标签和普通 WSN 节点具有最佳的融合性。

2. 国内研究现状

　　中国首次正式提出无线传感网是在 1999 年中国科学院《知识创新工程试点领域方向研究》的 "信息与自动化领域研究报告" 中。2001 年中国科学院上海微系统研究与发展中心成立，标志着中国在无线传感网方向若干重大研究项目的开展。中国在无线传感网领域的研究工作起步比国外晚，特别是在硬件平台研发等方面，主要以跟踪国外最新进展为主。目前在无线传感网领域研究较好的高等院校和研究机构有：上海交通大学、国防科技大学、清华大学、中国科学院计算所、中国科学院软件所、哈尔滨工业大学、浙江大学、南京大学、湖南大学等。2006 年 10 月，中国计算机学会传感器网络专业委员会正式成立，中国无线传感网迈入了一个新的阶段。2009 年 5 月，为了促进中国传感器网络技术水平提高，全国信息技术标准化技术委员会 "传感器网络标准工作组" 成立。近年来，国内相关论文数量增长迅速，国际高水平学术论文数量也在增多，但在应用推广、理论创新上与国外还有一定差距。目前国内对无线传感网的研究重点主要是无线传感网的通信协议、网络管理、网络数据管理以及应用支撑服务。

9.1.3　WSN 的体系结构

1. 无线传感网络的系统架构

无线传感网由传感器节点 (sensor node)、感知现场 (perceptual field) 和管理节点 (manager node) 组成，如图 9.1 所示。大量传感器节点通过抛撒后随机分布于监测区域内部或附近，各节点间通过自组织方式构成网络。传感器节点对感知对象进行实时监测，在对监测到的数据进行初步处理以后通过多条中继线路按照特定路由协议进行数据传输。在数据传输过程中，多个路由节点对所监测的数据进行有效处理后传输到汇聚节点，然后经过互联网、移动通信网络或者卫星传输到最终管理终端。终端管理用户通过对传感器网络进行配置，实现节点管理，发布数据监测任务以及收集感知数据。

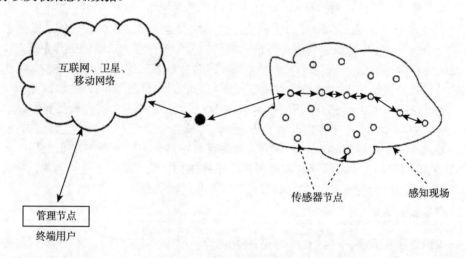

图 9.1　无线传感网络的体系结构

无线传感网由大量的传感器节点构成，这些节点无需经过工程处理或预先定位而被密集地撒放到要监测区域来进行工作，所以需要传感器节点具有自组织特性；同时由于传感器节点都是嵌入式系统，处理能力、存储能力及通信能力相对较弱，需要使用多条路由来传输有效数据；另外节点除了收集本地信息和处理数据外，也需要存储、管理和融合其他节点转发过来的数据，包括与其他节点相互协同工作将大量的原始数据处理后发给汇聚节点。

汇聚节点为传感器网络和外部网络的接口，通过网络协议转换实现管理节点与无线传感网间的通信。其将传感节点采集到的数据信息转发到外部网络上，同时也向传感器网络发布来自管理节点的指令。

2. 无线传感器节点组成

传感器节点典型的组成部分可分为：传感模块、数据处理模块、通信模块和电源模块，如图 9.2 所示。

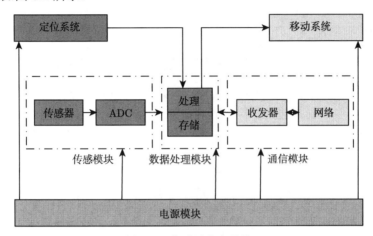

图 9.2　传感器节点结构

传感模块用于感知监测对象信息，并通过 A/D 转换器将采集到的物理信号转换为数字信号；数据处理模块主要负责控制和协调节点各部分功能，并将节点采集到的数据及路由转发的数据进行处理和存储；通信模块负责与传感网络中的其他传感器节点进行通信，进行数据收发和控制信息交换；电源模块主要采用微型电池为传感器节点提供工作所需的电源。某些功能更加强大的传感器节点可能还包括其他辅助单元，如电源再生装置、移动系统和定位系统等。

由于传感器节点需要进行较为复杂的任务调度和管理，因此传感器节点的处理单元中还需要涉及一个较为完善的软件控制系统。当前大多数传感器节点在设计原理上是类似的，区别在于采用了不同的微处理器或者不同的通信协议，比如采用 802.11 协议、ZigBee 协议、蓝牙协议、UWB 通信协议或者自定义协议等。典型的传感器节点包括 Berkeley Motes、SensoriaWNIS、Berkeley Pioc nodes、MIT AMPS、SmartMesh Dust Mote、Intel iMote 以及 Intel Xscale nodes 等。

3. 无线传感网络体系结构

传感器网络体系结构由网络通信协议、网络管理技术和应用支撑技术组成，如图 9.3 所示。

传感器网络通信协议与传统的 TCP/IP 协议体系结构类似，主要由物理层、数据链路层、网络层、传输层和应用层组成，各层次功能如下。

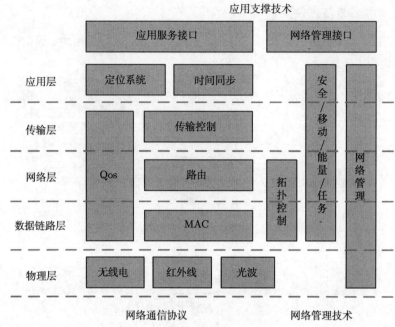

图 9.3　无线传感网络体系结构

1) 物理层

物理层主要负责信号的调制和数据的发送与接收。无线传感网络物理层的设计要根据感知对象实际情况而定，目前大部分传感器网络主要是基于无线电通信，但在某些特殊的情况下也可使用红外线和声波通信。无线通信要解决的问题主要是无线频段的选择、跳频技术以及扩频技术。无线传感器网络物理层是决定传感网的节点数量、成本及能耗的关键环节，是目前无线传感网的主要研究方向之一。其中能耗和成本是无线传感网两个最主要的性能指标，也是物理层协议设计过程中需要重点考虑的问题。

2) 数据链路层

数据链路层主要负责数据成帧、帧检查、介质访问和差错控制等。介质访问控制 MAC (medium access control) 协议主要用于为数据的传输建立连接以及在各节点间合理有效地分配网络通信资源，差错控制是为了保证源节点所发出的信息能够准确无误地到达目标节点。介质访问控制方法是否合理与高效，直接决定了传感器节点间协调的有效性和对网络拓扑结构的适应性，合理与高效的介质访问控制方法能够有效地减少传感器节点收发控制性数据的比率，进而减少能量损耗。

3) 网络层

网络层路由协议主要是负责为网络中任意两个需要通信的节点建立路由路径，

传感网络中大多数节点往往需要经过多次路由才能将数据发送到汇聚节点。路由算法执行效率的高低，直接决定了传感器节点收发控制性数据与有效采集数据的比率，路由算法设计时需要重点考虑能耗的问题。

4) 传输层

传输层主要是负责数据流的控制和传输，并且以网络层为基础，为应用层提供一个高质量、高可靠性的数据传输服务。通过路由汇聚节点获取传感器网络的数据，并经 Internet、移动通信网络和卫星等将采集数据传送给应用平台。

5) 应用层

应用层主要负责提供面向终端用户使用的各种应用服务，其中包括一系列基于监测任务的应用软件。应用层的任务分配、传感器管理协议和数据广播管理协议是应用层需要解决的三个核心问题。

9.1.4　WSN 的关键技术

近年来，由于一些新兴无线网络通信技术的兴起，无线传感网等也获得了进一步的发展，但要想在实际应用中获得更好的应用效果还需要深入研究。目前，无线传感网的迅猛发展已经在某些领域中获得了初步的应用。为了使无线传感网技术能深入到生产生活的各个领域，为社会生活提供更加精彩的应用服务，相关的无线传感网系统技术、应用技术以及安全技术必须要逐步完善才能达到不同应用领域的需求，因此在无线传感网的每个层次都有很多关键技术需要研究。

1. 节点功耗

无线传感网的应用过程中，节点的能耗是一个非常关键而且影响整体应用的技术。由于目前传感器节点普遍采用普通电池作为电源，传感器节点能源的使用寿命将决定传感器网络维护周期。因此，系统和节点功耗问题作为传感器网络的首要和关键研究问题，对其的研究显得非常重要，这也是本书研究内容中所优先考虑的问题。

对传感器网络的功耗模型，需主要关注以下内容。

(1) 传感器节点中微处理器的运行模式。目前，节点的运行模式主要有休眠模式、工作模式和处于工作与休眠之间的中间模式。其中，休眠模式节点几乎不消耗能量，工作模式节点则一直处于能量消耗状态，而中间模式能量消耗则介于工作和休眠之间，不同状态能量消耗区别很大。

(2) 在发射功率受限的情况下，研究发射功率与系统功耗的映射关系。

(3) 在不同的模式中，每个功能块的功耗量与哪些参数有关。

(4) 传感器节点中的无线调制解调器的最大输出功率和接收灵敏度。

(5) 传感器节点从一种运行模式切换到另一种运行模式的功耗及其转换时间。

在传感器节点的能源功耗研究方面，通过结合不同的处理技术可以优化传感器节点的功耗。在节点能源的再生研究方面，为了克服远程无线传感网由于电池工作时间短而影响传感网络生命周期的问题，美国 Millennial Net 公司将 i-Bean 无线通信技术与新兴公司 Ferro Solutions 的 "能量获取"(energy harvesting) 技术相结合，研发了一个以感应振荡能量转换器为工作原理的 i-Bean 无线能量发射机。除此之外，该公司还通过与其他公司合作开发给传感器节点供应电能的太阳能电池板，但是太阳能电池板由于地理位置限制而影响其使用范围。

在已有能量的节约和优化方面，目前的研究成果基本处于对协议进行改进以对节点的能量消耗进行优化，黄进宏等[157] 提出了一种基于网络和节点能量优化的无线传感网自适应组织结构的网络节能协议 (ALEP)。与一般意义的传统的无线传感网节能协议相比，所提出的节能协议更加充分地考虑到了实际网络环境的应用。该协议将一种高效的能量控制算法引入到无线传感网的结构和组网协议，提高了传感器网络节点的能量利用率，显著延长了无线传感网的生命周期，增强了网络的健壮性和动态适应性。通过对 ALEP 协议进行 OPNET 仿真，结果显示了 ALEP 协议与传统模式的无线传感网协议相比，在传送相同容量比特流的条件下传感器节点能量消耗更少，网络传感数据传输更快捷。

2. 网络协议

与传统网络的协议栈相类似，无线传感网络协议层一一对应于普通有线网络协议层。目前，相关的研究也主要是结合无线传感网的特点，针对网络层进行协议研究。考虑到无线传感网络所受到的安全威胁与普通有线网络所受到的安全威胁的类型和原因具有很大的差异，现有的传统的网络安全机制并不完全适合资源受限的无线传感网络，需要结合无线传感网络特点开发专门的协议。

考虑到无线传感网络资源缺乏和 "免疫力" 差的问题，针对无线传感网络协议的研究必须同时关注安全问题。目前针对安全协议的研究，一种思想是从维持和协调无线传感网路由安全的角度出发，进行网络路由协议技术的设计，寻找尽可能安全的路由协议以保证无线传感网的路由安全。

马祖长等[158] 描述了一种 "有网络安全意识的路由" 方法 (SAR)，该方法基本原则是通过找出网络安全真实情况以及传感器网络节点之间的关联关系，然后利用这些真实情况数值生成相对安全的路由路径。该方法主要解决了两个问题，即如何保证数据在安全路径中传送和路由协议中的信息安全性。李晓维等[159] 指出，可以利用多路径路由算法来改进无线传感网络的鲁棒性 (robustness) 和数据传输的可靠性，传感数据包通过路由选择算法在多条路径中传输，并且在接收端利用前向纠错技术实现传递数据的重构。但考虑到无线传感网中包含成千上万个传感器节点，并且功能和能量都非常有限，Ad Hoc 网络中的路由解决方案一般都不能直接用于无线传感网络中，该书提出了一种适用于无线传感网络的网状多路径路由协议方案。该协议技术应用了选择性向前传送数据包和端到端的前向纠错解码技术。同时，配合适合无线传感网的网状多路径搜索机制，能很大程度地减少网络和节点的信号开销 (signaling overhead)，简化传感器节点数据存储，增大网络系统的吞吐量，该协议技术相对于普通数据包备份方法或者有限网络信息泛洪法来说，能消耗更少的网络系统能量资源和网络带宽资源，非常适合无线传感网络。

无线传感网络协议设计的另一种重要思想是把着重点放在网络的安全协议方面，在此领域也出现了大量的相关研究成果。在相关文献中，研究人员假定无线传感网络的任务是为高级政要人员提供相关安全保护工作的。因此，在该问题中，提供一个安全解决方案将为解决这类安全问题带来一个普适的模型。在具体的技术和方案实现方面，该协议假定网络基站总是能够正常工作的，并且总是处于安全状态。同时，网络基站满足必要的计算和处理速度、存储器空间容量，基站功率满足网络信息加密和路由传输的要求；网络的通信模式是点到点的机制，通过端到端的加密，从而保证网络数据传输的安全且传感器节点的射频层正常工作。由于上述这些假设在很大程度上处于理想状态，因此，该方法在实际应用中具有很大的局限性。

3. 拓扑结构

传感网络的组网模式决定了网络的拓扑结构，但为了尽量降低无线传感网络的功耗，还需要对节点之间连接关系的时变规律进行更细粒度的控制。目前主要的拓扑控制技术分为空间控制、逻辑控制和时间控制三种。

(1) 空间控制是通过控制各个节点的发送功率实现节点连通区域的改变，使网络呈现不同的连通动态，从而达到提高网络容量、控制能耗的目的。

(2) 逻辑控制则是通过邻居表将 "不理想的" 节点排除在外，从而形成更稳固、可靠和强健的拓扑。WSN 技术中，拓扑控制的目的在于实现网络的连通 (实时连通或者机会连通) 的同时保证信息的能量高效、可靠地传输。

(3) 时间控制通过控制每个节点睡眠、工作的占空比以及节点间睡眠起始时间的调度，让节点交替工作，网络拓扑在有限的拓扑结构间切换。

4. 节点定位

无线传感网络通过自组织的方式构成网络，没有统一和集中的节点管理模式。因此，无线传感网络节点管理的本质是在没有无线基础设施的无线传感网络中进行节点查询与定位。在无线传感网络中，最简单和最直接的节点查询方式是全局泛洪法，但这不适用于传感器节点能量、计算能力有限的无线传感网络，因此在节点查询协议设计过程中应避免使用资源消耗过大的网络信息全局泛洪法。

李建中等 [160] 提出了一种以所有节点都已知为前提的网络网格图 GLS 技术，该技术在应用过程中，节点利用位置服务器保存各自的位置，并将位置信息标记为坐标的方式，同时利用一种基于节点 ID 的算法去更新各自位置，当传感网络或者某一个节点需要获取指定 ID 的节点位置时，就利用算法从位置服务器查找目标节点位置。这种方法对于已知网络的网格图和节点位置的传感网络简单有效，但缺点就是在利用服务器查找节点位置时比较浪费时间。

崔莉等 [161] 等提出了一种查询大规模的移动无线传感网节点位置的方法，该方法借鉴了小世界理论 (small world theory) 的思想，利用节点移动性来提高节点查询效率，同时该方法又引入了节点关联的概念。该方法在实施过程中，先进行网络部署，然后在相邻传感器节点之间建立相关关联，当节点发生移动时，则再次更新相邻的关联节点。该方法能有效提高节点查询效率，并且该方法给出的查询协议是可升级、可配置的，能够满足传感器节点的移动性需求。该方法的仿真实验结果表明了它与边缘泛洪法、扩展环搜索法等查询方法相比，效率显著提高。

5. 组网模式

无线传感网络的组网模式主要由基础设施支持、移动终端参与、汇报频度与延迟等因素决定，按照网络结构的不同特点，组网模式可以分为以下几类。

1) 扁平式组网模式

传感网络中所有移动节点的角色类别相同，它们之间的通信和数据交换通过相互协作完成，其中，定向扩散路由是最为经典的网络结构。

2) 分簇的层次型组网模式

无线传感网络的节点大致可以分为普通传感节点及用于数据交换和汇聚的簇头节点，通信过程中，普通传感节点先将数据发送到簇头节点，然后经簇头节点进行信息汇聚后发送到后台。由于簇头节点要进行大量的数据汇聚，因此会消耗更多的能量。如果使用与普通节点相同的节点作为分簇节点，则要定时更换簇头，避免簇头节点能源过度消耗。

3) 网状网组网模式

网状网组网模式就是在由传感器节点形成的网络基础上增加一层固定无线网络，一方面用来采集传感节点数据，另一方面用来实现节点之间的数据通信，以及网内信息融合处理。

4) 移动汇聚模式

移动汇聚模式是指使用移动终端收集目标区域的传感数据，并转发到后端服务器。移动汇聚可以提高网络容量，但数据的传递延迟与移动汇聚节点的轨迹相关。如何控制移动终端轨迹和速率是该模式研究的重要目标。

6. 路由技术

WSN 网络中的数据流向与 Internet 相反,在以太网中,各个终端用户设备主要通过以太网获取数据,而在 WSN 网络中,各个终端节点设备向网络提供数据信息。因此,在 WSN 网络层协议设计过程中具有独特的要求。由于在 WSN 网络中对节点功耗有着特殊要求,因此通常的做法是利用 MAC 层的跨层服务进行节点转发、数据流向选择。

另外,WSN 网络在信息发布过程中,一般先要将信息传播给所有的节点,然后再由节点进行选择,因此设计高效的数据路由协议也是网络层研究的一个重点。

7. 时间同步技术

无线传感网络的绝大部分应用场合都需要时间同步机制。在分布式系统中,不同的节点都有自己的本地时钟。由于不同节点的晶振频率存在一定的偏差,而且在受到温度变化和电磁波干扰等情况下都会使时钟产生偏差,因此,即便在某个时刻所有传感器节点都达到时间同步,也将会在随后的时间逐渐出现偏差。传统网络时间同步机制关注最小化同步误差,不关心计算和通信复杂度等,而无线传感器由于受到成本及能量等方面诸多的约束,在时间同步上必须考虑对硬件的依赖和通信协议的能耗问题。所以目前网络时间协议 NTP (network time protocol)、GPS 等现有时间同步机制不适用于或者不完全适用于无线传感网络,需要修改或重新设计时间同步机制来满足无线传感网的要求。

8. 网络安全技术

无线传感网络往往是部署在复杂环境的大规模网络,节点数目众多,为实时数据采集与处理提供了便利。但同时无线传感器网络一经部署完成后,将会隔很长时间周期才进行维护,因此会存在许多不可控制甚至是危险的因素。无线传感网除了具有一般无线网络所面临的信息泄露、信息篡改、信息攻击等多种网络威胁外,还面临传感节点容易被俘获或者被物理操纵等威胁,攻击者通过获取存储在传感器节点中的机密及系统配置信息和传输协议,从而操控整个无线传感网。因此,在进行无线传感网相关协议和算法设计时,网络设计者必须充分考虑无线传感网所有可能面临的安全问题,并把有效的网络与应用安全机制集成到系统设计中去。只有这样,才能有效促进无线传感网络的广泛应用。

目前对传感器网络安全问题的研究主要分为以下几个方面。

1) 密钥管理

由于无线传感网络资源消耗巨大,公钥密码系统已经无法应用于整个网络。传统的有线网络可以依赖功能强大的中心服务器以及有线架构,便捷地为网络中的每个通信实体进行密钥生成、分发、更新与管理。但对于通过无线链路进行信息传输，且由资源有限的传感节点构成的传感器网络，如何进行有效的密钥管理是一个有待解决的难题。因此，寻找一种适合传感器网络特点的密钥管理方案是目前传感器网络安全研究领域的一个基本问题。

2) 认证技术

无线传感网络在工作过程中，经常会有新的节点加入，此时对新加入的节点合法性即身份进行认证，显得非常重要。另外，传感器网络节点之间传输消息时也会涉及认证技术。传统网络的认证技术由于需要耗费较多的资源而无法在传感器网络中得到应用，因此，寻找一种适合无线传感网的认证技术是目前传感器网络安全研究的又一重要问题。

3) 加密技术

由于无线传感网络在电源、计算能力、内存容量和易受攻击等方面的局限性，传统的研究认为非对称的公钥密码系统由于消耗资源过大而无法在传感器网络中得到应用。另外，也出现了一些对称加密方法在无线传感网中应用的研究成果，它们应用的前提是基于通信双方的节点拥有预分配的共同密钥，但这有时很难做到，因为节点之间往往是概率性的拥有共同密钥。目前，基于椭圆曲线的 (ECC) 加密方法由于具有某些优点而得到了研究界的重视。总之，传感器网络的加密技术是传感器网络安全研究的一个重要分支。

4) 对抗攻击

由于传感器网络节点部署之后无人值守、资源有限的特性，使其遭受的攻击范围和形式更加多样化。与常规的网络遭受攻击有所不同，节点经常遭受能源攻击，即是针对节点能源的有限性，不以消耗节点的计算和存储资源为目的，而是着重消耗节点的能量。攻击者利用侵入节点，向网络注入大量的虚假数据，致使节点，尤其是路由节点，在大量的数据通信中耗尽能量而失效，从而导致整个网络瘫痪。另外，传感器网络还经常遭受到混淆节点合法身份的所谓 Sybil 攻击和拥塞网络的 DOS 泛洪攻击等。因此，为了使传感器网络得到广泛的应用，研究合适的应对攻击的安全技术是传感器网络安全研究的又一重要问题。

5) 安全路由

在设计无线传感网络路由协议时，应充分考虑网络中每个节点的能量耗费问题，尽量使得网络中节点能量都处于相同的消耗速率，这样可以延长整个网络的生命周期；同时，路由协议设计应充分考虑节点之间的负载均衡，通过节点之间的有效配合进行数据的传输和处理，尽量减少网络通信开销；并且，路由协议设计应充分考虑网络的可扩展性和节点的移动性需要，以适应网络的动态性变化；最后，对网络中是否处于基站传输范围之外的节点，应有区别的对待，并尽可能使所有节点处于连通状态。拥有上述一些或全部特征的传感器网络路由协议设计是当前传感器网络安全研究的又一重要方向。

9. 数据融合技术

数据融合是将多份数据或信息进行综合，以获得更符合需要的结果的过程。数据融合技术应用在传感器网络中，可以在汇聚数据的过程中减少数据传输量，提高信息的精度和可信度，以及提高网络收集数据的整体效率。在应用层可以利用分布式数据库技术，对采集到的数据进行逐步筛选；网络层的很多路由协议均结合了数据融合机制，以期减少数据传输量；此外，还有研究者提出了独立于其他协议层的数据融合协议层，通过减少 MAC 层的发送冲突和头部开销达到节省能量的目的，同时又不以损失时间性能和信息的完整性为代价；在传感器网络的设计中，只有面向应用需求，设计针对性强的数据融合方法，才能最大程度地获益。在整个物联网技术应用过程中，数据融合是车间物联应用过程中的一个关键技术，将在第 11 章中详细介绍。

9.2　WSN 在制造业的应用分析

9.2.1　制造企业对 WSN 的需求分析

当前在制造企业中，为了降低人力成本，提高生产效率，企业逐渐提高生产过程的信息化和智能化，这也成为工业生产的发展趋势。同时，近年来随着普适计算和物联网技术的兴起和发展，以无线传感网络为支撑的对物、环境等的感知技术和信息传输技术正逐渐改变人们的生活方式。在工业生产中，车间现场内工程人员尚未使用无线方式在车间现场对车间局部区域、设备等实体对象进行识别和传感信息的读取。从人员监控的角度，车间现场的人员也无法被车间现场环境和设备识别、监控。

现有车间现场监测存在以下几个需要改善的地方。

1) 车间内传感信息利用不足

车间现场中，传统的利用有线的方式无法监测具体的车间环境、机器设备信息及工程技术人员的信息和状态等多种内在信息。主要表现在：监测节点的数目有限，无法实现全面监控；获取环境内对象的信息有限，无法全面地反映设备和环境的状态；监测节点覆盖范围具有局限性，无法遍布某些监测死角和特殊监测点。

2) 无法实时感知环境以及设备实时信息和状态变化

以往利用传感器对车间数据进行采集时，只是将其用作简单的数据采集工具，采集到的数据最后都交由中心服务器统一处理。但对于现场的操作人员来说，这种方式无法让他们在现场及时直观地感知正在操作或维护设备的运行状态，并且难以满足操作人员与设备之间的交互需求。利用无线传感网络技术可以让现场操作人员及时获取车间设备状态的相关数据，从而对其维护工作有很大帮助。

3) 缺乏对现场人员、产品的监控和保护

在传统的生产车间中,对车间人员的监测往往只是记录其进出信息,而对工作人员在车间里面的活动及工作状态无法实现实时监控。但是在实际大型生产车间中,特别是涉及不同级别机密的车间,不同安全等级的区域对于不同安全等级的工作人员需要区别对待才能保证车间生产过程的安全性。而对于拥有多种操作等级的生产设备,利用传统监测手段无法判断操作和维护人员是否具有足够的权限。利用无线传感技术监控车间现场人员的生理状态、操作权限、维护过程,能对现有的生产安全管理提供新的方向和补充。

从以上分析可以看出,我们能够利用无线传感网络技术,使车间现场的人员、设备、环境等多种生产要素间具备相互感知、相互查询、相互监控的能力,从而增强生产过程中对车间中各种环境、设备、人员等状况的监控。

由于具备成本低、灵活性高和监测范围广等优势,无线传感网络在车间设备、环境监测方面的应用得到了较为广泛的关注。然而,面对现代车间现场应用数字化、网络化、智能化的信息化发展趋势,在增强车间现场中传感、实体对象相互感知和监控等多项功能的过程中,须注意到面向制造车间现场的无线传感网络与传统无线传感网络在设备、环境监测应用方面的不同之处。其中最主要的不同点包括以下几方面。

1) 多样性

面向制造车间现场的无线传感网络将面临传感多样性、节点多样性和实体对象多样性的问题。车间应用中的传感节点不同于早期的传感网络节点(早期的传感网络观点认为,典型的传感网络应由大量同类设备组成,这些设备不管从软件还是硬件角度都应相同)。第一,由于车间内丰富的场景信息,车间环境内的传感节点大多会携带不同类型的传感器,诸如温度、湿度、振动、烟雾、生理传感器等。第二,某些节点可能会承担诸如网内数据处理、路由或解析抽象应用服务等额外计算任务,因此需要更强的计算能力。不同种类节点之间建立的联系及其分层或分簇的结构关系,会影响到协议软件设计的复杂程度,给传感网络的管理带来困难。除多样的传感器和节点外,车间现场中还具有人员、设备、环境和产品等多种实体对象。

2) 实体对象间的交互性

研究如何增强车间现场内不同类型实体对象间的交互和协作。车间环境中存在的设备、产品、人员以及现场环境,都被看作是一个独立的对象。如对于应用程序而言,访问一个安装有多个不同类型传感节点的现场设备,访问的并非某个具体的传感数据,而是设备对象的某一个属性或状态。结合制造车间现场中设备操作和维护的流程,提炼出实体对象信息查询、性能和状态检测、传感器控制管理等一系列典型实用需求,并通过一种合理的软件方法实现这些对象间的交互功能。以上工作将会涉及中间件和网络协议的相关设计,是 WSN 在车间应用中需要解决的一个重点问题。

3) 实体对象的移动性

在面向制造车间现场的无线传感网络中既有静态的实体对象 (如车间内的设备)，也有可能会移动的实体对象 (如现场工程人员等)，对这些对象进行监控必然要考虑其移动性。在首次网络部署之后，安置在现场人员身上的诸多传感节点会随着人员的移动而改变原先的位置。这种随机的移动会导致相关区域的无线网络拓扑结构的变化。因此，兼顾静态的传感网络基础结构和持续移动的动态网络对象，会带来网络拓扑和数据路由设计的困难。无线传感网络研究中，在常用的多跳路由结构中支持设备的移动一直是个难点。

4) 保密性要求

面向制造车间现场与传统制造车间的最大差别就是保密性要求。为了保证车间制造数据的保密性，制造现场对数据传输的保密性提出了很高的要求，所以结合企业的保密性标准，研究 WSN 在车间现场数据传输过程中的保密，是本课题组研究的一个关键问题。关于 WSN 的保密性会在第 12 章中进行讨论。

结合上述分析，本书从对面向车间现场的无线传感网络功能及其基础结构的分析入手，基于交互应用的角度对无线传感网络结构进行设计，随后，基于该无线传感网络结构，针对车间现场内实体对象之间产生的业务流程进行分析和描述，并将此作为实现功能的依据。

9.2.2　WSN 应用于制造现场的优势

如今的工业生产主要通过铺设有线电缆的方式，将传感器布置到生产设备上以获取生产过程、设备运行的监测数据，并通过有线线路传送到监测信息中心进行统一处理。相比这种传统的传感器部署方式，利用无线传感网络所具有的微型化、低功耗、易装卸、覆盖范围广等特点进行工业传感器部署，具有如下优势。

1) 降低线缆相关成本

无线通信应用于工业生产的一个巨大优势是大大降低了有线线缆铺设和维护的成本。由于工业生产中种类繁多的信号量和不同生产车间复杂的生产环境，在其中铺设通信电缆的花费是相当高的。和有线方式相比，无线方式的部署无论是从信号传输媒介的物理成本还是部署过程中的人力和时间成本，代价都低廉得多。

2) 更大的监测覆盖范围

实际应用中，存在一些监测需求使用传统的有线方式将无法连接到，或者即使当时连接到了，日后的维护也相当的困难。比如，对于旋转部件的监测、大型的油罐或者需要成百上千个监测点的地方。在这种情形下，如果能够使用无线网络，传统方法不能测量的数据也能够被监测网络采集。

3) 灵活性

实际应用中, 工程人员可能会频繁地改变电源和信号走线, 或者添加新的传感器来适应新的需求。这时候传统的有线方式就显得不够灵活。无线传感网络所具有的自组织和自修复的特点就能够很好地满足这种要求。除此之外, 在设备安装和维护过程中, 无线传感节点可以充当临时的检测装置, 方便安装和拆卸。

9.2.3　WSN 在制造业中应用框架

面向车间现场的无线传感网络, 即是以车间中部署的无线传感网络节点为基本单位, 以实体对象间的交互行为作为基本应用需求构建的。如何以节点之间的网络行为 (交互行为) 为基本元素, 合理地实现实体对象间的交互协作行为, 是设计该无线传感网络考虑的首要问题。从这个角度, 车间现场中的无线通信行为可以分为如下两个层次。

(1) 节点间的通信。包括链路、组网、路由、分簇和传感数据传输等相关任务。

(2) 实体对象间的通信。包括对象间的协调管理、定位、追踪、查询、传感数据收集、错误报告等。

节点间的通信主要涉及网络协议中链路层、网络层等相关功能以及单个节点间传感数据的传输, 而实体对象间的通信则在节点间通信的基础上实现了针对实体对象的多种应用需求。据此, 本书结合车间实体对象间应具有的交互功能, 对实体对象间的通信进行归类、删减和补充, 最终得到车间实体对象间的查询这一最主要的交互功能, 并归纳得到对象间的设置、监控、数据收集等几个重要的基础功能以配合查询的实现。这几项功能在实体对象的多个节点上分布地执行; 在车间内实体对象层面上隐藏具体的节点间通信细节。

如图 9.4 所示, 根据车间现场中不同层次的网络通信行为, 本书将面向车间现场的无线传感网络大略分为三个层次, 分别为传感与网络层、查询层和应用层。将传感与网络层实现的物理的传感采集和网络通信功能, 用于查询层和应用层具体逻辑功能的实现。对应用层和查询层的用户来说, 实现对象间交互等功能的底层无线传感网络节点间的通信行为是透明的。

1. 传感与网络层

传感与网络层由传感器和无线网络组成, 实现车间现场中传感数据的采集以及组网、节点间数据通信等功能。其网络结构将针对车间现场中实体对象间的查询等功能进行设计。同时, 组成无线网络的无线通信协议栈中采用的路由协议, 既需要考虑到节点的移动性和拓扑结构的动态改变, 也要支持多跳网络 (multi-hop networks)。通信协议应尽可能地进行资源有效的设计以应对有限的计算资源。

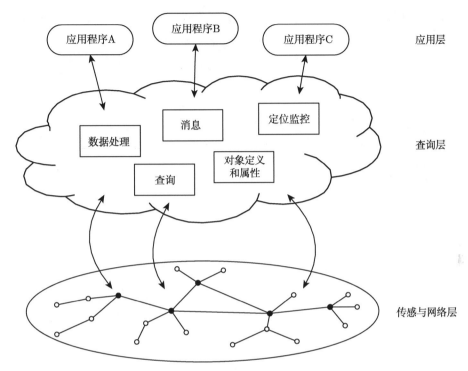

图 9.4　面向车间现场的无线传感网络功能层次结构

2. 查询层

查询层通过传感与网络层中各节点间的通信, 分布地、协作地实现车间实体对象之间查询等功能。在具体实现中, 查询层实际上处于嵌入式操作系统中, 与底层硬件驱动和网络协议栈一同给上层的应用程序提供接口。整个查询层包括对象定义和属性、消息、数据处理、查询、定位监控等服务。查询层通过对象定义与属性服务界定了查询层所支持的实体对象类型及其基本信息、传感能力、网络信息等属性信息, 并通过查询服务实现不同实体对象间对象属性、传感等各类对象信息的访问。在此基础上, 数据处理提供了实体对象内数据存储、收集和融合等功能。此外, 查询层还提供多种消息用于车间内对象间的相互设置、异常事件提醒和警告。

3. 应用层

应用层利用上述两层提供的功能接口实现并执行相应任务。

无线制造现场信息采集传送网络二级树拓扑结构如图 9.5 所示, 网络中设备 1 充当主协调器, 它负责对全网进行控制, 控制着网络的规模。设备 2~6 为主协调器的子设备, 具有路由功能, 设备 7~9 为设备 3 的终端子设备, 设备 10 和 11 为设备 4 的终端子设备。值得注意的是，设备 10 和设备 11 的地址来自于主协调器 1 分配给设备 4 的地址块，而设备 7~9 的地址直接由设备 3 进行分配。这就是说，从设备 7~9 的角度看，此时设备 3 具有协调器的功能，但从设备 1 的角度看，设备 3 只是一个路由器。

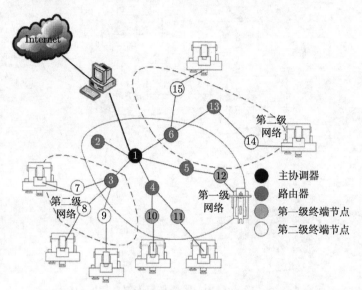

图 9.5　制造现场无线传感网络拓扑结构

对于组成无线网络的无线节点，按功能可分类如下。

1. 传感节点

传感节点指仅具有传感数据采集和路由功能的节点，通常安装在设备、产品上和车间环境中，或者被现场人员携带。如图 9.6 所示，不同的对象被装配了不同种类的传感节点，提供包括温度、湿度、光照、烟雾、振动和压力在内的多种传感能力。

在网络拓扑中，传感节点一般作为某个实体对象的"局域网络"中的成员存在。"局域网络"，在本书的网络结构中表现为簇的形式存在。和传统的以数据为中心的网络不同的是，这里的传感节点在应用中会产生或路由双向的数据。同个簇中的传感节点可以协作完成某项任务，返回数据，或接收外界发来的命令，做出响应。

2. 簇头节点

簇头节点主要负责簇的管理：包括协调某个设备上或车间某个区域环境中的传感节点的协同任务，并对外汇报任务结果；对外提供对象的基本信息 (比如设备

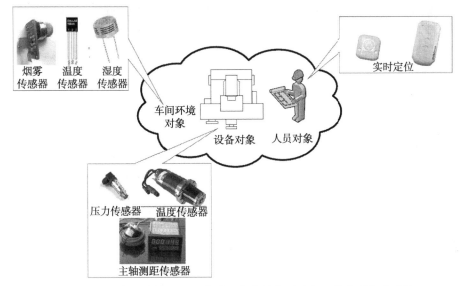

图 9.6　面向车间现场的无线传感网络中的主要对象及其典型传感功能

型号、类型、使用年限等),或获取环境中其他对象的基本信息。此外,由于簇头节点间可形成网状拓扑,簇头节点还可能承担其他簇头数据的路由。

3. 无线网关

无线网关作为整个车间无线传感网络的中心,用于连接车间内的主干网络 (可能是有线网络或 WLAN) 和无线传感网络。通过有线网络,所有车间无线传感网络网内处理 (in-networking process) 后的结果及环境、设备、人员和产品等相关的传感信息都将传送至后台监控服务器显示、处理或保存。另外,网关还要承担车间无线传感网络主干网络的协调管理。

9.2.4　WSN 应用技术载体选择

通常,无线传感网络是在无线通信技术的基础之上实现的。作为载体的技术决定了定位系统的基本特性。随着无线通信网络技术的飞速发展,无线通信不断渗透到我们日常生活中。目前比较流行的几种无线通信技术有蓝牙、Wi-Fi 和 ZigBee。

1. 蓝牙技术

蓝牙是一种支持设备短距离通信的无线电技术,它的出现要归功于 Bluetooth SIG。Bluetooth SIG 蓝牙技术联盟是一家贸易协会,由电信、计算机、汽车制造、工业自动化和网络行业的领先厂商组成。该协会致力于推动蓝牙无线技术的发展,为短距离连接移动设备制订低成本的无线规范,并将其推向市场。

蓝牙设备工作在全球通用的 2.4GHz ISM(即工业、科学、医学) 频段。蓝牙采用分散式网络结构以及快跳频和短包技术，支持点对点及点对多点通信。蓝牙技术是一项即时技术，它不需要固定的设施，易于安装和设置。蓝牙技术主要用于短距离的语音业务和高数据量业务，如 PDA 联网、移动电话、无线耳机、笔记本电脑等。

蓝牙技术的优势主要体现在以下几方面。

1) 安全性高

蓝牙设备在通信时，工作的频率是不停地同步变化的，也就是常说的跳频通信。通信双方的信息很难被捕获，更谈不上被破解或恶意插入欺骗信息。

2) 易于使用

蓝牙技术是一项即时技术，它不要求固定的基础设施，且易于安装和设置。

同时，蓝牙技术也存在在一些不足。

1) 通信速度不高

蓝牙设备的通信速度较慢，目前最高只能达到 30Mb/s，有很多的应用需求不能得到满足。

2) 传输距离短

蓝牙规范最初就是为了近距离通信而设计的，所以它的通信距离比较短，一般不超过 10m。

2. Wi-Fi 技术

Wi-Fi(wireless fidelity) 与蓝牙一样，都是短距离的无线通信技术，它也是工作在 2.4GHz 的 ISM 频段上。Wi-Fi 技术的传输速率比较高，最高能达到 1.3Gb/s，而且电波的覆盖范围比蓝牙要大，可达 50m 左右。Wi-Fi 技术适合移动办公用户的应用，具有广阔市场前景。但是 Wi-Fi 装置很耗能，电池寿命只有数个小时，这就要求 Wi-Fi 装置要进行常规充电，使得 Wi-Fi 的应用和推广受到了限制。

Wi-Fi，其实就是 IEEE 802.11b 的别称，它与蓝牙一样，都是短距离的无线通信技术，能够在数百英尺范围内支持互联网接入的无线电信号。随着技术的发展，以及 IEEE 802.11b，g，n 等标准的出现，现在 IEEE 802.11 这个标准已被称作 Wi-Fi。

目前在应用的协议标准主要有以下三种。

1) IEEE 802.11b

工作频段 2.4GHz，其带宽为 83.5MHz，有 13 个信道，使用 DSSS(直接序列扩频技术)，最大理论通信速率为 11Mb/s。

2) IEEE 802.11g

工作频段 2.4GHz，其带宽为 83.5MHz，有 13 个信道，使用 OFDM(正交频分技术)，最大理论通信速率为 300Mb/s。

3) IEEE 802.11n

工作频段 2.4GHz/5.0GHz，其带宽为 83.5MHz/125MHz，有 13/5 个信道，使用 MIMO 技术 (多入多出技术)，最大理论通信速率为 600Mb/s。

无线宽带通信距离一般在 200m 范围以内，针对一些特殊的应用场合，加大通信双方设备的输出功率，通信距离可以超过 2km。目前，它主要应用在无线的宽带互联网的接入，是在家里、办公室或者在旅途中上网的快速、便捷的途径。

Wi-Fi 技术有以下几个优势。

1) 覆盖广

其无线电波的覆盖范围广，穿透能力强。可以非常方便地为整栋的大楼提供无线的宽带互联网的接入。

2) 速度高

Wi-Fi 技术的传输速度非常快，支持 IEEE802.11n 协议设备的通信速度可以高达 600Mb/s，能满足人们接入互联网、浏览和下载各类信息的需求。

3) 门槛低

厂商只要在机场、车站、咖啡店、图书馆等人员较密集的地方设置 "热点"，支持 Wi-Fi 的各种设备 (如手机、手提电脑、PDA 等) 都可以通过 Wi-Fi 网络非常方便地高速接入互联网。

Wi-Fi 技术也存在着不足：安全性不好。由于 Wi-Fi 设备在通信中没有使用跳频等技术，虽然使用了加密协议但还是存在被破解的隐患。

3. ZigBee 技术

ZigBee 是基于 IEEE 802.15.4 标准的低功耗个域网协议。根据这个协议规定的技术是一种短距离、低功耗的无线通信技术。这一名称来源于蜜蜂的 "8" 字舞，由于蜜蜂 (bee) 是靠飞翔和 "嗡嗡"(zig) 地抖动翅膀的 "舞蹈" 来与同伴传递花粉所在方位信息，也就是说蜜蜂依靠这样的方式构成了群体中的通信网络，其特点是近距离、低成本、自组织、低功耗、低复杂度和低数据速率。主要使用于自动控制和远程控制领域，可以嵌入各种设备。简而言之，ZigBee 是一种便宜的、低功耗的近距离无线组网通信技术。ZigBee 的工作频率有 3 种标准。

(1) 868MHz 传输速率为 20kb/s，适用于欧洲。

(2) 915MHz 传输速率为 40kb/s，适用于美国。

(3) 2.4GHz 传输速率为 250kb/s，全球通用。

目前国内都在使用 2.4GHz 的工作频率, 其带宽为 5MHz, 有 16 个信道。采用直序扩频 (DSSS) 方式的 OQPSK 调制技术。而基于 IEEE 802.15.4 的 ZigBee 在室内通常能够达到 30~50m 作用距离, 在室外如果障碍物少, 甚至可以达到 100m 作用距离。与几种无线通信技术相比, ZigBee 通常具有以下几点优势。

1) 自组网

ZigBee 设备能自动组建通信网络, 其他 ZigBee 设备能方便地加入网络并使用网络通信资源。这使得基于 ZigBee 的定位系统布置时无需专门的通信线路铺设, 降低了系统应用成本, 减小了系统复杂性, 为无线定位系统的布置和定位覆盖区域拓展带来了极大方便。

2) 单芯片系统

ZigBee 芯片是一个集成了无线通信芯片和单片机的系统, 只需外接少量元器件就能运行。单芯片系统使定位设备硬件开发难度降低, 设备可靠性增加, 易于实现设备的小型化, 降低了嵌入其他系统的难度。

3) 低功耗

ZigBee 芯片对运行和休眠功耗的控制相当出色。低功耗的特性使得无后备电源的定位设备能够长时间地工作, 可减少定位系统运行维护的工作量, 提高系统可靠性。

4) 网络容量大

每个 ZigBee 网络最多可支持 65 535 个设备, 也就是说每个 ZigBee 设备可以与另外 254 台设备相连接。

当然, ZigBee 技术也存在着一些问题, ZigBee 技术本身是一种为低速通信而设计的规范, 它的最高通信速度只有 250kB/s, 对一些大数据量通信的场合, 它并不合适, 但是这一特点会逐渐改变, 一些厂商生产的 ZigBee 芯片目前也突破了这个限制, 如 CEL 公司的 ZICM2410, 已经达到 1MHz 的传输速率。

ZigBee 并不是用来与 Wi-Fi 或者蓝牙等其他已经存在的标准相竞争, 它的目标定位于现存的系统还不能满足其需求的特定的低功耗速率的市场, 它有着广阔的应用前景。ZigBee 联盟预言未来的十年内, 每个家庭将拥有 50 个 ZigBee 器件, 最后将达到每个家庭 150 个。

第10章 实时定位技术

近年来, 随着物联网的兴起和 RFID 技术的发展, 研究者越来越关注 RFID 的定位追踪功能。定位就是得到人或事物在特定环境中, 某一时刻的基于某种坐标系的坐标及相关信息。目前最广泛使用的定位系统有 GPS 系统、北斗卫星导航系统等, 这些系统可以对室外空间的对象实现较高精度的定位, 然而在室内领域, 由于信号的遮挡等影响, 这些系统通常无法达到可靠的定位精度, 因此适用于室内环境的定位技术与系统成为研究热点。本章介绍室内实时定位技术, 主要内容包括: ① 实时定位技术的发展现状, 包括不同的定位技术与系统的发展, 以及其应用情况; ② 实时定位技术常用的定位方法和实现原理; ③ 针对制造业现场对实时定位技术进行需求分析和难点讨论。

本章主要介绍实时定位技术和常用定位方法, 本书还专门针对 RFID 实时定位系统和 UWB 实时定位系统进行了详细的介绍, 可参考第 13、14 章内容。

10.1 实时定位技术概述

本节从定义、特点和发展现状方面对实时定位技术进行介绍, 便于读者掌握实时定位技术的基本概念和内容。

10.1.1 实时定位系统的定义

随着信息时代的到来, 基于位置的服务 (location based service, LBS) 作为战略性新兴产业已广泛进入人们的生活, 正成为国防安全、经济建设、社会生活中不可或缺的部分。要实现基于位置的服务, 首先要做的是实现定位。

定位是指采用一定的测量手段获得某一对象的位置信息, 这个位置信息可以是以地球为参照系的坐标, 也可以是以房间为参照系的坐标, 取决于对位置数据的需求。定位不可避免地涉及三个步骤: ① 物理测量。采用一定的技术手段进行测量, "众里寻他千百度, 蓦然回首, 那人却在灯火阑珊处", 这里采用可见光为观测手段进行定位; "姑苏城外寒山寺, 夜半钟声到客船", 采用了声波进行定位测量。② 位置计算。选定测量技术, 通过测量的参数计算出待定位对象的位置, 为位置计算过程。③ 数据处理。在定位中, 数据的处理伴随着定位的整个过程, 测量信息与位置信息的转化、定位误差的计算、定位数据的应用等都与数据的处理相关。通常所说的定位技术都是采用无线信号, 因此都叫做无线定位技术。

与人们生活最密切相关的无线定位技术当属 GPS 技术。GPS 是全球定位系统 (global positioning system) 的简称。目前,全球定位系统还包括:欧洲的伽利略系统、俄罗斯的 GLONASS 和中国的北斗卫星导航系统。这些定位技术可统称为GNSS 定位技术,即卫星导航定位技术,其定位原理是通过在空间中自由选定的 3 颗卫星作为定位发射端,发射相关信息,由 GNSS 接收端接收信息,计算到每个卫星的距离,并根据三边定位原理获得 GNSS 接收端的坐标。室外定位主要是通过测量卫星信号进行定位,但是由于建筑物对信号的遮挡作用,GNSS 技术在室内显得力不从心,在这种情况下,室内定位技术成为了研究热点。

实时定位技术就是在这种情况下应运而生。实时定位系统 (real time location system,RTLS) 是指通过无线通信技术,利用目标的物理特征,在一个特定的空间 (室内/室外,局部区域/全球范围) 内,在较小的时延内确定目标位置的应用系统。目标的位置信息是通过测量无线电波的物理特性,经过数据过滤、数据融合,利用特定的定位算法计算得到。目前实时定位系统正变得日益流行,以下是使用实时定位系统的例子。

(1) 能够自动有效地追踪识别贵重物品,以保证它们仍在工厂里面,这种对贵重设备、设施的实时定位追踪,可应用于许多场景,如贵重刀具的管理等,可统一称为固定资产管理。

(2) 在医院中可以追踪病人和医生。如果没有实时定位系统,在紧急情况下要立刻找到特定的医生或病人都将面临巨大的困难。

(3) 实时定位系统还可以帮助工人快速找到需要的物料、在制品、刀具等,因为它能告诉工人这些对象的位置信息。

由这几个简单的例子可以看出,实时定位技术可以用在对位置信息有需求的各行各业,例如资产管理、人员管理、生产过程管理、仓储物流管理等,以实时定位技术为基础的基于位置的服务极大地丰富了人们的生活,有效地改善了生产管理方式。

10.1.2 实时定位系统的特点

本节从两方面讨论实时定位系统的特点:室内信号的传播特点和实时定位的特点,下面将具体介绍。

1. 室内信号的传播特点

电磁波在各种特性媒介中的传播机制可能涉及吸收、折射、反射、散射、绕射、导引、多径干涉和多普勒频移等一系列物理过程。这些过程取决于传播的媒介和电磁波的频率。同一媒介对不同频段的电磁波,可表现出极不相同的特性。同一频段的无线电波对于不同的媒介,也表现出极不相同的传播效应。当电波在无限大的均匀、线性媒介内传播时, 是沿直线传播的; 在不同媒介的分界面会造成电磁波的反射、折射; 媒介中的不均匀物体则会造成电磁波的散射; 球形地面和障碍物会造成电磁波绕射。室内的无线电传播过程显然比室外的更加复杂。

室内信号最重要的问题是对直达波与非直达波的鉴定。在无线通信中, 电磁波的传播可以分为直达波 (LOS) 和非直达波 (NLOS) 两种方式。直达波是指发射端和接收端在互相可以 "看见" 的距离内, 电磁波直接从发射端到达接收端, 成直线传播, 可称为视距传播, 可见直达波传播的要求是发射端与接收端之间无障碍物; 非直达波传播是当发射端与接收端之间的直达路径被遮挡, 无线信号只能通过反射、折射、绕射等方式到达接收端, 从而形成了非直达波传播。直达波传播时, 可以根据时间、速度、角度等计算收发双方的距离, 得到很高的定位精度, 很多定位算法都是假设信号为直达波进行计算, 但是实际上, 室内信号更多的是非直达波, 由其带来的误差通常表现为信号延迟的增大、信号强度的衰落、信号到达角度和信号相位差的变化等, NLOS 的误差具有随机性、正值性和独立性, 对定位精度的影响不容小视。

在室内无线环境下, 无线信号功率小、覆盖面较小、环境变化较大, 电磁波的传播环境远比室外空间复杂。一般情况下, 房间的四壁、天花板、地板、放置的家具和随机走动的人员都会使无线信号通过多条路径到达接收端, 形成多径现象。由于到达接收端的各条路径的时间延迟随机变化, 接收端合成的信号的幅度和相位都发生随机起伏, 造成信号的快衰落。

2. 实时定位的特点

实时定位的环境较小, 直达波路径缺失、信道不平稳, 实时定位技术在定位精度、稳健性、安全性及复杂度等方面有着自身的特点, 具体如下所述。

1) 定位精度

定位精度是实时定位系统最重要的指标, 也是研究的重点。几年前的室内定位系统的研究精度还表现为 "房间" 级别定位; 近些年的研究开始追求更高精度的定位, 定位技术和定位算法都致力于提高定位精度; 目前不同的实时定位技术达到的定位精度不同, 有些定位精度为厘米级。更高精度的实时定位系统会带来更大的便利, 一旦这些技术得到普及, 生产方式将会产生巨大的改变。

2) 稳健性

实时定位的困难之一是定位方法的稳健性, 这由室内环境的复杂性和多变性造成。对于室内环境, 定位对象的改变程度往往很大, 这就要求实时定位系统具有良好的自适应能力, 并且拥有很高的容错性, 这样在室内环境不理想的情况下, 实时定位系统仍能提供可靠的定位信息。

3) 安全性

所有的定位系统要考虑安全性问题,对于实时定位技术而言,针对的是室内环境,包括企业对象、个人对象,企业对象不愿意企业信息被泄漏,个人的隐私往往也不愿被公开,这些要求实时定位系统必须考虑安全性问题。

4) 复杂度

实时定位系统的应用对象具有小规模的特点,例如某个企业、某个车间,因此,实时定位系统的复杂度应该较低。硬件方面不能使用大规模的硬件设备,最好能利用现有的硬件设备或者稍加改动,这样才能降低使用成本,提高应用率;软件方面,实时定位系统要保持实时性,对定位对象的实时运动过程完全捕捉,因此,定位算法不能太复杂。

10.1.3   实时定位系统发展现状

本节从两方面介绍实时定位系统的发展现状:① 实时定位系统的研究现状,介绍不同的实时定位技术和系统的发展情况;② 实时定位技术在不同行业的应用现状。

1. 实时定位技术研究现状

经过长时间的发展,采用不同的定位方法结合不同特点的定位技术手段,研究者们开发了多种定位系统。这些系统根据数据采集方式及感知环境参数方式的不同可以分为:红外线定位系统(典型的为 Active Badge 系统)、超声波定位系统(如 Bat 系统)、蓝牙定位系统(如 Topaz 系统)、Wi-Fi 定位系统(如 RADAR 系统、Nibble 系统)、ZigBee 定位系统、RFID 定位系统、UWB 定位系统(如 Ubisense 定位系统)等。这些定位系统可分为主动式定位系统和被动式定位系统,采用的定位方法有基于信号到达时间(TOA)的定位方法、基于信号到达时间差(TDOA)的定位方法、基于信号到达角度(AOA)的定位方法和基于接收信号强度(RSSI)的定位方法等,每种定位方法和系统都具有不同的优缺点和适用范围。

1) 基于红外线的定位系统

最早出现的是基于红外线的室内定位技术,红外线是波长介于微波与可见光之间的电磁波。红外线室内定位系统通常由两部分组成:红外线发射器和红外线光学接收器。一般来说,红外线发射器是网络的固定节点,而红外线接收器安装于待定位对象上,待定位对象移动时,红外线接收器一起移动,通过对红外线进行解析和计算,获得定位目标的实时位置信息。

围绕该技术的主要研究成果有:AT&T 剑桥实验室开发的 Active Badge 定位系统,其定位原理是在待定位对象上安装红外线发射器,并以 15s 为周期发送持续时间 0.1s 的含有自身 ID 的红外调制信号,红外线接收器作为网络固定节点,系统根据是否能收到标识的调制红外信号来判断该目标是否在某个接收器的接收区域内，如能被红外线接收器接收到红外信号，则认为该定位对象位于此红外线接收区域内，可见此系统的定位精度为区域级别，并不能满足室内定位的高精度要求。除此之外，台湾成功大学开发了一套高精度的红外线室内定位系统，定位精度可达毫米级。部分离散制造企业进行装配定位的室内 GPS 也属于红外线定位技术。

采用红外线进行定位的优点有：定位精度高、反应灵敏、成本低廉。然而基于红外线的室内定位技术的主要缺点有：光线只能直线传播，对被遮挡的物体 (即视距外对象) 无法实现跟踪定位；红外线在空气中衰减很大，最大感应距离只有 5.3m，稳定工作距离小于 3.2m，只适合短距离传输；容易受到阳光或其他室内光源的干扰，影响红外信号的正常传播。

2) 基于超声波技术的定位系统

超声波是指频率超出人耳听力阈值上限 20kHz 的声波，用于定位系统的超声波的频率一般为 40kHz。超声波定位采用的主要方法为反射式测距法：通常将多个超声波接收器布置成阵列形式，如果 3 个以上的接收器接收到目标对象上超声波发生器发出的超声波信号，通过三角或三边算法就可以计算出目标的位置，即发射超声波并接收由被测物产生的回波，根据回波与发射波的时间差计算出待测距离，有的则采用单向测距法。但是，超声波极易受到环境的影响，因此通常很少有仅仅采用超声波作为测量手段的定位系统，往往需要将其与其他方式结合实现混合定位。

典型的基于超声波技术的定位系统有：1999 年 AT&T 剑桥实验室开发的 Bat 室内定位系统，作为 Active Badge 系统的后续发展，Bat 系统采用超声波技术与射频技术，利用信号的到达时延 (time of arrival, TOA) 信息实现三维空间定位，采用多边形定位方法提高精度，定位精度最高可达 3cm。2000 年，麻省理工学院提出了一种融合信号到达时间差 (time difference of arrival, TDOA) 和信号到达角度 (angle of arrival, AOA) 的被动型系统解决方案——Cricket Compass，其原型系统可在 ±40° 角内以 ±5° 的误差确定接收信号方向，由于采用被动式模式，系统不能独立工作，即其携带部分必须连接到由用户同时携带的计算单元 (如 PDA、笔记本电脑) 上，由计算单元来计算位置，其平均平面误差在 40~50cm。相比于 Active Badge 系统，Bat 系统与 Cricket Compass 系统的定位精度有较大的提高，且结构简单，但超声波受多径效应和非视距传播影响很大，同时需要大量的底层硬件设施投资，成本过高。2003 年，加州大学洛杉矶分校 UCLA 的 AHLos 定位系统可看作是 Cricket Compass 系统的改进。

采用超声波技术的优点是定位精度高、单个器件结构简单。其缺点是超声波反射、散射现象在室内尤其严重，出现很强的多径效应；同样，超声波在空气中的衰减也很明显。

3) 基于蓝牙技术的定位系统

蓝牙 (bluetooth) 是一种目前应用非常广泛的短距离低功耗的无线传输技术。国内外也有利用蓝牙传输特性进行室内定位的研究。通常基于蓝牙的定位系统采用两种测量算法，即基于传播时间的测量方法和基于信号衰减的测量方法。比较典型的蓝牙定位系统是 Topaz，其定位精度为 2m，系统鲁棒性较差，Antti Kotanen 等人使用扩展卡尔曼滤波器搭建了三维蓝牙定位平台 BLPA，其定位精度为 3.76m。采用蓝牙技术进行室内短距离定位，优点是设备体积小，易于集成在 PDA、笔记本电脑及手机中，且信号传输不受视距影响；缺点是蓝牙定位要求安装蓝牙通信基站，且在被定位对象上配置蓝牙模块，在大空间和大规模室内定位中的成本较高，同时，受到技术制约，蓝牙定位的最高精度要大于 1m。

4) 基于 Wi-Fi 技术的定位系统

Wi-Fi 是基于 IEEE 802.11 标准的一种无线局域网 (WLAN)，具有高带宽、高速率、高覆盖率的特点，信号穿透性强，并且受非视距 (NLOS) 影响极小。基于无线局域网的定位系统，在一定的区域内安装适量的无线基站，根据这些基站获得的待定位物体发送的信息 (时间和强度)，并结合基站所组成的拓扑结构，综合分析，从而确定物体的具体位置。这类系统可以利用现有的无线局域网设备，仅需要增加相应的信息分析服务器以完成定位信息的分析，因此，对于 Wi-Fi 定位系统来说，硬件平台已经非常成熟。

基于 Wi-Fi 定位的早期代表为 1998 年 Microsoft 提出的 RADAR 系统，此系统是基于接收信号场强 (received signal strength indication，RSSI) 的定位方案，其工作主要分为两个阶段：离线建库阶段——实时定位前，在目标区域内广泛采集样本，构建信号空间的基本信息，生成射电地图；在线定位阶段——实时定位过程，移动终端收到接入点的信号，存储 RSSI 值，然后通过与已有的射电地图相比较，找出匹配度最高的结果，完成定位，定位精度在 2~3m。此后，很多研究机构陆续研发了多种基于无线局域网的定位系统，如美国马里兰大学的 Horus 系统，该系统在信号空间的建立中引入了概率模型，系统不对全部采样值进行求算术平均或中位数处理，而是形成每个 AP 的 RSSI 值在该点的直方图，保存在无线信号强度分布图中，系统定位精度以大于 90% 的几率低于 2.1m。加州大学洛杉矶分校的 Nibble 系统，采用了信噪比作为信号空间的样本，并且采用贝叶斯网络建立信号空间的连续概率分布图。Kontkanen 等引入跟踪辅助定位技术，在此基础上发展了 Ekahau 系统，它融合了贝叶斯网络、随机复杂度和在线竞争学习等方法，通过中心定位服务器提供定位信息。

采用 Wi-Fi 进行定位的优点是 IEEE 802.11 标准目前已得到广泛的应用，因此，基于 Wi-Fi 技术的定位系统的硬件平台十分方便成熟，缺点是 Wi-Fi 定位系统的能耗较大，定位精度仅能达到米级，无法进行更精准的室内定位要求。

5) 基于 ZigBee 技术的定位系统

ZigBee 是一种低速率无线通信规范, 是无线传感网的基础。基于 ZigBee 的定位系统通过在移动物体上安装 ZigBee 发射模块, 利用 ZigBee 自组网的特性, 再通过网关位置和 RSSI 值就能算出移动节点的具体位置。TI 公司推出的 CC2431 能够实现 3~5m 的定位精度。基于 CC2431 的 ZigBee 的定位系统有很多, 应用在很多无限传感网中。ZigBee 具有低能耗、低成本、抗干扰等优点, 但缺点是定位精度与位置传感器拓扑结构有直接关系, 且需要主动式电源。

6) 基于 RFID 技术的定位系统

RFID 定位系统最早的雏形是由 Pinpoint 公司提出的 3D-ID 室内定位系统, 该系统采用了 GPS 的定位策略, 系统使用射频环形时间来进行测距, 并在已知位置部署阵列天线以实现多边测距, 其定位精度达到 1~3m, 定位精度较高, 其缺点是实施成本高, 不利于系统的广泛推广和使用。2000 年出现的 SpotON 系统是 RFID 定位系统的典型, 系统采用网络分布的硬件基础结构, 通过场强信息 (RSSI) 的比较计算获得标签之间的距离, SpotON 系统采用了场景分析方法, 实现三维定位, 但是由于种种原因, SpotON 系统至今也没有建成。直至 2003 年 LANDMARC 系统的出现才有了可应用的完整的 RFID 定位模型, LANDMARC 系统是由香港科技大学和密歇根大学共同研制的, 其系统由 RFID 读写器、参考标签和待定位标签组成, 通过比较读写器获取的参考标签的场强向量与待定位标签的场强向量, 计算参考标签与待定位标签之间的欧氏距离, 并由此选取 k 个距离待定位标签最近的参考标签, 采用残差加权算法获得待定位标签的坐标值, 由于参考标签和待定位标签处于相同的环境中, 可以有效地减少环境影响, 其定位均方根误差为 1m, 定位效果较好。

7) 基于 UWB 技术的定位系统

UWB 是一种新的无线载波通信技术, 它不采用传统的正弦载波, 而是利用纳秒级的非正弦波脉冲传输数据, 其所占的频谱范围很宽, 可以从数 Hz 至数 GHz。这样 UWB 系统可以在信噪比很低的情况下工作, 并且 UWB 系统发射的功率谱密度也非常低, 几乎被湮没在各种电磁干扰和噪声中, 故具有功耗低、系统复杂度低、隐密性好、截获率低、保密性好等优点, 能很好地满足现代通信系统对安全性的要求。同时, 信号的传输速率高, 可达几十 Mb/s 到几 Gb/s, 并且抗多径衰减能力强, 具有很强的穿透能力, 理论上能够达到厘米级的定位精度要求。

采用 UWB 技术进行定位的系统有 Ubisense 系统, 该系统有源 UWB 标签, 标签安装在待定位目标上, 采用 4 个接收器进行信号的接收, 利用 TDOA 和 AOA 算法计算待定位标签的位置信息, 其定位精度可达 15cm, 但是其昂贵的价格限制了它的广泛应用。

采用以上几种技术的定位系统的区别见表 10.1。

表 10.1　实时定位定位系统对比表

定位技术	基础设施	典型系统	精确度	优缺点	应用情况
红外线	红外发射器和红外光学接收器	剑桥大学开发的 Active Badge 系统	0.4~1m	定位精度较高,穿透能力差,视距定位,易受光源影响	空气中衰减严重,仅用于短距定位
超声波	超声波发射器、接收器	MIT 实验开发的 Cricket	0.5~1m	定位精度较高,信号散射、反射衰减现象严重	用于工业、医疗等领域
蓝牙	IEEE802.15标准的短距离无线通信技术	Ktanen A 等实验三维定位技术	1~4m	易于实现,低功耗,自组网,定位精度不高	应用于手机、掌上电脑等领域
Wi-Fi	IEEE802.11标准的无线局域网	微波 RADAR 系统,芬兰 Ekahau	1~20m	功耗大,抗干扰能力差	仅适用于小范围的室内定位
ZigBee	参考节点,网关节点,跟踪节点	无线龙公司RFCC2431 系统	3~5m	自组网,低功耗,低成本,定位精度不高	ZigBee 联盟已开发成熟的定位方案,尚未实现工业应用
RFID	RFID 读写器,RFID 电子标签	LANDMARC定位系统,SpotON 定位系统	1~3m	定位精度较高,抗干扰能力强,安全性好	煤矿人员定位,仓库管理,交通管理,制造业等
UWB	UWB 主动式标签,UWB 接收器	Ubisense 系统,西门子公司的 LAR	30~60cm	低功耗,穿透能力强,抗干扰能力较强,成本高	已实现工业室内环境的应用,尚未得到广泛应用

2. 实时定位技术的应用现状

实时定位系统作为一项重要应用,近年来取得了很多研究成果。使用无线遥感技术为用户提供无线服务,主要对已经具备无线连接性的网络区域内的资产进行实时定位跟踪。例如,在运输过程中跟踪货物。RTLS 是对小型电子设备进行实时追踪定位的电子系统。Mitsubishi、Cisco、IBM、Microsoft 等大型公司都在积极参与 RTLS 系统的相关业务。实时定位系统经过这些年的研究和发展,已经在很多领域开始应用,如从医疗部门到制造业,在实时数据极其重要的地方及资产在运输中需要定位的地方,都会出现实时定位系统的应用。

2008 年美国装甲车制造商 Navistar Defense 使用 400 个可重复使用的 2.4GHz有源 RFID 标签、5 个无线定位传感器和 13 个定位接入点搭建了一个实时跟踪系统,跟踪装甲车的生产过程。该系统使得 Navistar 公司能在任何时间内准确地判断装甲车所处的加工阶段，并能获知每个加工过程的时间从而改进生产流程。此外，由于无需人工记录车辆的相关信息，公司节约了 4 万美元左右。美国陆军使用 RFID 对两套送往维修通信系统的所有部件进行跟踪。他们将实时定位系统应用于托比哈那军事补给站雷达产品的再制造车间，雷达进入车间之后需要进行拆卸—修补—组装等过程，整个雷达被拆分成不同的组件、部件，然后进入不同的车间进行不同的修补加工过程，这一过程中存在着零件的丢失、替换、挑选等工作。为了实现零件与最初雷达的匹配，将有源 2.4GHz 的 RFID 标签贴于部件上或装运部件的集装箱上，阅读器安置于基地周围，对这些拆分零件进行定位追踪，这样每个零件的具体加工步骤和加工状态都可以实时监控，极大了简化了生产任务，提高了生产效率。这项技术的应用已证明是成功的，节省了近 50 万美元。自动化程度很高的汽车制造业也在积极地使用实时定位系统，汽车制造商大众汽车斯洛伐克分厂采用实时定位系统 (RTLS) 对即将出厂的车辆进行最终的检测。完成组装后的车辆进入整理区，进行出厂前的最后质量检查，若发现问题，进行现场维修。检查的类别、顺序，因不同车型而异。定位某辆车，引导车辆按次序进行检测，确保车辆掌握在计划之中等一系列问题，都需要 RTLS 系统来辅助解决。基于 RTLS 技术的解决方案，不仅助力工人掌握车辆的实时位置数据，而且增大了整理区的虚拟容量。此外，零件数量多，工序复杂的半导体行业也在应用 RTLS 技术进行生产零件的实时定位搜索，如英飞凌科技公司将 RFID 与超声波混合技术应用于车间进行零件的实时定位，极大地提高了生产过程的可视化和可控性。

　　从以上案例 [18,162] 可以看出，RTLS 通过对制造行业内生产对象的追踪和定位，可以有效地实现生产对象的精细化管理，生产任务的实时监控与动态调整，生产过程的可视化和可控性，可以实现基于时间的生产调度，大大提高了生产效率和管理能力。

　　当前国内对于 RFID 实时定位技术的研究主要集中在两个方面：定位算法与定位方案。国内很多学者致力于定位算法精度的提高、定位方法的改进和适合不同场合的定位方案的研究，已经取得了一些成果。对于实时定位的实际应用，国内市场还比较空白，但是其市场前景非常可观。近几年来，我国开始涌现出一批从事定位开发的企业，并自主研发出了定位产品。如上海真灼电子有限公司开发的定位系统能够支持区域定位和精确定位功能，深圳讯流科技有限公司和深圳碧沙科技有限公司联合推出了一款有源实时定位系统，并将其成功应用于加拿大安大略省某医院的医护患者定位和贵重仪器的定位。

10.2　实时定位技术常用定位方法

　　在室内实时定位理论中，传统的方法是把所有在 GPS、蜂窝移动定位、雷达等领域中已经得到成功应用的测量信号到达时间 (TOA)、信号到达时间差 (TDOA)、接收信号强度 (RSSI)、信号到达角度 (AOA)、信号到达相位差 (PDOA) 等方法直接应用到室内实时定位系统中，并根据室内定位的实际环境和定位需求做数据的预处理和定位结果的后处理，这些需要通过参数估计结果进行定位，其定位性能和参数的估计精度密切相关，这些方法称为参数化定位方法。然而在复杂的室内环境中，多径、散射、反射等引起的信号的非直达传播是室内信道的主要特征。大量研究表明，参数化定位方法的定位性能往往不太理想，这是因为在严重多径散射情况下，上述参数的估计往往存在较大误差。而非参数定位方法无需进行参数估计，可有效地对抗室内多径传播，在很大程度上提高了定位精度。本节根据图 10.1 的分类对各种定位方法的定位原理进行介绍。

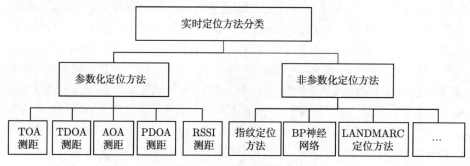

图 10.1　定位方法分类

10.2.1　参数化定位方法

参数化定位方法不仅要清楚 TOA, TDOA, RSSI, AOA, PDOA 方法，还要对它们的求解过程和方法进行详细了解。

基于测距的定位方法是通过测量目标对象距离检测装置之间的距离来确定目标对象位置的一种定位方法。通常情况下，目标对象被植入电子标签作为定位标记，检测装置是几台坐标已知的固定式 RFID 读写器，测距依据的信号物理特征包括信号到达时间差、信号到达角度差、接收信号强度、信号到达角度、信号到达相位差等。

1. 信号到达时间

基于信号到达时间 (time of arrival，TOA) 测距，该方法利用目标对象与检测装置之间无线信号的传输时间进行测距。电磁波在空气中的传播速度接近光速 c，由式 (10.1) 很容易获得特定时间段内电磁波的传输距离，也就是 RFID 检测装置与目标标签的距离，然后再利用三角定位法即可确定目标对象位置。

$$d_i = c \cdot (t_i - t_0) \tag{10.1}$$

式中，t_0 是基站向移动目标发射信号的时间；t_i 是移动目标接收到信号的时间；两者之差为信号的传输时间；c 为光速。

在 TOA 算法中，标签位于以读写器为圆心、读写器与标签之间的距离为半径的圆上。当读写器总数为 U 时，U 个圆的交点即可确定标签的位置，其原理如图 10.2 所示。

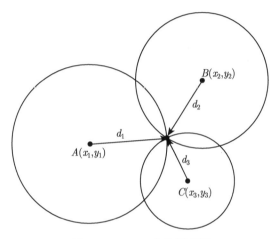

图 10.2　TOA 定位原理图

根据式 (10.1) 获得标签与读写器之间的距离 $d_i(i = 1, 2, \cdots, u)$，建立相应的特征方程：

$$\begin{cases} \sqrt{(X_1 - x)^2 + (Y_1 - y)^2} = d_1 \\ \sqrt{(X_2 - x)^2 + (Y_2 - y)^2} = d_2 \\ \quad\quad\quad \vdots \\ \sqrt{(X_u - x)^2 + (Y_u - y)^2} = d_u \end{cases} \tag{10.2}$$

式中，(X_1, Y_1)，(X_2, Y_2)，$\cdots$，(X_u, Y_u) 分别为读写器的坐标。对于理想情况，图 10.2 中的 u 个圆周的交点即为式 (10.2) 方程的唯一解。而在实际情况中，u 和圆周并不交于一点，式 (10.2) 并不是线性方程，因此求解并不容易。目前针对 TOA 测距比较典型的求解方法有 MLS-Prony 算法及 Root-MUSIC 算法，两种算法都是采用了子空间分解的方法，这里不再详细介绍。

理论上来说，通过三个或者三个以上读写器对目标标签的测距值，便可很容易计算目标对象的位置。通常，TOA 定位方法不仅要求发射信号装置与接收信号装置保证高精度同步，而且要求用于测距的无线信号必须加上时间戳，以便协助测量装置计算距离, 与此同时, TOA 算法还会受到噪声和多径信号的影响。

2. 信号到达时间差

基于信号到达时间差 (time difference of arrival, TDOA) 测距, 该方法通过测量无线信号到达若干个检测装置的时间差进行测距。它是对 TOA 测距的一种改良, 与 TOA 测距相比, TDOA 测距不需要保证各个检测装置时间同步, 这大大降低了系统的复杂性。信号到达时间差是以双曲线模型实现目标对象的位置计算, TDOA 的基本原理分为如下 3 步:

(1) 测出两接收天线接收到的信号到达时间差;

(2) 将该时间差转为距离, 并代入双曲线方程, 形成联立双曲线方程组;

(3) 利用有效算法求解该联立方程组的解, 即可完成定位。

以图 10.3 中天线 1 (BS$_1$)、2(BS$_2$) 为焦点的双曲线为例, 对式 (10.2) 进行简单处理可得

$$d_i^2 = (X_i - x)^2 + (Y_i - y)^2 = K_i - 2X_i x - 2Y_i y + x^2 + y^2 \tag{10.3}$$

式中,

$$K_i = X_i^2 + Y_i^2 \tag{10.4}$$

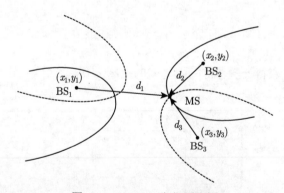

图 10.3 TDOA 定位原理图

用 R_i 表示读写器, 则可用 $d_{i,1}$ 表示待定位标签到第 i 个读写器 R_i 的距离与待定位标签到第 1 个读写器的距离之差:

$$d_{i,1} = ct_{i,1} = d_i - d_1 = \sqrt{(X_i - x)^2 + (Y_i - y)^2} - \sqrt{(X_1 - x)^2 + (Y_1 - y)^2} \tag{10.5}$$

式中, c 为电波传播速度; $t_{i,1}$ 为 TDOA 测得的时间差。可见, 基于 TDOA 的方法至少需要 3 个读写器, 获得 2 个 TDOA 测量值, 才能构成双曲线非线性方程组。

$$d_{2,1} = ct_{2,1} = d_2 - d_1 = \sqrt{(X_2 - x)^2 + (Y_2 - y)^2} - \sqrt{(X_1 - x)^2 + (Y_1 - y)^2} \tag{10.6}$$

$$d_{3,1} = ct_{3,1} = d_3 - d_1 = \sqrt{(X_3-x)^2+(Y_3-y)^2} - \sqrt{(X_1-x)^2+(Y_1-y)^2} \quad (10.7)$$

理论上来说，可以求解以上非线性方程组得到待定位标签的坐标。根据以上解法得到定位信息，然而实际中，可能会用到最小二乘法等方法进行求解，此外还有其他算法用于求解 TDOA 双曲线方程组，如 Fang 算法、Chan 算法、Friedlander 算法、球面相交算法等，此处不再详述。

3. 接收信号强度

基于接收信号强度 (received singal strength indicator, RSSI)，是指接收机接收到信道带宽上的宽带接收功率，用来判断链接质量以及是否增大广播发送强度。现阶段，无线设备可以很容易地获取 RSSI 值，无需额外硬件。但是，信号强度受到多径效应的影响，使用相同频段的设备的信号之间会有相互干扰，使得信号强度波动明显，受环境因素影响较大。

RSSI 测距定位一般是已知发射节点的发射信号强度，由接收节点根据收到的信号强度计算出信号的传播损耗，再利用理论和经验模型将传输损耗转化为距离，然后计算出节点的位置 [9]。常用的模型为对数距离路径损耗模型，无论是室内或室外无线信道，平均接收信号功率均随距离的对数衰减，该模型已被广泛使用，室内对数距离路径损耗模型满足式 (10.8)：

$$PL(db) = PL(d_0) + 10\gamma \log_{10}\left(\frac{d}{d_0}\right) + X_\sigma(db) \quad (10.8)$$

式中，d_0 为参考距离，一般取 1m；d 是发射端与接收端的距离；γ 是路径损耗指数，表示路径损耗随距离增长的速率，不同的定位环境有不同的 γ 值；X_σ 是标准差为 σ 的正态随机变量；$PL(d_0)$ 是参考距离为 d_0 的功率。

采用 RSSI 进行测距的方法一般是通过计算得到待定位标签到读写器的距离值，然后根据三边定位算法计算得到待定位标签的位置信息，这种方法的误差来源主要包括环境影响所造成的信号的反射、多径传播、非视距等，一般基于测距的定位方式定位精度不高，目前也有很多修正算法来提高 RSSI 测距定位算法的精度，如遮蔽因子的引入，以及自适应迭代方法的应用等，此处不再详述。

4. 信号到达角度

基于信号到达角度 (angle of arrival, AOA) 测距，也称三角测量，该方法利用阵列天线测量目标对象发射的无线射频信号，获得已知移动设备与多个接入点之间的角度进行定位，然后通过三角测量法计算出节点的位置。

AOA 是利用方向性天线测量信号的方向信息的，如图 10.4 所示。

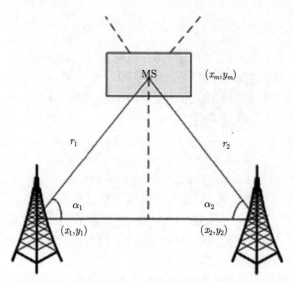

图 10.4 AOA 定位原理图

利用两个信号塔做 AOA 定位时，移动节点的位置与信号塔的位置关系如下：

$$\begin{bmatrix} x_m \\ y_m \end{bmatrix} = \begin{bmatrix} x_1 \\ y_1 \end{bmatrix} - \begin{bmatrix} r_1 \cos \alpha_1 \\ r_1 \sin \alpha_1 \end{bmatrix} \tag{10.9}$$

$$\begin{bmatrix} x_m \\ y_m \end{bmatrix} = \begin{bmatrix} x_2 \\ y_2 \end{bmatrix} - \begin{bmatrix} r_2 \cos \alpha_2 \\ r_2 \sin \alpha_2 \end{bmatrix} \tag{10.10}$$

式中，(x_1, y_1)，(x_2, y_2)，α_1，α_2 均为已知量，式 (10.9) 与式 (10.10) 联立可得主动式标签坐标 (x_m, y_m)。只须给出两个参考节点，AOA 方法便可实现目标对象的二维定位，基于给出的三个参考节点，即可实现目标对象的三维定位。AOA 定位法的优点是不需要每一个定位塔都做时间同步，缺点在于需要复杂的硬件设备，对硬件要求较高，定位精度受多路径效应影响较大。

5. 信号到达相位差

基于信号到达相位差 (phase difference of arrival, PDOA) 测距，该方法主要利用由读写器发出的两种不同频率的载波在接收端产生的相位差进行位置计算。这两种载波在读写器和标签之间的传播速度是相同的，接收端根据频率不同接收的相位也不相同，读写器就根据这个相位差估算目标标签位置。

基于无源 RFID 标签的反向散射原理，标签会将读写器发射频率为 f 的一部分载波信号反射回去，因此，如果在读写器端将发射载波与标签反射回来的信号载波进行相干解调后，即可得到反射信号的幅度和反映两者距离信息的相位 θ，θ 与

L 的关系可由式 (10.11) 得到

$$\theta = 2\beta L = \frac{4\pi L}{\lambda} = \frac{4\pi L f}{c} \tag{10.11}$$

式中，c 为光速；L 为读写器与标签的距离；f 为发射载波信号频率。

10.2.2　非参数化定位方法

　　除了参数化定位技术，非参数化定位技术也要进行相关介绍，因为这部分的内容太少，LANDMARC 算法要加入进行介绍，同时现有的对它的改进算法也一起加入进行详细介绍。

　　在复杂的室内定位环境下，信号的吸收效应和多径效应严重，信号在传播过程中易发生反射、散射及衍射等现象，从而导致信号的非视距传播，这些都将影响参数化定位方法的准确性。非参数化定位方法无需估计信号传播过程中涉及的参数，可有效对抗室内多径传播，在很大程度上提高了室内定位的精度。目前，非参数定位方法由于其在复杂障碍环境中的定位性能的优势而越来越受到研究者的关注和重视。

1. 指纹定位方法

　　位置指纹定位就是通常所说的基于场景的定位方法，也称为数据库匹配定位，是近年来发展起来的定位技术，本书主要介绍位置指纹定位技术。位置指纹定位方法所采用的指纹可能是信号强度、空间谱，甚至图像指纹等，其原理类似。本书以信号强度指纹定位技术为例来进行介绍。

　　信号强度指纹定位技术中采用的是 RSSI 方法，最初是采用 "距离–损耗" 模型，利用得到的 RSSI 进行定位，但是在多径传播严重的室内环境中，这种方法误差较大。现在一般采用信号强度匹配定位方法来有效地对抗室内多径现象，可以在一定程度上提高定位精度。信号强度匹配方法主要分为以下两个阶段。

　　(1) 场强数据库建立阶段，也称为离线阶段，其主要任务就是采集定位区域内各个参考节点的信号特征参数，以最常用到的信号强度 RSSI 为例，将指纹信息与特定的位置一一对应，建立信号强度指纹数据库。

　　(2) 定位阶段。根据收到的定位目标的实时场强信号，与建库阶段建立的场强数据库进行匹配，得到目标点所在的位置信息，完成定位过程。其主要流程如图 10.5 所示。

　　指纹定位方法中，定位结果在很大程度上受限于样本位置信号库的质量，为了达到较好的定位效果，通常需要建立庞大的数据库，尤其在大面积室内定位时，为了解决这种问题，数据内插是一种有效的解决途径，数据内插方法很多，Kriging 数据内插方法就是一种典型的内插方法，研究表明，该方法能在较小工作量的前提下较为准确地获得位置数据库信息。

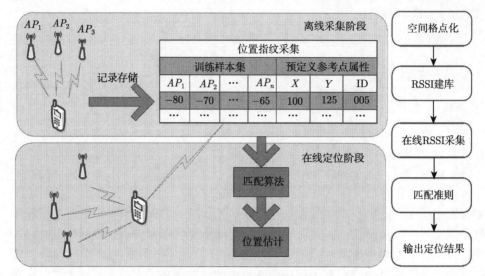

图 10.5   指纹定位技术流程

然而,有了位置信息数据库不代表可以实现理想的定位结果,因为在实际定位过程中,采集到的信号强度随机性大,很容易受到时间、空间、温度、场景等变化的影响。而这种影响是无法通过大量测量的统计平均从根本上消除的。因此,指纹定位在实际场景中稳定性差、可拓展性弱,目前尚未在大范围工业领域内应用。

2. BP 神经网络法

BP 神经网络采用的是并行的网络拓扑结构,包括数据输入层、数据处理隐含层和数据输出层。数据首先以某种形式进入网络中,在经过映射函数的作用后,再把隐藏节点的输出信号传递到输出节点,最终给出数据输出结果。

BP 神经网络的算法过程由信息的前向传播和误差的逆向传播两部分组成,如图 10.6 所示。前向传播的过程中,样本数据从数据输入层进入网络,数据隐含层负责对输入的样本数据逐层处理,并将处理结果逐步导向数据输出层 (注意:前一层的神经元的状态只会影响相邻的神经元的状态,不会跨层影响),接着进入隐含层与输出层的阈值判断阶段,当输出层数据与所期望的输出结果差别较大时,则不会输出数据,需要转入逆向传播;逆向传播过程中,主要任务是将期望值与实际网络结果的误差进行分解,并分摊给隐含层各层神经元,重新计算权重,使得信号误差均方最小,接着重新转入前向传播,BP 神经网络就是不断重复以上过程,直到误差满足额定要求,网络训练才能结束,并最终获得一个权系数矩阵。

BP 神经网络拓扑结构如图 10.6 所示。

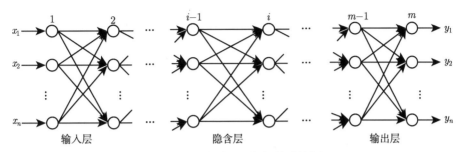

图 10.6　BP 神经网络拓扑结构图

BP 神经网络可以拟合关系复杂的非线性函数,在有足够多的样本数据前提下,预测精度基本符合要求,但也存在着许多不足之处,比如学习算法的收敛速度慢、存在局部极小点、隐含层层数及节点数选取缺乏理论指导以及记忆不稳定等。除此之外,该方法需要训练大量样本,以建立映射关系,实时性难以保证。

3. LANDMARC 定位方法

LANDMARC 定位方法 [163] 是由香港科技大学 Lionel M.Ni、刘云浩及密歇根大学 Yiu Cho Lau、Abhishek P.Patil 等组成的课题组提出,是当今基于 RSSI 进行 RFID 定位的典型应用。LANDMARC 定位算法的核心思想是引入额外的固定参考标签来帮助位置校准,对于定位标签受到的环境因素影响,与其近邻的参考标签也会受到相似的影响,因此参考标签作为系统中的参考点比较容易适应环境的动态性,系统通过比较参考标签的信号强度值与待定位标签的信号强度值之间差异,优选出近邻参考标签,并采用 "最近邻距离" 权重思想进而估计出待定位标签的坐标,其原理图如图 10.7 所示。

由图 10.7 可知,读写器、参考标签和待定位标签按照一定规则部署,计算过程为:假设定位环境中有 n 个读写器、m 个参考标签、u 个待定位标签。待定位标签 i 的信号强度向量定义为 $\vec{s_i}$。

$$\vec{s_i} = (s_1, s_2, \cdots, s_n), \quad i = 1, 2, \cdots, u \tag{10.12}$$

式中,s_n 为待定位标签在第 n 个读写器的信号强度。对于参考标签定义为 $\vec{\theta_i}$:

$$\vec{\theta_i} = (\theta_1, \theta_2, \cdots, \theta_n), \quad j = 1, 2, \cdots, m \tag{10.13}$$

式中,θ_m 为参考标签在第 m 个读写器的信号强度。对于每一个定位标签 $P(P \in (1, \mu))$,定义与参考标签之间的场强欧氏距离为

$$E_j = \sqrt{\sum_{i=1}^{n} (\theta_i - s_i)^2}, \quad j \in (1, m), i \in (1, n) \tag{10.14}$$

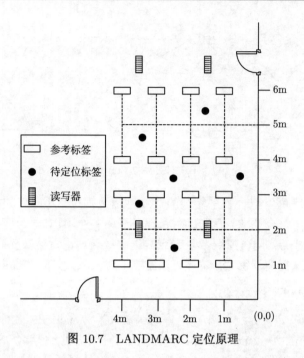

图 10.7 LANDMARC 定位原理

场强欧氏距离越小，表示该参考标签离待定位标签距离越近。通过计算与 m 个参考标签的欧氏距离，组成向量 $\vec{E}$，选取 $\vec{E}$ 中最小的 k 个元素，认为该 k 个标签为距离待定位标签最近的参考标签：

$$\vec{E_i} = (E_1, E_2, \cdots, E_m) \tag{10.15}$$

根据选择的 k 个参考标签计算出相应的权重，计算方法为

$$w_i = \frac{\dfrac{1}{E_i^2}}{\displaystyle\sum_{i=1}^{k} \dfrac{1}{E_i^2}} \tag{10.16}$$

由此，可以计算出定位标签的坐标位置：

$$(x, y) = \sum_{i=1}^{k} w_i(x_i, y_i) \tag{10.17}$$

LANDMARC 的原型定位系统搭建在 9m×4m 的室内环境中，参考标签以横向间隔 1m、纵向间隔 2m 网格状排布，LANDMARC 最大误差限制在 2m 以内，均方根误差 1m[11]。

该系统有三方面明显的优势。

(1) 参考标签的成本大大低于读写器的成本, 从而降低整个定位系统的成本。

(2) 参考标签和定位标签处于同样的环境中, 因此很多环境因素可以大大抵消。

(3) 定位信息比较准确。

LANDMARC 系统也存在不足之处。

(1) 该系统是由邻近参考标签的位置来确定待定位标签的位置, 所以, 待定位标签的定位精度完全是由邻近参考标签决定的。在该系统中, 定位的误差范围理论上被控制在邻近的几个参考标签所组成的多边形范围内, 但实际上只有参考标签均匀分布和周围环境一致的情况下, 才能这样理解。

(2) 要想获得较高的定位精度, 就必须布设高密度的参考标签, 这样又会加剧信号之间的碰撞, 影响信号的强度。

(3) 该系统在确定邻近参考标签的时候, 需要计算每一个参考标签与每一个待定位标签之间的欧氏距离, 根据欧氏距离的大小来确定邻近参考标签, 这样势必会导致大量的不必要计算, 从而增加系统计算负担 [1]。

10.2.3　实时定位准确度评估标准

为准确评价各种定位算法在实际测试环境中的定位性能, 首先需要确定评价定位准确率的指标。目前最常用的指标是: 定位解的估计误差 EE、均方误差 MSE、均方根误差 RMSE、克拉美罗界 CRLB、几何精度因子 GDOP、圆/球误差概率 CEP、误差累积分布函数 CDF 等。下面对各评估指标做简要介绍。

1) 估计误差 EE

估计误差是衡量定位算法对于单个标签的一次定位结果的最常用指标, 可以表示为

$$\text{EE} = \sqrt{(x - x_0)^2 + (y - y_0)^2} \tag{10.18}$$

式中, (x_0, y_0) 为待定位标签的真实位置坐标; (x, y) 为定位结果。

2) 均方误差 MSE 和均方根误差 RMSE

另一种常用于评价定位准确率的度量是定位解的均方误差 MSE 与理论上基于无偏差估计器方差的克拉美罗界的比较。在二维定位估计中计算均方误差可表示为

$$\text{MSE} = E(x - x_0)^2 + (y - y_0)^2 \tag{10.19}$$

式中, E 表示样本的期望值, 均方根误差为

$$\text{RMSE} = \sqrt{E[(x - x_0)^2 + (y - y_0)^2]} \tag{10.20}$$

3) 圆/球误差概率 CEP

定位估计准确率的一种严格且简单的度量是圆球误差概率 CEP，CEP 是定位估计器相对于其定位均值的不确定性度量。对于二维定位系统，CEP 定义为包含了一半以均值为中心的随机向量实现的圆半径。如果定位估计器是无偏差的，CEP 即为目标相对真实位置的不确定性度量。如果估计器有偏差且以偏差 B 为界，则对于 50% 概率，定位目标的估计位置在距离 $B+$CEP 内，此时 CEP 为复杂函数，通常用其近似值表示。对于 TDOA 双曲线定位，CEP 近似表示为

$$\text{CEP} = 0.75\sqrt{\sigma_x^2 + \sigma_y^2} \tag{10.21}$$

式中，σ_x，σ_y 为二维定位中定位估计位置的标准差。

4) 误差累积分布函数 CDF

定义为

$$y = P \quad (s \leqslant x) \tag{10.22}$$

式中，s 为定位误差；x 为定位误差门限值；y 为定位误差小于 x 的累计概率分布。它指误差在某个门限值以下的定位次数占总定位次数的百分比，如 CDF (0.71m)=78%，表示估计误差小于 0.71m 的概率为 78%。在室内算法中通常分析算法以 50% 的几率或以 80% 的几率将估计误差控制在某个范围以内来评估算法的稳定性。

10.3　制造业与实时定位技术

本节阐述制造业与实时定位技术的关系，首先分析制造业对实时定位的需求，其次介绍实时定位系统在离散制造车间的作用与意义，最后分析在离散制造车间应用实时定位系统的难点。

10.3.1　离散制造车间实时定位系统需求分析

离散制造车间定位的特殊性表现在以下几个方面：① 离散制造车间是设计数据和加工状态信息交汇的中心，人员密集，机床设备多种多样，定位环境复杂；② 加工过程中人员、物料及 AGV 设备随机流动性大，定位干扰源复杂多变；③ 离散制造车间定位对象种类多样，主要包括人员、刀量具、工装、物料、AGV、机床等；④ 离散制造车间产品品种多样，每种产品也都有不同的加工工艺流程，根据不同的加工工艺，车间机床布局也要重新设计；⑤ 产品制造过程不透明，无法实时监控生产的实时状态；⑥ 零件加工工序之间的信息传递仍依赖于工艺员的人工调度，管理自动化程度低，生产状态信息拥堵，车间生产效率提高空间有限。

对于厂房空间比较小、生产类型单一、产品结构简单的离散制造车间来说，忽略实时位置数据对整个生产过程的影响不大。但对于大空间甚至超大空间的离散制造车间，精准的实时位置和状态信息是提升生产能力的重要因素。航空航天产品结构复杂，零部件众多，生产环节长，大多数生产车间不仅要兼顾研制型号和批产型号，而且多型号混流生产，这就要求对车间各类物料和配套零部件的实时位置、运输时间、运动路线等数据做到精准的管理，否则，就会给生产管理带来许多问题。该类问题是影响我国某航空企业的某型号飞机不断延迟交付的关键问题之一，因此，需要一种精准、可靠 (抗干扰)、低成本为原则，重点研究大空间离散制造车间在制品、组件、部件、小车等对象的实时定位与跟踪技术。

随着技术的发展，GPS、北斗导航、移动基站、Wi-Fi 等室外定位系统的定位精度在不断提高；但在精准室内定位方面，尤其是更为特殊的大空间离散制造车间实时定位方面的研究工作还很少，包括室内 GPS 等技术还只适用于工位级的定位，很难与物料的电子标识、跟踪等技术相集成，且随着空间的扩大，成本显著增加。此外，传统的定位系统一般遵循请求–应答模式，在请求–应答模式中，用户必须先向服务器提出定位请求，待系统响应后返回定位结果，事实上，这种被动模式的服务系统远远无法满足用户动态的需求。实时定位系统是一种新型的主动模式服务，除了动态获取用户的位置信息外，它还能够根据自身获得的信息主动实现信息推送，用户按照自己的定位服务需求，获取所需信息。本章的离散制造车间实时定位系统就是基于位置的自动感知而深入展开的。

针对离散制造车间现存的问题，并结合离散制造车间的特殊定位环境，本书设计了离散制造车间实时定位系统，在保证产品质量的基础上，解决以上描述的车间现存问题，提高车间的生产效率，并从车间定位的角度提出提高制造车间的信息化水平的新思路。实时定位系统将实现人员定位、物料流转过程定位、机床设备的布局调整、刀具定位、工装定位以及 AGV 的自动导航，实时监控每个零件加工的整个生命周期和生产过程中相关要素的位置信息，从而改变传统的车间加工模式。该系统的目标是打造反映离散制造车间各类要素实时位置信息的多维 "定位地图"，开发基于位置的相关应用，提高数据分析的效率，提升制造车间的批量生产能力。

离散制造车间实时定位系统的具体功能需求分析如下。

1. 完备的离散制造车间 RFID 数据采集方法

本书提出的 RFID 实时定位系统是以读写器采集到的标签 RSSI 值为主要定位依据的，因此，保证离散制造车间 RFID 数据的精确采集是实现感知定位系统的前提条件。宏观上，读写器的读写范围应覆盖整个制造车间的各个工位区域，为了便于管理，可根据制造车间实际情况，通过合理部署读写器与参考标签，降低实施成本；细节上，应根据待定位对象的加工工艺特点，合理选择具有特定性能的标签，匹配特定的读写器，并以特定的附着技术实现对象的跟踪标识。

2. 定位系统的实时性与准确性

不同的定位场合所需的定位效果不同，离散制造车间实时定位系统应该根据定位的实际场景选择合适的定位算法，以满足定位的需要。在定位过程中，可考虑采用 RFID 读写器定位、RFID 标签定位或者读写器和标签混合定位等方式，如，在工作期间对车间内部人员的定位就可利用读写器定位，将定位区域放宽至其负责的整个作业区域；产品组装时，各个零件的相对位置精度要求较高，应采用基于标签的定位手段进行定位，实现生产指导；工人在庞大的刀具库选用刀具时，最近的方案是先利用读写器定位判断出目标对象的大致区域，然后在此区域内基于标签定位，最终确定刀具位置。这样既可充分利用读写器定位的操作简便、实时性高以及成本低等特点，又能最大限度地满足定位精度高的场合需要，实现系统资源的最大利用。

3. 主动推送用户感兴趣的基于位置信息的定位服务

车间基础数据是指在生产过程中所涉及的所有制造资源的属性数据，包括机床设备、人员、刀量、工装、产品工艺文件、工位生产计划、零件图纸以及质检文件等，它是将定位结果转化为具有实际意义意见的基础。基于采集到的 RFID 信号进行定位计算，给出目标对象的地理位置信息，这只是完成了实时定位系统的第一步 ——"定位"。实际上，对于实时定位系统的用户，特别是车间的管理者而言，仅仅获得这些孤立的坐标信息依然毫无意义，管理者迫切需要借助位置信息获得其感兴趣的服务。所以实时定位系统的关键在于基于这些地理位置信息，依据预先设定的逻辑准则，能主动向用户推送这些用户感兴趣的服务。这些服务需要包括 AGV 设备的自动导引服务、机床设备布局的在线仿真服务、该逻辑区域范围内的机床的空闲状态信息、当前零件的加工进度展示、工人当天的作业完成情况等。

4. 实现 PC 端以及手持式终端跨平台的 Web 访问

离散制造车间内部区域大，为了节约系统成本，需要引入采用嵌入式系统方案手持式终端，从而可以随时随地完成定位请求。在离散制造车间实时定位系统中，手持式终端扮演着多重的角色：手持式终端作为定位请求的客户端，向后台服务器发出定位请求，并完成返回数据的显示；手持式终端集成了 RFID 读写器，它同样可以参与目标对象的定位，考虑到其天线的读写距离较短，一般用作读写器区域定位；在实时定位服务主动推送的过程中，附着有标签的手持式终端既是服务的发起者，也是服务的接收者。

5. 建立基于位置信息的预警机制

离散制造车间内部区域之间隔离性差, 人员流动性大, 加工设备混杂, 突发事件层出不穷, 容易出现以下问题: 在某一工位, 待加工的零件被放置在了已加工区, 一旦流转到下一工序, 则造成物料浪费; 刀具与机床不匹配, 工人用非法的刀具在机床上加工, 对机床造成损伤; 车间的精密检验区等保密区域隔离性不好, 安全性差, 信息很容易外泄。通过对以上问题分析, 亟须建立基于位置信息的预警机制, 规范车间的行为, 提高车间的可控能力。

10.3.2　离散制造车间应用实时定位系统的意义

从以上这些应用案例可以看出, 实时定位系统可以在离散制造车间发挥巨大的作用, 包括提高生产效率, 降低成本, 甚至改变生产模式。通过对相关文献的检索和阅读, 可以发现实时定位系统在离散制造车间主要有以下几方面的作用。

1. 提高车间生产效率

在一般企业中, 由企业的 MES 系统进行机床任务的安排与分配, 实现生产规划和调度, 但是在这种情况下, 无法得知在制品的中间传送过程, 导致无法正确地控制生产步骤的顺序, 造成加工阶段的失误和不必要的搜索行为, 甚至工人找不到需要加工的在制品, 导致生产任务无法正常进行。研究人员发现提高车间对象的搜索、运输水平可以大大地提高生产效率。有研究在半导体生产车间使用 RTLS 系统, 发现在制品位置信息的实时定位对于工人提高生产效率具有重要作用, 通过分析工人在没有实时定位信息时, 查找待加工工件的运动轨迹, 即以螺旋形运动路线为基础, 计算时间消耗成本, 并与有可视化的待加工件实时定位信息的直线运动轨迹进行比对, 量化了实时定位系统在离散制造过程中的价值, 并进一步明确了实时定位系统的精度对搜索时间的影响, 定位精度越高, 搜索时间越短, 进而使得物料等待加工的时间变短, 从而提高生产效率。

2. 优化车间生产线布局

在离散制造车间内, 一般按照功能将机床分为不同的工作组, 在制品在不同的工作组的不同机床之间流转, 物料根据不同的工艺安排, 可能需要在同一工作组内进行多次加工处理, 也可能不需要某个工作组机床的加工。该问题一直是生产调度的经典求解问题, 但通常的求解方法较少考虑机床位置对生产效率的影响。可以将实时定位技术引入到经典模型中, 结合实时定位系统提供的物料位置、速度、距离、时间的数据, 对不同工作组之间的间距, 同一工作组内机床之间的间距, 进行系统、全面优化, 用于实现车间最为合理的规划布局。

3. 可视化的调度系统

传统的调度规则或者是根据加工时间，或者是根据最早交货日期，或者是两者都考虑，如先进先出规则 (first in first out, FIFO)、最早交货期优先规则 (earliest due date, EDD) 等，但是它们都存在一些局限性。有研究表明实时定位技术会对生产调度有影响：通过定位系统提供的位置数据流，工艺员可以实时跟踪在制品的生产状态，了解在制品何时到达指定工作站，何时离开工作站，决定每个工作站的工作时间；可以根据待加工产品的位置和车间的实时状态，重新安排制造资源，如人员、设备、原材料、在制品、工具等，实现生产资源的动态调度和规划。和传统的调度规则相比，基于实时定位系统的调度规则能够更好地缩短生产周期、提高机床利用率，同时面对车间的突发状况，如机床故障、原材料不足、订单的变更等，基于实时定位系统的调度规则具有更好的适应能力，能及时地调整生产任务，最大限度地解决问题。此外，基于 UWB 的数字化制造车间物料实时配送系统可以根据超宽带无线定位技术实现物料配送小车的实时定位与追踪，进行物料配送小车的路径规划与导航，可以实现数字化制造车间的可视化精确布局，最终达到减少在制品库存，提高物料配送的及时性和准确性，提高车间生产品质的目的。

10.3.3　离散制造车间应用实时定位技术的难点分析

离散制造车间实时定位系统必须研究以下几个难点。

1. 现有基于 RFID 的室内定位系统直接应用到离散制造车间存在较大的问题

制造车间的金属和电磁干扰环境对 RFID 信号稳定性影响较大；同时，离散制造车间的移动物体遮挡被定位对象，包括人员、物料、小车等，也会对实时定位的准确性造成较大的干扰。通常基于 RFID 的室内定位系统较少考虑以上因素，使得定位效率和精度降低。因此，如何对现有室内实时定位技术进行适当的改进，与大空间离散制造车间的特点相适应，是本书需要解决的核心问题之一。

2. 如何针对大空间离散制造车间生产管理需求定义合理的车间定位数据模型

一方面，车间中不同对象对定位参数的要求不同，包括定位的精度、采样的形式、位置量纲等多个方面。如运输小车和物料的定位就有显著区别，前者需要连续定位，实时跟踪位置数据、运行轨迹；但后者只在固定区域流转时发生位置变化，如果也进行实时连续定位，就会造成数据的冗余和资源浪费。另一方面，要考虑与离散生产过程相结合，如加工工位定位、缓冲区定位、空间坐标定位等。但目前国内外还缺乏面向大空间离散制造车间实时定位数据模型的研究。因此，该部分内容是本书研究的第二个核心问题。

3. 如何在大空间离散制造车间使用实时位置数据去优化生产线模型参数

　　离散制造车间动态对象的实时位置数据的采集，无疑将在大空间车间的生产管理中起到重要的作用。因此，如何将实时位置数据与车间管理中的各类模型进行有机集成，如在大空间车间的规划设计、生产调度、车间监控等模型中引入实时位置、速度、路线等信息，全面优化生产线规划布局和调度控制方案等方面的研究就非常必要。正如前面所述，目前，国内外关于该方面的研究成果还比较少，尤其是国内，基本上还是空白。所以，基于实时定位数据的车间优化模型是本书的第三个核心问题。

第11章 制造业过程状态大数据融合技术

本章主要讨论大数据与制造业的融合，主要内容如下：

(1) 制造过程技术状态数据管理模型。

(2) 制造过程技术状态大数据融合实施方法。

11.1 制造过程技术状态概述

技术状态指在技术文件中规定的，并在生产研制过程中产品所达到的功能特性和物理特性，技术状态管理 (configuration management) 就是依附于产品的整个生命周期，对其物理和功能特性进行管理的一种手段。换而言之，技术状态管理就是在产品生命周期内来标识产品的功能和物理特性，并控制这些特性的变化状态。

技术状态管理是对生产研制中的系统和技术状态项目采取技术状态标识、控制、检测和记录，使产品的生产与设计工艺要求保持一致。技术状态管理的目的是形成完整的资料来全面地反映产品在当前的技术状态以及达到的物理状态和功能状况，确保生产管理人员及设计人员可以在任何时候都能够准确地掌握产品状态。复杂产品由于其制造过程繁琐，工艺变化频繁，研制过程投入成本较大，亟须对其进行有效的技术状态管理。

技术状态的管理内容主要是运用技术和行政的手段，对产品技术状态进行标识、控制、纪实和审核的活动，如图 11.1 所示。这四项内容依据国家标准定义如表 11.1 所示。

传统意义上对技术状态管理的定义显然是面向着产品的设计和研发过程，事实上通过第 1 章的分析，产品制造过程的技术状态管理被严重忽视，由传统意义上针对设计研制过程的技术状态管理内容同样可以引申出面向制造过程的产品技术状态管理内容，具体有以下方面的定义。

(1) 产品技术状态标识。在工艺文件中规定产品技术状态的工艺要求和设计要求，并将工艺生产计划及执行过程计划整理为唯一文件依据，从而根据产品技术状态标识来分配产品的活动。

(2) 产品技术状态控制。确定技术状态标识的基础上，在产品执行生产工艺过程中进行状态控制，确保产品可以依据工艺和设计要求执行，并对生产过程中产品产生的偏离和超差进行协调处理。

(3) 产品技术状态纪实。产品执行工艺过程中实时记录产品执行工艺文件及设计要求，包括工程更改的情况，并将记录情况整理成产品技术文档，便于历史溯源。

(4) 产品技术状态审核。在产品执行过程中和结束后，对产品的当前物理和功能特性与产品技术状态标识的要求进行对比审核，完成质量核查。

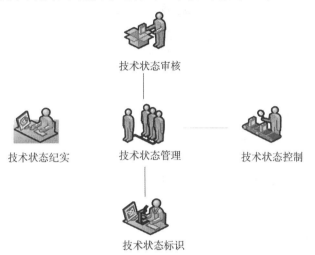

图 11.1　技术状态管理主要内容

表 11.1　技术状态管理规范标准

技术流程	技术状态管理规范标准
技术状态标识	确定技术状态的构成，整理技术状态产品功能特性和物理特性及其更改方法的文件，分配技术状态产品和相应文件标识和符号等活动
技术状态控制	在技术状态产品项目文件确定后，对技术状态产生的更改 (包括工程更改) 以及对技术状态产生影响的偏离和超差进行评价、协调、处理等实施的所有活动
技术状态纪实	对技术状态文件进行的更改和批准更改的执行状况进行记录和报告，技术状态纪实伴随着技术状态控制的过程并受其控制
技术状态审核	确定某一技术状态是否符合技术状态文件进行的审核

面向制造过程的产品技术状态管理是对产品整个生命周期内的状态管理，区别于传统意义上的生产管理，面向制造过程的产品技术状态管理把工艺设计要求与产品的生产状况绑定，进行实时的分析、处理和记录，是一种新的企业生产管理模式。

随着工业化信息化的飞速发展，产品的生产过程变成了一个复杂的系统工程，产品的研制过程状态复杂，为企业生产管理者之间的协调和处理带来了严峻的考验，主要表现为以下几个方面。

(1) 管理人员无法第一时间获取产品在制造执行过程中由于设备故障、人员变更引起的质量问题，难以迅速地处理问题，及时地调度车间资源。

(2) 物料与生产任务缺乏一定的匹配标识，工人凭借主观判断来完成加工过程，容易造成所谓的车间事故。

(3) 产品制造过程中工艺顺序混乱，生产过程更多地依赖工人经验来完成工位操作，对生产过程缺乏规范，无法完整记录产品研制过程中的历史资料。

(4) 产品研制生产过程中产生大量的数据，采用传统的手工管理和维护数据大量地占用人力和物力，严重地阻碍了车间生产效率的提高。

11.1.1　技术状态管理的应用

产品的制造过程实际上是需要车间各功能部门反复协调的过程。生产过程中伴随着海量的生产数据，这些数据对生产过程的管理和控制具有极其重要的意义，需要对生产数据进行及时的采集和管理，同时生产过程中对各种异常扰动需要及时地做出调度和改进，生产过程涉及产品标识、数据采集、监控以及生产过程管理，区别于面向设计过程的技术状态管理[35]，制造过程问题才是面向制造过程的产品技术状态管理需要解决的问题。

面向制造过程的产品技术状态管理的基本任务包括以下几项。

(1) 将设计方的各项性能指标转换成工艺文件，对应产品进行唯一工艺标识，绑定生产资源信息，生成唯一标识码。

(2) 跟踪记录产品制造过程海量数据 (生产数据)，分类汇总产品制造数据，存储和管理制造过程中产生的数据，对技术状态进行分析和对比，控制产品制造过程技术状态。

(3) 对制造过程中硬件资源及工装设备进行监控管理，利用标识技术来处理突发状况，及时处理，重新安排生产计划，合理利用制造资源。

(4) 分析评价产品制造过程中的技术状态指标，为整个制造执行过程整理完整历史资料，便于溯源及改进。

产品的制造过程需要对其各个生产环节的技术状态进行管理，管理的难点在于对数据的实时采集和分析，目的是要将制造过程透明化。制造过程的产品技术状态管理就是要提高产品在生产过程中的透明性，以此来促进生产过程的流畅性，提高车间响应力，保证产品的质量，同时使得产品在整个生命周期内的所有生产数据、技术文件得以完整地保存和记录。

11.1.2　技术状态管理可行性

随着信息技术和制造技术的融合，各大企业分别建立了包括局域网、DNC 网络、实验数据采集网络等多种用途的网络，但传感网络在制造过程仍不多见。制造过程技术状态管理需要有传感网络的支撑, 随着近年来物联网技术的快速发展, 将物联网技术应用在制造过程的技术状态管理具有重大的战略意义。

制造业是信息化技术应用最主要的平台和市场, 高科技信息的应用是提高制造业竞争力的引擎和动力, 制造业创新转型的关键在于能否让制造业与信息应用化完美融合。

制造业要求管理模式的精细化, 将 RFID 等物联网技术与企业制造执行系统 MES 进行集成, 完成产品追溯、安全生产等要求, 提高企业产品设计、生产制造、销售、服务等环节的智慧化水平, 从而来提高企业的管理水平。因此, 通过物联网技术来实现产品制造过程技术状态管理具有现实可行的科学性和技术性。

11.1.3　产品制造过程技术状态管理系统体系结构

系统体系结构是系统开发的灵魂, 只有合适的体系结构才能更好地开发制造过程技术状态管理系统。通过技术状态管理系统的开发可以为企业实现制造过程的监控、平衡、调度及评价提供友好的控制和管理平台, 对提高企业的竞争力具有重要意义。为了明确技术状态管理系统的内容, 需要对制造车间的技术状态管理系统进行需求性分析, 完成系统体系结构和功能框架的设计, 为技术状态管理关键技术的实现以及原型系统的开发奠定基础。本书以某离散制造企业为研究对象来完成技术状态管理系统的分析和研究。

1. 系统需求分析

面向制造过程的技术状态管理系统主要完成对制造车间传感网络的搭建, 制造数据的采集、传输, 制造过程的监控、评价和调度处理。总的来说, 它应该满足以下几个需求。

1) 系统可以对制造过程数据进行高效的采集和管理

制造企业是典型的离散制造企业, 生产数据的采集和管理始终是企业长期以来难以解决的问题和困扰。传统纸质文档、人工采集的方式存在明显的缺陷, 近年来出现的条形码技术也因为读写距离、读写速度的问题难以得到广泛应用。在总结传统问题的基础上, 技术状态管理系统能够及时准确完成对目标对象的数据采集和监控, 并通过高效安全的传输方式来将数据进行统一管理, 为技术状态管理系统的各项功能模块提供可靠、全面的实时数据支持。

2) 系统能够提供对制造过程的控制、优化分析和调度

制造过程的技术状态管理系统包含若干功能的智能制造单元的复杂生产制造系统, 主要面向的是小批量、多品种、多目标、多约束等复杂生产任务, 生产过程中容易出现异常扰动, 对生产过程的延续性和稳定性提出了严峻的考验, 系统控制中应该提供必要的生产过程决策、优化和调度功能模块。以具体工位为例, 在生产

过程中，通过技术状态管理系统向工位发放对应的工艺文件，同时及时反馈机床运转数据，加工过程中，对故障进行分析处理，使得管理人员可以依据实时状态做出决策。

3) 系统支持分布、协同控制方式，具有伸缩性和集成性

产品制造过程技术状态管理系统属于动态和开放的复杂制造系统，对系统控制方式的要求是能够根据环境变化做出对应的结构调整，因此系统的控制方式应该采用分布式控制方式，将调度与控制紧密结合起来，能够快速响应外界变化，为调度做出决策，控制模块进行生产重构。同时技术状态管理系统应该考虑与其他应用系统的集成问题，如企业制造执行系统 (MES)、产品数字化管理系统 (PDM)、生产管理系统 (ERP) 等，这就要求系统要有良好的开放性和集成性。

以上内容分别从不同的方面对制造过程的产品技术状态管理系统提出了要求：数据的采集和管理是对系统核心功能的要求；优化分析和调度是对系统的智能性提出要求；分布式控制、开放性系统是针对企业信息化集成能力提出的要求。

2. 系统体系结构

根据以上分析，产品制造过程技术状态管理系统的体系结构如图 11.2 所示，将制造过程的技术状态管理系统基本框架分成以下五个层次。

1) 产品制造过程技术状态数据采集层

将 RFID 设备部署在车间，对相应产品粘贴电子标签，通过扫描电子标签、二维码、条形码来读取产品生产过程实时信息，并通过传感网络与上层管理系统进行交互，数据采集层是实现产品制造过程技术状态管理系统的根本保障。

2) 产品制造过程技术状态数据模型层

将产品制造过程数据进行分类，建立标准化模型，形成有效的系统数据管理模型，通过属性特征来表征基础数据，通过操作特征来反映产品制造过程的动态数据，为产品制造过程技术状态管理的功能层提供实时可靠的数据支持。

3) 产品制造过程技术状态管理功能层

功能层是产品制造过程技术状态管理系统功能实现的关键，它负责对制造过程中采集到的数据进行管理和统计分析，并在分析中整理出可靠数据便于历史溯源，对产品制造过程中的数据进行分析，对产量及进度进行预判；对制造资源进行管理和优化调度，并为系统的维护和集成提供接口。

4) 技术状态管理系统集成接口层

产品制造过程技术状态数据管理系统可以与企业现有的信息化系统进行集成，如 ERP 系统、MES 系统、CAPP 系统等。技术状态管理系统可以通过 MES 系统来获取生产任务信息，通过 CAPP 获取工艺信息；同时，在产品的制造过程中产品技术状态管理系统也可以为 MES、CAPP 系统反馈实时制造数据。

5) 系统支撑层

系统支撑层是在计算机系统、车间通信网络、数据库系统、安全防护系统等方面为系统的运行提供基础的支持。

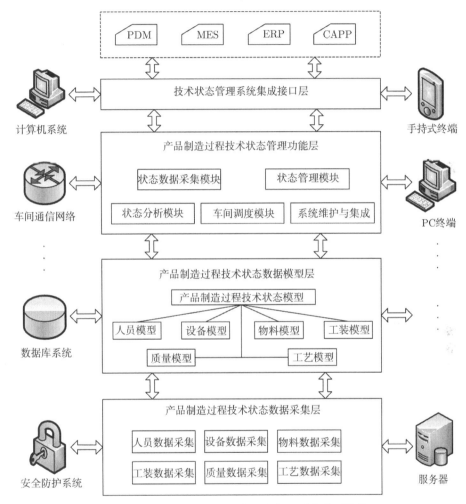

图 11.2 产品制造过程技术状态管理系统体系结构

3. 系统功能模块

通过对技术状态管理系统的需求性分析和体系结构介绍,本节设计和规划了产品制造过程技术状态管理系统的功能模块,系统功能组成具体包括状态信息采集模块、状态管理模块、状态分析模块、制造资源优化调度模块以及系统集成和维护五大功能模块,如图 11.3 所示,通过对应模块的物理功能来实现产品制造过程中的技术状态管理、控制和资源调度。

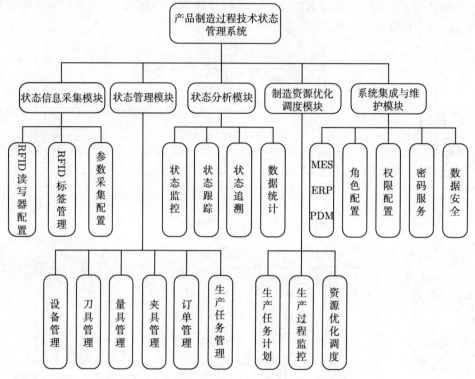

图 11.3　产品制造过程技术状态管理系统功能模块图

各个功能模块的主要内容如下。

1) 状态信息采集模块

状态信息采集模块主要完成对参数采集设备的配置和管理，包括 RFID 读写器的配置、采集方式的配置、车间位置部署、工位信息绑定配置，电子标签的配置包括电子标签的初始化、发放，电子标签的回收及报废。

2) 状态管理模块

状态管理模块针对状态采集模块得到的车间制造过程数据进行管理，主要的功能包括制造数据的编码描述，通过数据模板定义来对数据进行统一管理，合理做到状态数据的维护、查找、编辑和智能分析。

3) 状态分析模块

状态监控模块通过 RFID 读写设备组成的监控感知网络来实现对人员、设备、在制品等设备及资源的监控，通过对技术状态的监控和追踪、实时信息的采集来掌握生产动态，通过对实时数据的分析来掌握生产进度及异常扰动、统计和评价设备利用率、生产能力及成本。

4) 制造资源优化调度模块

制造资源优化调度模块通过 Agent 技术将车间资源集中整合管理,合理安排生产任务,下发生产计划,提高生产效率,降低设备的空置时间,合理调度车间资源,提高制造车间的动态响应能力。

5) 系统集成与维护模块

系统提供友好的交互界面,支持角色权限配置、密码服务、数据安全保证等服务。

通过与制造企业生产执行系统 (MES)、工艺辅助系统 (CAPP) 及生产管理系统的集成,管理人员可以下载生产任务,取得工艺文件,利用调度模块来安排生产计划、下达生产任务和工艺文件,在制造车间执行过程中利用状态采集模块来配置部署好的硬件设备和资源,利用状态管理模块来实时获取在制品、人员、设备及质量等生产数据,利用状态分析模块进行分析、储存和管理,同时完成产品技术状态的实时跟踪设备监控,并在工作中与车间调度模块进行协调,处理异常流程,及时调度资源,合理调整生产任务,并将信息反馈于上层管理人员,管理人员可通过实时监控反馈信息做出调整和决策,达到一套完整的面向制造过程的产品技术状态管理系统。

11.2　制造过程技术状态数据管理模型

生产制造过程中的产品属于典型的复杂产品,涉及零件种类多、工艺复杂,且由于型号、批次等不同,技术状态也不尽相同。即使同一产品不同批次也可能采用不同的工艺方法,技术状态也就各具特点。制造过程中技术状态也是随着时间的变化在动态变化中,这个动态过程中产生海量的技术状态数据,正是这些动态数据支撑了整个产品制造过程的技术状态,如何完成对海量数据的分类汇总和管理是技术状态管理的核心内容之一。

11.2.1　技术状态数据特点

产品生产制造过程属于典型的离散制造过程,生产过程中的数据来源主要有设备、人员、物料的生产资源信息,生产作业技术信息,生产进度信息,设备状态及运转信息等。这些生产数据是车间正常运转的基础,是产品制造过程技术状态管理的核心,其特点如图 11.4 所示。

1) 多样性

制造过程中产生多种类型的生产数据。如生产要素数据包括人员、设备、工装、质量等基础数据;生产过程数据包括人员数据中的状态数据、设备状态数据、质检状态数据等；针对产品的工艺包括工艺数据、任务信息、生产管理信息、文档信息等，都体现了制造过程中数据的多样性。

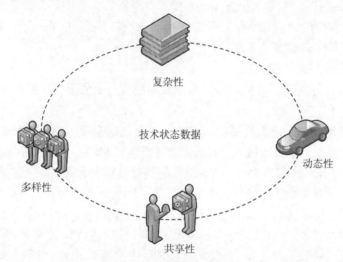

复杂性

技术状态数据

动态性

多样性

共享性

图 11.4 技术状态数据特点

2) 动态性

制造过程是动态变化的过程，产品制造过程中的技术状态数据是随着时间动态变化的，包括制造过程的进度、物料位置、状态、工艺信息等。加工设备如机床的转速、进给量等参数也是随着时间变化的，人员信息也是随着时间动态变化的，因此产品的技术状态数据具有典型的动态性。

3) 复杂性

制造过程的复杂性决定了产品技术状态数据的复杂性。产品制造过程受到人员、设备、工装、质量、环境等众多因素的制约和影响，过程复杂且容易出现异常扰动，在生产过程中各部门之间的交互频繁，生产部门的组织和协调工作也提高了产品制造过程技术状态的复杂性，产品的技术状态数据也同样具有相应的不确定性和复杂性。

4) 共享性

产品制造过程技术状态数据同样属于车间资源，资源的特点就是可以有一定的共享性。在采集和管理技术状态数据的同时也可以将数据共享到企业内部其他应用系统，如生产管理系统 ERP、生产制造执行系统 MES、产品数字化管理系统 PDM 等。这些企业信息系统可以与技术状态管理系统共享统一格式后的技术状态数据信息，互相协调，更好地发挥各系统的职能。

11.2.2　技术状态数据分类

产品制造过程伴随着复杂的数据产生和交互，必须先对产品制造过程技术状态数据类型及流转过程进行整理，才能保证后续研究的顺利进行，产品制造过程技术状态数据的流转与交互如图 11.5 所示。

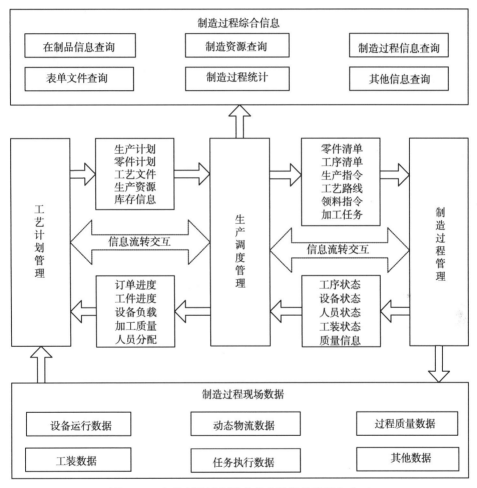

图 11.5　产品制造过程技术状态数据的流转与交互

对于技术状态管理系统而言，数据分类是实现技术状态管理的根本保障，它对于描述生产制造过程有着不可或缺的作用，也是后续研究制造过程数据采集、分析和建模的理论基础。技术状态管理就是对工艺计划管理、生产调度管理和制造过程管理的三者统一。工艺计划管理部门下达生产任务计划，工艺技术部门提供工艺文件、设计图纸、工时定额等信息，调度部门进行生产任务排序、物料配置、任务分配等操作后将生产任务下发到制造车间。

产品制造过程的技术状态数据按照以下三种方法进行分类。

1) 按照数据类型分类

产品制造过程的技术状态数据按照数据类型可以分为产品物理数据、产品制造过程数据、参数数据。

2) 按照数据状态分类

根据状态可以将技术状态数据划分为静态数据和动态数据。静态数据是伴随着制造过程数据变化小，数据状态稳定，信息相对静止。一般静态数据是对产品及资源的特定物理属性的描述；动态数据是指数据在制造过程中状态会动态变化，动态数据是技术状态数据中的核心数据。

3) 按照数据对象分类

根据数据对象可以将组成产品制造过程技术状态数据分为以下几大要素：人员数据、工装数据、设备数据、质量数据、物料数据以及工艺数据等，每类要素可以根据不同的属性进一步进行数据划分。

11.2.3　制造过程技术状态数据建模

1. 面向对象的建模方法

面向对象的方法 (OOM) 认为，任何事物皆为对象，任何复杂的事物皆可由简单的对象组合而成，把具有相同方法和属性的对象集合称之为类，对属于该类的所有对象进行统一的抽象描述。类中包含属性和方法，所有局部对象的数据及相应的操作封装在对应对象类的定义中，且尽可能隐藏对象的内部细节。它的基本思想是对问题空间进行分割，按照接近人类思维的方式来建立模型，对客观事物行为和结构的模拟，从而设计和描述出尽可能真实的、模块化的、可重用的、友好的软件系统。

OOM 是一种建立在 "对象" 概念基础上的方法学，将对象定义为由若干的属性和方法组成的一个封装体，通过一个对象类来映射一组对象，对象类中继承了对象中的所有属性和操作。面向对象的方法核心就是以对象为中心，通过类和继承关系来结构化对象。

UML (united modeling language) 属于一种典型的面向对象的建模方法，统一了众多建模方法规范，消除了建模方法在不同类型系统之间的差异，属于比较通用的一种建模语言。在对比其他建模语言的基础上，UML 非常适用于并行性要求高的系统建模，它是一种非常全面和强大的系统建模工具。本书采用 UML 建模方法，在 Rational Rose 2003 环境下对产品制造过程技术状态数据进行系统建模。

2. 人员数据模型

人员是制造过程的重要参与者和执行者，制造人员数据是产品制造过程技术状态数据的重要内容。首先以人员数据为对象进行分析和建模，人员数据模型如图 11.6 所示。数据模型以人员为主要研究对象，通过人员类来继承人员对象的属性和操作方法，人员属性包括员工工号、工组信息及员工的操作类型；个人操作包括员工获取和执行生产任务以及对加工数据的上传操作。同时人员与对象的生产任务存在依赖关系，对应人员的生产任务信息包括工艺计划、任务描述以及绑定的设备等，在模型中进行映射和关联，完善人员数据模型的建立。

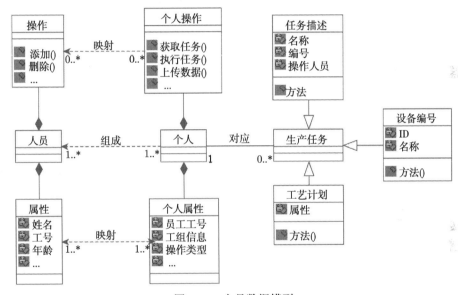

图 11.6　人员数据模型

3. 设备数据模型

图 11.7 是对设备数据进行 UML 建模，根据设备对象建立设备类属性和设备类操作，相应设备类属性包括编号、生产厂商、名称、类型及负责人员等基础信息，动态数据特指设备类操作，具体的内容包括获取生产任务、生产加工、质量反馈等操作。同时设备类属性和操作也应该与产品制造过程中的任务状态关系进行关联，对设备类的关联内容包括生产任务描述、设备状态描述、故障描述、维护信息等，实现设备与加工过程信息以及设备状态信息的关联。

4. 物料数据模型

产品的制造过程开始于物料，对物料数据的模型的建立也是技术状态管理的一部分。通过物料类来实现物料的属性和操作,物料类属性和物料类操作形成完整的物料类。物料类属性内容在模型中主要定义物料编号、物料名称、物料批次及物料数量等内容,物料类操作包括了物料的加工和运输。物料伴随着制造过程,最容易引起变化的就是物料的质量性能,在物料的关联关系中不能忽略对物料的质检因素的考虑,因此在模型中关联质量检验类数据,包括质检规范、质检对象、质检数量及合格数量等。具体的物料数据模型的建立及关联关系如图 11.8 所示。

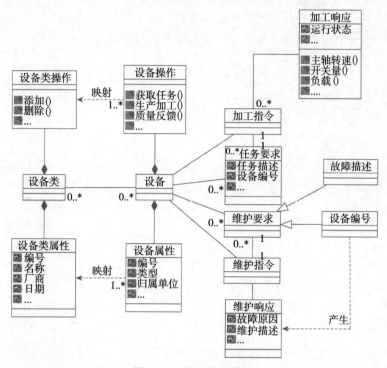

图 11.7　设备数据模型

5. 工装数据模型

　　工装是保证产品制造过程可以顺利进行的前提,工装数据的管理是产品技术状态管理的重要内容。同样的,根据 UML 建模理论,将工装对象映射到工装类属性和操作中,工装类由 4 个子类组成,分别是刀具、量具、夹具和检具,子类中共有的属性包括工装的编号、名称、类型、功能、数量以及参数;类操作的主要内容有出库、入库和返修等;工装类在产品制造过程中应该与维护响应及工艺流转单进行关联,通过数据采集终端来获取与工装类相关联的工艺数据以及工装自身的维护数据,具体工装数据模型如图 11.9 所示。

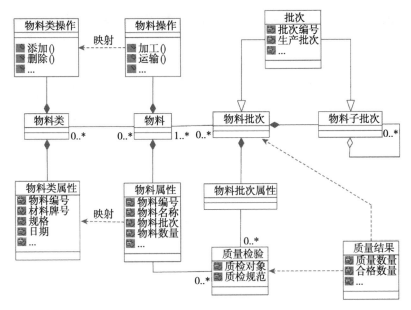

图 11.8　物料数据模型

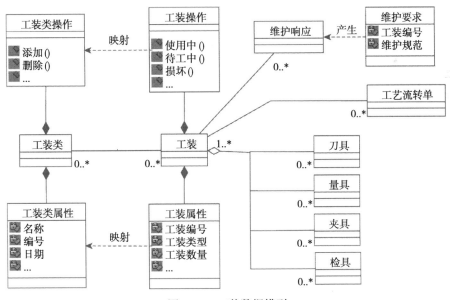

图 11.9　工装数据模型

6. 质量数据模型

质量数据是评价产品性能的标准，产品制造过程的最终结果就是获取满意的质量数据。在评价质量时需要对企业内部质量规范进行参考，因此质量类对象的建立需要参考的规范有生产过程质量规范、产品质检标准以及检验流程等。质量类属性主要包括的内容有材料编号、检验方式、数量等基本数据；质量类操作包括的主要内容有对产品质量的跟踪、查看、处理、反馈等操作。产品质量类同时应该与人员、设备等对象进行关联，这里就需要参考到已经建立好的设备数据模型和人员数据模型，在质量操作的过程中还包括对产品的检验、质量结果处理等操作，具体的质量数据模型如图 11.10 所示。

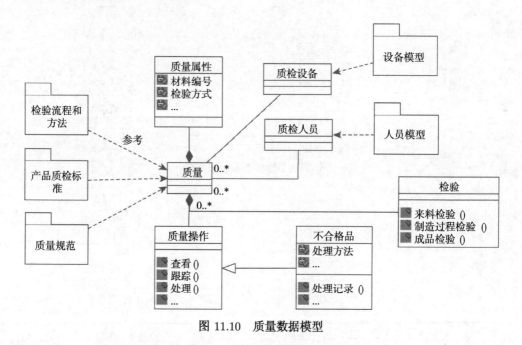

图 11.10　质量数据模型

7. 工艺数据模型

工艺数据的组成主要包括工艺任务数据、流转单数据、进度数据以及生产过程执行数据，这些与工艺数据之间是多对一的关系。工艺任务属性包括的主要内容有任务编号、任务批次任务内容等，任务操作需要参考的标准和规范包括工艺计划信息、工序信息以及工艺信息。以生产进度数据为对象，与其关联的对象分别有生产执行信息和流转单信息，执行信息参考的对象包括产品信息和物料信息，流转单对象属性包含的主要内容有人员需求、物料需求、设备需求和工装需求，将以上数据信息进行结构化和逻辑化关联，完成工艺数据模型的建立，具体模型如图 11.11 所示。

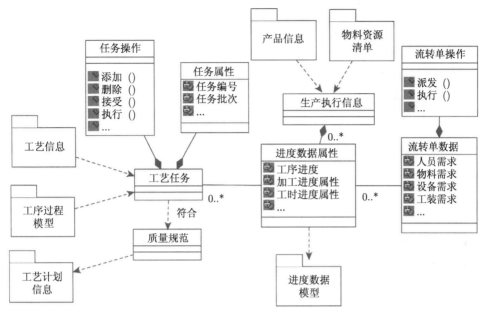

图 11.11　工艺数据模型

8. 综合模型

前面对产品制造过程技术状态涉及的人员、设备、物料、工装、质量、工艺六要素分别进行了数据建模，接下来通过此六要素来构建产品制造过程技术状态总体模型。总体模型的框架构成包括制造过程的资源类、数据类以及资源状态的属性和物理属性，通过以上框架来对六要素数据之间的关系进行描述。

根据以上分析，建立产品制造过程技术状态数据统一模型，如图 11.12 所示。

将产品制造过程中涉及的制造资源集合抽象为制造资源类，产品制造过程中实时数据对应抽象为制造过程数据类。根据 UML 模型建立原则，将数据类定义为制造资源类的一个子类，换句话说，在模型关系中制造数据类与制造资源类存在父子关系，生产过程中制造资源数据类继承了制造资源类的所有属性和关联关系。同理，与制造资源数据类存在父子关系的子类还应该包括人员、设备、工装、质量、工艺等数据子类，模型关系中，数据子类同样继承制造数据类的所有属性和操作，以及继承制造资源类的关联关系，如与生产订单数据、工艺路线数据、质量数据等进行关联。

在技术状态数据综合模型中，对应的父子类关系规定只能由子类指向父类。为了完整地表达技术状态数据的复杂性，在综合模型中各父类数据及子类数据之间存在着一定的一对多及多对多的关联关系。

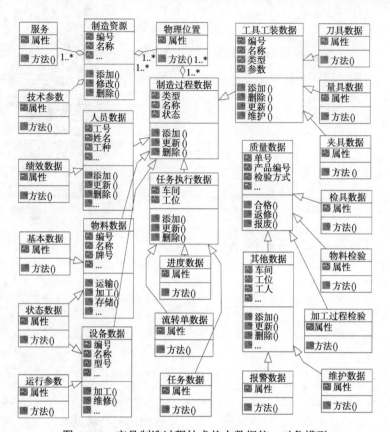

图 11.12　产品制造过程技术状态数据统一对象模型

11.2.4　产品制造过程技术状态数据模型表达

为了实现模型数据在系统之间的交互，需要选用一种通用的标准来对模型数据进行转换，对数据进行规范的计算机语言表达。在制造企业的信息化集成过程中，XML 是一种通用的标准，在企业信息化集成和发展过程中起着举足轻重的作用。

1. XML 定义

可扩展性标记语言 (extensible markup language，XML) 是当前广泛应用在计算机领域的技术之一，起源于通用标记语言 SGML (standard generalized markup language)，属于自参考语言，能够完成对其他语言的语法词汇的描述，它是国际标准化组织认可的数据存储及交换标准，但 SGML 存在的最大问题就是语法过于复杂，很难针对这种语言编写解析器，使得 SGML 的应用范围十分有限。综合 SGML 和 HTML 语言的优势，W3C 在 1996 年提出了新的描述语言 XML，XML 语言保留了 SGML 80%以上的功能，并使其复杂性降低了 20%左右，XML 成为了 W3C 的推荐标准。

2. XML 文档转换分析

通过 UML 方法来对产品制造过程技术状态数据进行分类和建立模型，但是 UML 建模方法仅仅为用户提供的是基于建模工具的一种图形符号，在整个系统的实现过程中属于应用级的初步模型，它的作用在于将复杂的数据结构进行规整和分类，将涉及的对象进行属性和方法分类，并将逻辑约束关系进行合理归类和划分，但是模型外在表现就是简单的图形集合，这种基于图形的模型信息不便于产品技术状态管理系统对其做进一步的处理。因此，在 UML 建模的基础上，模型的对应转换和表达就成了接下来需要解决的问题。

利用 XML 技术来完成 UML 模型的转换和表达具有以下优点：第一，XML 规范可以完整地表达数据结构属性，表达数据结构选用的具体语言跟系统开发平台并没有直接关联；第二，XML 规范对数据的内容和具体的实现进行了分离。以上两大优点使 XML 规范成为数据表示和转换的主流标准，目前 XML 广泛应用于以下三个领域，如图 11.13 所示。

文档管理　　　　XML　　　　Web开发

程序设计

图 11.13　XML 应用领域分类

1) 文档管理

传统对文档管理的方式主要是对数据进行相应的整合、分类和分析，最终形成一种可以被企业管理部门以及生产管理部门人员容易使用的格式，但是传统的文档管理模式存在的最大问题就是不同的文档会整合分类出不同文档格式，使得文档在各个部门和人员之间流转时很难达到标准化，没有进行标准化的文档格式仅仅为管理系统提供文字内容和关键索引的作用。XML 技术应用可以实现文档格式的标准化，便于系统对各类文档的统一管理和分析，也为文档数据在信息系统的安全保密、许可权限等功能实现提供了便利。

2) Web 开发

XML 语言将信息按照结构和语义进行了构造，统一数据类型的同时，使计算机系统可以同时处理多种不同类型信息，降低了系统运行时的工作量，同时 XML 提供的扩展功能可以方便用户在 Web 服务器中下载海量的信息，为企业对信息的自动处理和优化提供了新的解决方案。

3) 程序设计

传统数据库中的数据严格意义上来讲都是完全结构化的数据，数据的逻辑性和关联关系较强。但是，存在于网络应用层中的数据通常结构类型各异，关联关系复杂，很难通过统一的模型进行定义。利用 XML 可以将不同来源的数据进行标记和定义，形成较为统一的模型，方便面向对象的设计语言进行处理。

XML 作为在网络上交换数据的一种标准方式，通过众多的对应标准和相应的 XML 解析器来实现 XML 文档与数据库、浏览器之间的双向信息集成，为复杂产品制造过程技术状态的数据管理、共享及系统集成提供了方便。

3. XML 文档生成过程

由 UML 模型向 XML 文档转换的流程如图 11.14 所示。

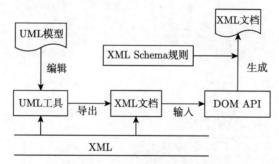

图 11.14　XML 文档转换流程

从图 11.14 可知，UML 模型向 XML 文档转换的过程可以分为两个阶段：第一个阶段是由 UML 向 XML 文档的导出，其核心内容就是在 Rational Rose 建模环境中对模型进行描述，建立 UML 模型图，利用 Rational Rose 建模软件中集成的 RoseXML Tools 插件来获取 UML 模型数据信息，并将数据信息保存为 XML 形式的文档。第二阶段是在第一阶段的基础上，利用 UML 模型导出的 XML 文档，将模型中包含的类、属性、操作、关联、继承等信息按照 XML Schema 标准以及相应的映射规则进行重新规整，转换成符合 XML Schema 标准所定义的 XML 文档格式。

第一阶段 XML 文档的主要组成如图 11.15 所示。

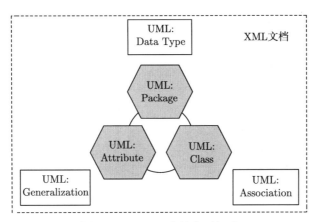

图 11.15　XML 文档主要组成

通过 Rational Rose 导出的 XML 文档包含了 UML 模型的全部信息，其中 <UML:Package> 是 UML 模型中的包属性；<UML:Class> 代表了模型中的类；<UML:Attribute> 文档元素描述模型中类的属性；<UML:Data Type> 描述数据信息的类型；<UML:Association> 文档元素是对类之间关联关系的描述；<UML: Generalization> 文档元素对各个类之间的泛化关系进行描述。以上 6 种文档元素组成了 XML 文档的主要结构，各元素及其内部的子元素的属性分别代表了 UML 模型的各种不同内容，每个元素被 XML 文档进行了唯一的属性 xml.id 标识，为 XML 文档起到了索引的作用。

第二阶段 XML 文档的主要结构如图 11.16 所示。

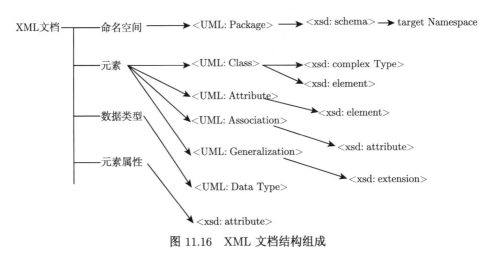

图 11.16　XML 文档结构组成

XML 文档主要由四部分组成，分别是命名空间、元素、数据类型和元素属性。

1) 命名空间

在 XML 文档中查询 <UML:Package> 元素,利用 XML.Schema 规范,给 XML 文档中对应 <UML:Package> 元素的 <xsd:schema> 元素创建 targetNamespace 属性 (名称属性),其值由 <UML:Package> 元素的属性内容来确定。

2) 元素

XML Schema 规范对元素的定义包括复合元素和简单元素,XML 文档中的 <UML:Class> 在 XML Schema 规范下以复合元素的形式出现在 XML 文档,在转换的过程中,遇到<UML:Class>元素,XML 文档中就创建对应的 <xsd:complex Type> 和 <xsd:element> 元素。同理,在遇到 <UML:Attribute>、<UML:Association>、<UML:Generalization> 时,对应的 XML 文档中创建的元素分别是 <xsd:element>、<xsd:attribute> 和 <xsd:extension> 元素。XML 文档中创建的元素属性值均由对应的 UML 模型 XML 元素值来确定。

3) 数据类型

在 XML 文档中特定的元素 <UML:Data Type> 来描述数据类型,UML 数据类型定义规则与 XML Schema 规范的数据类型规则一致,因此在数据转换的过程中不需要定义转换规则。XML 文档中,用属性 type 来定义元素的数据类型,xsd 定义数据为简单类型,该数据类型也被定义为 type 的属性值。

4) 元素属性

元素属性的主要内容包括 id, name, type, ref, base 等中的一个或者若干个,其表示方式为 <xsd:attribute>,其中属性内容 base 用来表示类之间的泛化关系。

4. XML 文档转换实例

具体的如何来描述 UML 模型向 XML 文档的转换过程,这里依据前文中的人员数据模型为实例进行转换,人员类属性和操作分别对人员基础信息进行了定义,在人员的逻辑约束条件中包括生产任务,即实际生产过程中人员与生产任务是绑定的,组成生产任务的三个子类分别是:工艺计划子类、任务描述子类、设备编号子类,图 11.17 为人员数据的 UML 分解模型。

首先,以人员数据模型图中的类图为起点,通过 Rational Rose 中的 RoseXML-Tools 模块将人员 UML 模型中类图的信息导出,可以生成 XML 文档,文档保存为 person.xml,以 person.xml 文档为基础,利用 DOM, API 及相应的映射方法读取 person.xml 文档,具体方法如下:

```
DocumentBuilderFactory factory = DocumentBuilderFactory.newInstance();
DocumentBuilder db = factory.new DocumentBuilder();
Document xmldoc 1 = db.parse(new File("person.xml"));
```

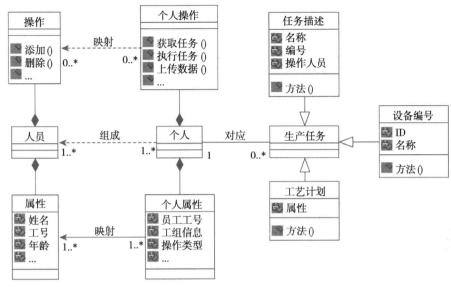

图 11.17   人员数据 UML 模型

以上操作的主要内容就是将 person.xml 中的信息存入变量 xmldoc 1 中, 读取 person.xml 文档就变成了对 xmldoc 1 信息的提取。接下来的工作就是通过遍历 xmldoc 1 中的信息, 通过 XML Schema 转换规则, 将元素信息从 xmldoc 1 中保存到 xmldoc 2 中, 最终通过内部转换, xmldoc 2 中的信息输出到文件 person.xsd 中, 以上的转换程序如下:

```
TransformerFactory transFactory = TransformerFactory.newInstance();
Transformer transformer = transFactory.newTransformer();
Transformer.setOutputProperty("indent","yes");
DOMSource source = new DOMSource();
Source.setNode(xmldoc2);
StreamResult result = new StreamResult();
Result.setOutputStream(newFileOutputStream("person.xsd"));
Transformer.transform(source,result);
```

最后通过 XML Schema 转换规则得到完整的 XML 文档 person.xsd, 完成 UML 模型向 XML 文档的转换, 人员数据模型转换为 XML 文档的部分内容如下:

```
<xsd:complexType name="工艺计划">
    <xsd:element name = "属性" type="xsd:string"/>
    <xsd:element base ="生产任务"/>
</xsd:complexType>
```

```
<xsd:element name="工艺计划"/>
<xsd:complexType name ="设备编号">
    <xsd:element name ="ID" type=" xsd:string "/>
    <xsd:element name="名称" type=" xsd:string "/>
    <xsd:element base="生产任务"/>
</xsd:complexType>
<xsd:element name="设备编号"/>
<xsd:complexType name="任务描述">
    <xsd:element name="名称" type = " xsd:string "/>
    <xsd:element name="编号" type=" xsd:string "/>
    <xsd:element name="操作人员" type=" xsd:string "/>
</xsd:complexType>
<xsd:element name="设备编号"/>
```

11.3   制造过程技术状态大数据融合实施方法

技术状态数据管理模型的建立,如何具体实现产品技术状态管理,就需要对实现技术状态管理的关键技术进行研究。本节将对技术状态管理系统的数据采集、制造过程技术状态控制、资源动态管理等关键技术进行研究,为实现系统的功能奠定基础。

11.3.1   基于 RFID 的产品制造过程技术状态数据采集

第 3 章主要对产品制造过程的技术状态数据进行建模,本节重点研究如何利用 RFID 技术来完成制造车间的产品制造过程数据采集和处理。

1. 数据源分析

产品制造过程技术状态涉及的数据主要来源于以下两种方式:各种车间制造资源基本属性和制造过程中产生的状态数据,具体数据分类整理如图 11.18 所示。车间制造资源主要包括产品、人员、设备、工装、工艺、质量等,以上信息均为静态数据,不会随着车间制造过程的活动而变化,而状态数据则是伴随着制造过程实时地发生着改变,准确实时地掌握制造过程中的静态和动态数据是完成产品制造过程技术状态管理的核心内容。

产品技术状态管理的核心就是围绕产品的制造过程进行数据管理和制造车间的动态调度。产品在制造过程中的状态数据是复杂多变的,产品制造过程技术状态的控制对实现产品技术状态管理具有重要的意义,过程主要是通过对产品制造过程中的状态数据进行统计和分析, 获取车间生产作业计划的进度状况和产品生产的质量状况。产品由物料到成品的流转过程如图 11.19 所示, 物料从投料状态到最后的成品入库或者报废状态需要经过加工工位的工序加工和工序检验, 在加工过程中伴随着人员、工装、设备、质量等所有的状态数据信息, 通过产品在制造过程中的状态数据变化来串联产品的制造过程的整个技术状态。

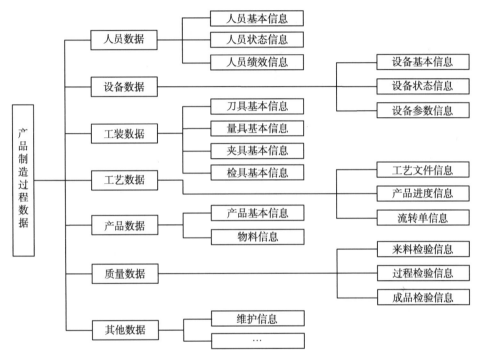

图 11.18　产品制造过程技术状态数据分类图

2. 数据采集流程

本书采用 RFID 进行产品制造过程的数据采集, 方案如下: 以制造车间的工位为采集点, 每个采集点布置 2 台 RFID 读写设备, 分别用来检测和读写产品在进出工位的实时数据信息; 各工位采集点之间的读写设备用 RS485 网线进行连接, 组成底层车间的数据传输网络, 使每个采集点的数据都可以实时地传输到上层技术状态管理系统, 从而顺利完成产品制造过程技术状态数据的实时采集和管理。

1) 物料数据采集

传统对制造过程数据的采集方式主要包括: 手工输入记录、条码扫描记录、RFID读写器记录和手持式终端采集, 本书利用 RFID 技术与手持式终端扫描技术来实现对物料数据信息的采集。根据生产订单来确定生产任务, 由生产任务来完成工艺决定, 工艺决定确定生产流程即流转单标签, 将对应物料与流转单绑定。涉及产

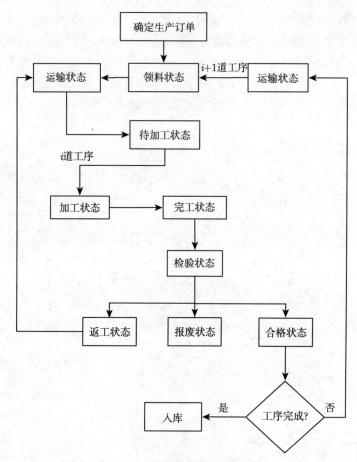

图 11.19   产品制造过程流转图

品制造过程中的基础物料信息在生产过程前录入到物料流转单标签中, 物料制造过程中的实时动态数据信息由部署在车间的固定式读写器及手持式终端进行读取, 涉及的主要数据包括物料加工位置、加工情况等。产品制造过程技术状态管理系统中对物料数据信息的采集始于原材料出库, 终于成品入库。

制造车间一般都以机床或大型设备为制造工位, 分别对车间内的每个工位、工位上的设备、操作人员进行电子标签标识, 以工位为单位部署 RFID 读写器和手持式终端。当物料到达指定工位时, 工位读写器读取到流转单标签内的任务信息, 并确认物料基本信息是否与任务一致。物料加工过程中, 物料的加工工位、操作人员、设备编码可以实时地由 RFID 读写设备进行采集并传输到技术状态管理系统, 待物料加工完毕时, 操作员工可以通过 RFID 读写器来完成流转单标签的完工确认, 具体物料数据采集过程如图 11.20 所示。

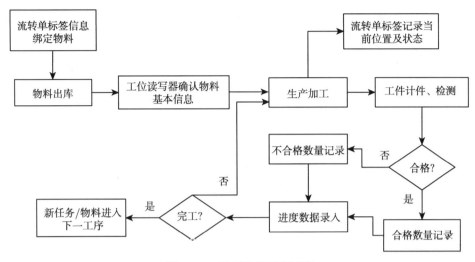

图 11.20　物料数据采集流程

2) 工装数据采集

目前，绝大部分企业都是通过传统的人工手动方式去记录工装数据信息，随着企业工装内容的多元化和复杂化，这种落后的管理方式已经无法满足企业的管理需求，本节以刀具为例，通过刀具数据信息的采集来阐述工装信息的采集方法。

产品制造过程技术状态中工装数据采集的主要目的是能够及时准确地获取需要的刀具以及刀具所处的位置和状态，缩短刀具在调度过程中的滞后时间。技术状态管理系统中，对刀具的管理和数据采集采用粘贴式电子标签，在相应的刀具上粘贴电子标签，同时在工装库内部署 RFID 读写器，将刀具在借出、使用和归还的历史数据进行记录和保存，同时对刀具的磨损和维修状态也进行监控，实时掌握刀具的动态信息，到刀具进入加工工位时同样可以利用工位读写器设备对刀具的标签进行读写。当产品流转单标签到达仓库来领用刀具时，按照工序要求进行分配，对所借的刀具进行出库扫描。在加工制造过程中，遇到刀具磨损时对标签进行维修记录，维护完成后送到加工工位再次扫描直至完成加工任务。

3) 质量数据采集

产品质量数据对于企业生产管理极其重要，产品生产过程中的质量控制必不可少，也是产品制造过程技术状态管理的主要内容，及时准确地将产品质量数据反馈到生产管理部门，方便生产管理人员和调度人员进行产品质量评定，确定生产状态，合理安排生产任务，提高产品制造过程优化调度效率。

质量数据采集过程中采用产品流转单标签作为信息的载体，通过工位部署的 RFID 读写设备和手持式读写终端配合进行质量采集。当零部件某加工工序完成后，质检员需要进行工序质量检测，若符合质量规范要求，质检员通过手持式终端读取零件的流转单标签，在工序检验项内容记录质检结论并完成提交，若不符合质检标准同样记录结论，等待生产调度人员重新组织返工。待所有的零件单独检验或批量检验完成后，还需向技术状态管理系统汇报任务数量、完成数量、合格率及报废率等质量参考数据，完成质量数据采集。

4) 人员数据采集

人员数据的采集除包括基本属性信息 (姓名、工号、工种、部门) 的采集外，还包括人员状态数据 (工作、缺席、工时、任务进度) 的采集。人员基本信息记录于系统数据库中与员工卡进行绑定，员工卡内部封装 RFID 电子标签天线可与工位 RFID 读写设备进行通信，人员进入工位开始加工时，RFID 读写器采集员工信息记录员工开始工作时间，当员工完成任务时在工位 RFID 读写器上进行完工确认操作，记录工作结束时间。生产任务下达的同时对应加工人员也在流转单标签内进行绑定，正常情况下若产品已经在对应工位被读写器采集到开工信息，但并未记录加工人员的开工信息，此时技术状态管理系统自动记录加工人员为缺勤状态；若可以采集到加工人员的开工信息并在工作中产品的加工状态有更新，则说明加工人员处于工作状态，待人员完成生产任务时记录任务加工工时，并将工时信息记录为员工绩效信息。

11.3.2　基于实时信息的产品制造过程技术状态控制

所谓生产过程技术状态控制就是用技术和行政的方法对产品在制造过程中的技术状态实施指导、控制和监督[50]。复杂产品制造过程涉及零部件众多，制造工艺复杂，且易出现工艺更改，实际生产过程中即使同一型号产品也会存在工艺上的差别。当然，伴随着工艺的更改，产品在制造过程中的检验方式和标准也会随之变化，在生产过程中需要对这种突发状况进行及时的控制。这些问题都属于产品生产过程技术状态中的典型问题，而这些问题已经开始困扰企业生产管理工作，亟须采取有效措施解决。本书提出一种基于实时信息的产品制造过程技术状态控制管理方法，来实现实时动态掌握、管理生产过程。

1. 技术状态模板

在此以某一航天产品的制造过程为例进行说明。产品的制造任务可以分配给若干制造工位，工位的操作内容由具体的制造工艺 (AO) 来决定，制造工艺中的主要内容包括对应产品的所有制造工序和工序检验。于是，型号、制造工位、制造工艺、工序、检验等项就构成了描述复杂零件制造过程技术状态的基本元素。将以上产品制造过程技术状态的基本元素在 XOY 平面上，用唯一的坐标 (x, y) 来表示，并将各元素之间的对应关系用短实线来连接，以此来建立产品制造过程技术状态模板，如图 11.21 所示。在该模板中，型号、制造节点、制造工位、制造工艺、工序、检验等项元素均被视为节点，分别用符号 F, A, S, AO, P, E 标识。用不同的数字来区分同种类型元素，对涉及不同工艺版本的元素用上标进行划分，例如，$A1$ 和 $A2$ 分别表示关于产品制造过程的两个不同制造节点，$A3^1$ 和 $A3^2$ 表示产品制造节点的不同版本，$P1^1$ 和 $P1^2$ 则分别表示产品制造工艺 $P1$ 的两个不同版本。

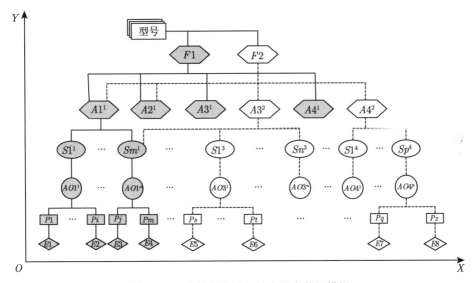

图 11.21　产品制造过程技术状态数据模板

通过以上分析建立了以型号、制造工位、制造工艺、工序、检验为产品制造过程技术状态基本元素的技术状态模板。例如，$F1$ 和 $F2$ 是某产品 F 的两个版本，定义为技术状态数据模板的两个根节点。其中 $F1$ 包括制造节点 $A1^1$, $A2^1$, $A3^1$, $A4^1$, $A5^1$，$F2$ 包括制造节点 $A1^2$, $A2^1$, $A3^1$, $A4^1$, $A5^2$。$A3^1$ 和 $A3^2$ 的区别在于 $A3^1$ 执行工位 $S3$ 的一个版本 $AO3^1$，而 $A3^2$ 执行工位 $S3$ 的另一个版本 $AO3^2$，其他元素之间的链接关系与此类似。通过产品制造过程技术状态数据模板将产品制造过程中的基本元素进行关联，便于后续开展产品制造过程中的技术状态控制和管理。

2. 技术状态网络模型

所谓产品制造过程技术状态网络模型，就是在生产过程中丰富、实例化产品制造过程技术状态模板。产品制造过程技术状态的管理是一个动态过程，实例化，即由技术状态模板向技术状态网络模型转变的过程。在此过程中，通过产品的实例化将技术状态模板中的基本元素一一对应到技术状态网络模型中，在对应过程中保持各个元素之间的逻辑关系。这种动态的映射过程使得产品制造过程中的实时数据得以体现，生产过程中的不确定信息得到了确认，并在实际的生产过程中添加了技术状态模板中不涉及的动态实时数据，如人员、时间、状态等信息。

实现技术状态网络模型的核心就是在产品制造过程技术状态模板的 XOY 平面上增加时间轴来实时记录产品制造过程技术状态。$T1$ 时刻，将映射后的技术状态模板用 $T1$ 来表示，并在 $Z=T1$ 平面上进行映射。同样，在 $T2$，$T3$，$T4$ 时刻实例化后的产品制造过程技术状态模板进行相应平面的映射，形成对应的平面：$Z=T2$，$Z=T3$，$Z=T4$。通过增加时间轴的方式来完成对产品制造过程技术状态模型数据信息实时化，这样产品的制造过程技术状态数据模型便可扩展到三维空间，从而形成真正意义上的基于实时信息的产品制造过程技术状态网络模型。产品制造过程技术状态网络模型如图 11.22 所示。

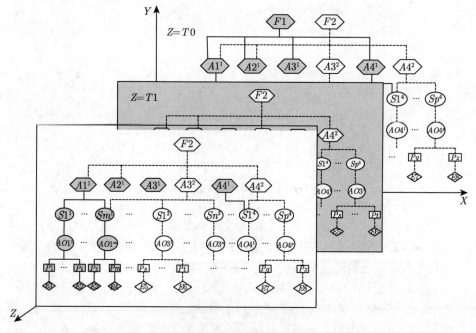

图 11.22   产品制造过程技术状态网络模型

3. 技术状态数学模型

针对产品制造过程技术状态的跟踪、监控、对比与回溯问题，对产品制造过程中各个工位的监控可以获知任意工位制造过程中的实时技术状态。对于生产过程的技术状态控制和管理是随着加工人员、时间以及工位等因素实时地发生着变化。以制造车间具体工位为研究对象，在产品制造过程的技术状态重点关注以下 5 个要素：零件、工人、时间、工序内容和工序状态，它们是产品制造过程技术状态的基本要素，根据以上信息进行定义，如表 11.2 所示。

表 11.2　产品制造过程技术状态基本要素定义表

$$MSTS = \{PT, P, R, W, Q, T, \Delta T, \boldsymbol{A}, \boldsymbol{A}'\}$$

$P = \{p_i \mid i = 1, 2, 3, \cdots, n\}$	零件的集合，p_i 的值为零件号
$R = \{r_j \mid j = 1, 2, 3, \cdots, n\}$	工人的集合，r_j 为工人的工号
$W = \{w_k \mid k = 1, 2, 3, \cdots, n\}$	工位的集合，w_k 为各工位的代码
$Q = \{q_l \mid l = 1, 2, 3\}$	零件在各个工位所处的状态
$T = \{t_{p_i}[w_k, q_l, r_j]\}$	零件的实时状态
$PT = \{pt_n\}$	代表工位上零件种类的集合
$\Delta T = \{\Delta t_{p_i}[w_k q_l, w_{k+x} q_{l+y}]\}$	工序变换下的额定工时集合
$\boldsymbol{A} = \{A[pt_n]\}$	零件工艺的矩阵集合
$\boldsymbol{A}' = \{A'[p_i]\}$	实时的进度状态集合

$T = \{t_{p_i}[w_k, q_l, r_j]\}$ 代表零件的实时状态，即零件在当前状态下的工位信息、工序状态以及操作人员信息，把以上 4 个信息列为在某　时刻的状态集，那么每一组相互关联的 p_i, r_j, w_k, q_l, t 就构成了一个唯一的零件实时状态。p_i, r_j, w_k, q_l, t 定义为制造过程系统技术状态 (technology condition of manufacturing process system) 的 5 个基本属性，如表 11.2 所示。$\Delta T = \{\Delta t_{pt_n}[w_k q_l, w_{k+x} q_{l+y}]\}$ 表示 pt_n 种类的零件从工位 w_k、工序状态 q_1 到工位 w_{k+x}、工序状态 q_{l+y} 下所需要经历的额定时间集合。$\boldsymbol{A} = \{A[pt_n]\}$ 代表所有零件工艺的矩阵集合，令 $\boldsymbol{A}' = \{A'[p_i]\}$ 表示所有零件实时的进度状态集合，则 $A[pt_n]$ 与 $A'[p_i]$ 同为 k 行 l 列的矩阵，行代表工位 w_k，列代表工序状态 q_l。若 $A[pt_n]_{k,l} = 1$，表示 pt_n 种类的零件必须经过工位 w_k 并处于工序状态 q_l；若 $A[pt_n]_{k,l} = 0$，表示此种类零件无需经过此工位进行此道工序的操作。若 $A'[p_i]_{k,l} = 1$，表示零件 p_i 已经经过工位 w_k 并且处于工序状态 q_l；若 $A'[p_i]_{k,l} = 0$，表示该零件并未经过此工位。

根据以上参数定义可以描述以下内容。

1) 零件完成全部制造过程工时的计算

$$\Delta t_{p_i}[w_k q_l, w_{k+x} q_{l+y}] = t_{p_i}(w_{k+x}, q_{l+y}) - t(w_k, q_l) \tag{11.1}$$

$\Delta A[p_i]$ 为 $A'[p_i]$ 和 $A[pt_n]$ 的差别矩阵，则

$$\Delta A[p_i] = A'[p_i] - A[pt_n](\text{当且仅当 } p_i \subset pt_n \text{ 时})$$

当 $\Delta A[p_i] = 0$，表示零件 p_i 已经完成了制造流程，并记 $f(p_i) = 1$；当 $\Delta A[p_i] \neq 0$ 时，表示零件未完成加工，记 $f(p_i) = 0$，此时零件已完成加工量的百分比为 η：

$$\eta = \frac{\displaystyle\sum_{l=1}^{l}\sum_{k=1}^{k} \Delta A'[p_i]_{kl} \Delta t_{pt_n}[w_k q_l, w_{k+x} q_{l+y}]}{\displaystyle\sum_{l=1}^{l}\sum_{k=1}^{k} \Delta A[p_i]_{kl} \Delta t_{pt_n}[w_k q_l, w_{k+x} q_{l+y}]} \times 100\% \tag{11.2}$$

2) 装配过程逆向分析

装配执行过程中若 $A[pt_n]_{k,l} = 1$，$A'[p_i]_{k,l} = 0$，那么该工位工序内容并未正常执行，对应工位集合 $W = \{w_k | k = 1, 2, 3, \cdots, n\}$ 及工人集合 $R = \{r_j | j = 1, 2, 3, \cdots, n\}$ 中有异常情况出现。

$$w_k = \begin{cases} 1, & \text{工作中} \\ 0, & \text{异常} \end{cases} \tag{11.3}$$

当 $r_j = 1$，$w_k = 0$ 时，需要对相应工位设备进行故障检测，重新安排生产任务，下达调度计划。当 $w_k = 1$，$r_j = 0$ 时，对应工位的操作人员未按指定工艺要求来进行生产，需要调度人员来确认生产现场状况，合理调度安排生产计划。

4. 实例分析

通过 RFID 技术来配置技术状态数据模型，基本元素进行实例化。产品在制造流程中主要是流转于各个工位之间，在流转过程中黏附在对象产品上的 RFID 标签内容跟随不同流程工位而实时地发生变化，以产品在进入某工位的流程为研究对象，对相应产品制造过程技术状态控制实施流程如图 11.23 所示。

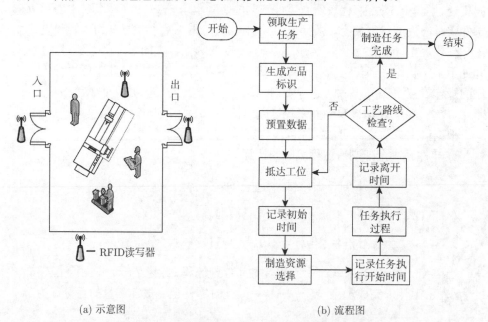

(a) 示意图   (b) 流程图

图 11.23　基于 RFID 制造过程产品技术状态控制流

在工位入口、出口及设备位置安置 RFID 读写器，通过三个读写器来确定产品制造过程的技术状态。具体步骤如下。

(1) 通过企业生产管理系统 (MES) 领取车间生产任务，制订可执行的生产计划。

(2) 根据产品的生产计划生成产品的唯一标识，包括产品编号、批次、入库时间等，制造过程中标识信息将始终与产品相关联，为信息的统计和溯源提供依据。

(3) 在产品执行制造任务前需要通过 RFID 读写控制器向标签中写入预置信息，包括工位 ID、工人 ID、工艺路线 ID。

(4) 当产品由指定的工人带入到指定的工位后，RFID 读写控制器在标签中记录制造执行过程的初始时间。

(5) RFID 控制器将工位标签信息的状态由 "空闲" 改为 "忙碌"，标签内记录制造工位的开始时间。

(6) 产品制造过程结束后，工位状态对应标签信息状态由 "忙碌" 改为 "空闲"，并在产品流转单标签内记录操作任务的结束时间。

(7) 当产品离开当前工位时，RFID 读写控制器在产品标签中记录离开时间。

(8) RFID 控制器核实产品标签内的工艺路线，判断是否存在剩余操作，若存在剩余操作则继续返回相应的工位执行剩余制造任务，同时记录新一次的任务开始时间与结束时间，过程直至完成为止。

在制造过程中，RFID 读写设备将实时信息分类汇总于不同的产品模型树中，表 11.3 提供了分类汇总后的襟副翼装配工位中工序内容与相应的工时、工人、工装、检验信息。

表 11.3 襟副翼装配工位技术状态数据配置

工序号	工序内容	零件	预计工时	实际工时	工人	检验
0	后腹板装配	后腹板	12	10	李伟	张宏仁
10	翼梁装配	翼梁	10	8	李伟	张宏仁
20	铆接骨架托板装配	托板	7	8	李伟	张宏仁
30	装配下壁板	下壁板	4	5	王帅	张宏仁
40	装配上壁板	上壁板	4	5	王帅	张宏仁
50	补铆上下壁板	上/下壁板	3	4	王帅	张宏仁
60	安装尾部型材	尾部型材	4	5	刘建斌	张宏仁
70	安装前肋	前肋	5	7	刘建斌	张宏仁
80	检查外形、偏扭		2	3	刘建斌	张宏仁
90	清除多余物		1	1	刘建斌	张宏仁

那么根据装配原理可建立式 (11.4)~ 式 (11.6) 矩阵关系 (假定制造过程暂时执行到工序 40)，则

$$A = \begin{bmatrix} 1 & 1 & 1 & 1 & 1 & 1 & 1 & 0 & 0 & 0 \\ 0 & 1 & 1 & 1 & 1 & 1 & 1 & 0 & 0 & 0 \\ 0 & 0 & 1 & 1 & 1 & 1 & 1 & 0 & 0 & 0 \\ 0 & 0 & 0 & 1 & 1 & 1 & 1 & 0 & 0 & 0 \\ 0 & 0 & 0 & 0 & 1 & 1 & 1 & 0 & 0 & 0 \\ 0 & 0 & 0 & 0 & 0 & 1 & 1 & 0 & 0 & 0 \\ 0 & 0 & 0 & 0 & 0 & 0 & 1 & 0 & 0 & 0 \end{bmatrix} \qquad (11.4)$$

$$A' = \begin{bmatrix} 1 & 1 & 1 & 1 & 1 & 0 & 0 & 0 & 0 & 0 \\ 0 & 1 & 1 & 1 & 1 & 0 & 0 & 0 & 0 & 0 \\ 0 & 0 & 1 & 1 & 1 & 0 & 0 & 0 & 0 & 0 \\ 0 & 0 & 0 & 1 & 1 & 0 & 0 & 0 & 0 & 0 \\ 0 & 0 & 0 & 0 & 1 & 0 & 0 & 0 & 0 & 0 \\ 0 & 0 & 0 & 0 & 0 & 0 & 0 & 0 & 0 & 0 \\ 0 & 0 & 0 & 0 & 0 & 0 & 0 & 0 & 0 & 0 \end{bmatrix} \qquad (11.5)$$

$$\Delta A = \begin{bmatrix} 0 & 0 & 0 & 0 & 0 & 1 & 1 & 0 & 0 & 0 \\ 0 & 0 & 0 & 0 & 0 & 1 & 1 & 0 & 0 & 0 \\ 0 & 0 & 0 & 0 & 0 & 1 & 1 & 0 & 0 & 0 \\ 0 & 0 & 0 & 0 & 0 & 1 & 1 & 0 & 0 & 0 \\ 0 & 0 & 0 & 0 & 0 & 1 & 1 & 0 & 0 & 0 \\ 0 & 0 & 0 & 0 & 0 & 1 & 1 & 0 & 0 & 0 \\ 0 & 0 & 0 & 0 & 0 & 0 & 1 & 0 & 0 & 0 \end{bmatrix} \qquad (11.6)$$

此处 p_i 中的 i 取值为 1, 2, 3, 4, 5, 6, 7, 分别对应后腹板、翼梁、托板、下壁板、上壁板、尾部型材、前肋。

A 为复杂产品制造工艺的矩阵集合, A' 为复杂产品实时制造的进度状态集合, 差别矩阵 ΔA 由式 (11.6) 可得。$\Delta A[p_i] \neq 0$, 制造过程尚未结束, 且 $A'[p_5]_{1,40} = 0$ 可知制造工序 50 尚未执行, 由式 (11.1) 可知零件定位销轴需要的加工时间为

$$\Delta t_{p5} = t[w_1, q_{60}] - t[w_1, q_{40}] = 10$$

零件定位销轴完成的加工进度由式 (11.2) 得

$$\eta_5 = \frac{t_{5,40}}{t_{5,40} + t_{5,50} + t_{5,60}} \times 100\% = 36.4\%$$

完成产品技术状态制造过程的控制和管理, 通过 RFID 系统对制造工位数据进行实时信息采集。若产品到达相应工位接收到 "忙碌" 反馈时, 系统会第一时间

在车间环境内搜索可以完成相同制造任务的工位，分配处于空闲状态的加工人员，以此来完成资源的快速搜索和再利用。数学模型中可以这样定义可以完成相同的任务的工位集合：

$$W = \{w_k | k = 1, 2, 3, \cdots, n\}$$

对应制造任务有装配权限的人员集合为

$$R = \{r_j | j = 1, 2, 3, \cdots, n\}$$

其中，$w_k = \{0, 1\}$，0 代表空闲，1 代表忙碌。

根据 RFID 系统对制造工位技术状态实时信息的反馈，若产品在进入工位前采集到工位信息 "1"，生产调度人员就需要重新安排生产任务，分配空闲工位给制造对象，下达生产命令给适当人员，以此来提高车间的资源利用率。

11.3.3　基于 Agent 的产品技术状态制造资源管理与优化调度

1. 制造资源分类

产品制造过程中的资源简称为制造资源，主要涉及生产过程中的设备、人员、软件等。在这里，为了研究的方便，将产品制造过程中的资源按图 11.24 所示，分为三个单元层。

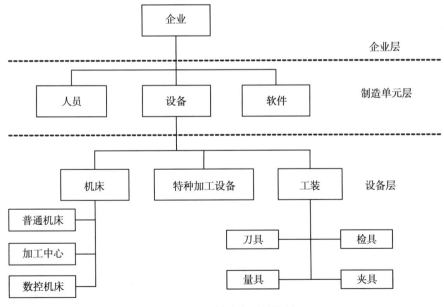

图 11.24　制造资源结构图

结合企业实际生产需求，选择设备为产品制造过程中的资源管理与优化调度对象，在实际的产品制造过程中设备的分配和调度对产品制造过程的优化具有重要的意义，实际产品制造过程中的异常扰动通常也主要由设备因素所导致。所以，本书主要以设备为研究制造资源的主要对象。

2. 制造资源优化调度

产品在制造过程中制造资源的优化使用和调度是产品技术状态管理的重要内容之一，由制造资源结构图可知制造资源的核心内容是设备资源。对制造资源的优化调度方法主要包括以下几个内容：分析约束条件，建立活动映射关系；构造比较矩阵，进行权重计算；构建评价指标效用函数，完成优先权值，比较优先权值的大小，选择生产任务执行的最佳制造资源节点。因此，制造资源优化调度的核心就是围绕产品制造任务对车间备选制造资源实行优化判断，最终确定最佳工作资源节点，安排最优的生产资源路线。

1) 建立约束条件评价矩阵

以产品制造过程总任务 T 为研究对象，将制造过程中的备选的制造资源集合定义为 R。任务与备选资源的约束关系定义为 S。那么产品制造任务有 $R = \{r_1, \cdots, r_n\}$ 备选资源，且备选资源与任务之间的约束条件集合为 $S = \{s_1, \cdots, s_k\}$。在建立约束条件矩阵前需要对约束条件进行一定的评价标度，本书选用 $\sqrt{3}$ 标度法 [52] 来为作为约束条件的评价标度，表 11.4 为 $\sqrt{3}$ 标度法的具体的评价标度和评分标准。

表 11.4 $\sqrt{3}$ 标度法

评价描述	极端重要	很重要	重要	较重要	重要性相同
评分	3^2	3^1	$3^{1/2}$	$3^{1/4}$	3^0

由 $\sqrt{3}$ 标度法对制造资源约束条件之间的相对重要性的比值 a_{ij} 进行如下定义：$a_{ij} = s_i/s_j$，其中 $i, j = 1, 2, \cdots, k$，且可知 $a_{ij} = a_{ji}$。经上述定义后可得各约束条件评价矩阵如表 11.5 所示。

表 11.5   约束条件相对重要性评价矩阵 A

	s_1	s_2	$\cdots$	s_k
s_1	a_{11}	a_{12}	$\cdots$	a_{1k}
s_2	a_{21}	a_{22}	$\cdots$	a_{2k}
$\vdots$	$\vdots$	$\vdots$	$\vdots$	$\vdots$
s_k	a_{k1}	a_{k2}	$\cdots$	a_{kk}

根据矩阵 $\boldsymbol{A}$ 得到几何平均值：

$$\overline{\omega_i} = \sqrt[k]{\prod_{j=1}^{k} a_{ij}}, \quad i = 1, 2, \cdots, k \tag{11.7}$$

有矩阵每行元素的几何平均值：

$$\overline{\boldsymbol{\omega}} = (\overline{\omega_1}, \overline{\omega_2}, \cdots, \overline{\omega_k})^{\mathrm{T}}$$

对向量进行归一化处理：

$$\boldsymbol{\omega}_i = \overline{\omega_i} / \sum_{i=1}^{k} \overline{\omega_i} \tag{11.8}$$

得到评价矩阵的特征向量：

$$\boldsymbol{\omega}_i = (\omega_1, \omega_2, \cdots, \omega_k)^{\mathrm{T}}$$

即可知各约束条件在任务与制造资源之间的相对权重为特征向量值。

2) 备选制造资源节点优先权值计算

若备选制造资源 $R = \{r_1, \cdots, r_n\}$ 中，r_i 可以完成产品制造任务活动集合 $T = \{a_1, a_2, \cdots, a_j, \cdots\}$ 中某项活动 a_j 时，将这种备选资源可以满足任务需求的关系定义为 u_{ij}，显然 $u_{ij} = u_{ji}$。根据以上分析建立任务活动与备选资源之间的关系矩阵：

$$\boldsymbol{F}(a_j) = (u_{j1}, u_{j2}, \cdots, u_{jn}) \cdot (r_1, r_2, \cdots, r_n)^{\mathrm{T}} \tag{11.9}$$

即产品制造任务集合与备选制造资源之间的关系简化为

$$\boldsymbol{F} = UR \tag{11.10}$$

利用 $\sqrt{3}$ 标度法，对各个制造资源节点 r_i 在实现产品制造任务过程约束条件下进行标度，可以得到各个制造资源的节点值：$V_i = (v_{it}, v_{iq}, v_{ic}, v_{is}, \cdots)$，表示在约束条件 $s_t, s_q, s_c, s_s, \cdots$ 下制造资源节点 r_i 的标度值，在确定资源标度值后，约束条件和评价标准综合因素下的优先权值为

$$W_i = (w_{it}, w_{iq}, w_{ic}, w_{is}, \cdots)$$

制造企业选择产品制造过程中制造资源的优化调度原则是增加效益，即在实际的产品制造过程中对于安全性更高、性能更好、质量更优的制造资源节点进行优

先的选择，因此在计算优先权值时应该按照以下效用函数进行计算：

$$w_{ix} = \frac{v_{ix} - \min_{1 \leqslant i \leqslant n} (v_{ix})}{\max_{1 \leqslant i \leqslant n} (v_{ix}) - \min_{1 \leqslant i \leqslant n} (v_{ix})} \tag{11.11}$$

在以上分析的基础上可以得到制造资源节点 r_i 完成产品制造任务某项活动 a_j 的相对优先权值 P_{ij}：

$$P_{ij} = \omega_t \times w_{it} + \omega_q \times w_{iq} + \omega_c \times w_{ic} + \omega_s \times w_{is} + \cdots$$

式中，i 为制造资源节点标识；j 为产品制造任务的某项活动标识。

3) 最佳制造资源节点选择

确定产品制造资源节点 r_i 的优先权值后，根据产品制造过程任务活动集合 $T = \{a_1, a_2, \cdots, a_j, \cdots\}$ 依次由式 (11.9) 来确定每项活动的制造资源节点优先权值，即确定所有活动的最佳制造资源节点集合 $R = \{r_1, \cdots, r_n\}$。

3. 基于 Agent 制造资源管理

通过制造资源优化调度来实现最优制造资源节点的选定，但是制造资源的选择仅仅是生产任务执行前的调度准备，其活动本身并不能解决任何实际的生产问题，还需要通过具体的活动来实现对制造资源的约束。

Agent 技术的显著特点有以下三点：典型的自主性、灵活的交互性、可靠的主动性。Agent 技术可以通过以上特性来获取外部的环境变化信息，依据自身特点及 Agent 本身所囊括的资源、行为准则、状态以及知识和规则对现实问题、复杂问题进行推理、学习、运算，以此来展示 Agent 技术的主动性。通常组成 Agent 功能框架有五个部分，具体内容如图 11.25 所示。

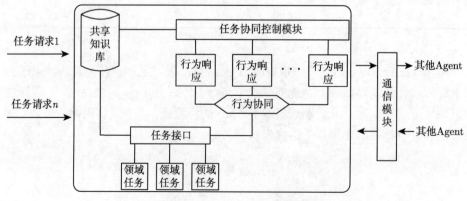

图 11.25　Agent 功能模型图

1) 知识库共享模块

Agent 技术将封装在其知识库中的知识和数据通过 "黑板结构" 的方式进行共享，使其表征为一个全局的数据库，同时，通过这种共享方式来记录产品制造过程中的各种实时信息和数据，并提供数据检索服务。

2) 通信模块

各 Agent 之间的传输与交互通过 Agent 自带的通信模块来完成，它是 Agent 之间通信的桥梁。Agent 之间的信息传递必须遵循一定的通信规范，通信规范主要是针对通信语言和各 Agent 之间信息的发布方式。通信模块是 Agent 五大组成模块的核心功能模块，它的功能实现主要依靠以下三大公共组件来完成：统一通信语言组件、知识查询和操作语言组件、领域本体知识共享组件。

3) 行为处理模块

行为处理模块从协调控制模块区领取任务，待任务结束后，将完成后的结果发送给知识库模块，并再次响应协调控制模块的指令，反馈任务信息，为下一次的任务领取信息反馈做好准备。

4) 协调控制模块

协调控制模块主要完成内容是将 Agent 任务下发到对应行为处理模块，并接收行为处理模块反馈的处理结果，并在响应任务的过程中完成对知识模块的管理，以及合作规范、任务种类的管理和控制，对任务种类进行合理的划分和调度，向通信模块及时准确地发送判断分析结果。

5) 任务接口模块

任务接口模块的主要功能作用是为各 Agent 之间的任务提供交互接口，外部任务通过接口来触发系统 Agent 的响应，通过相应的动作和行为来完成接口模块的功能，实现资源的管理和调用。

本书将 Agent 技术引入产品制造过程的资源动态管理中，制造资源的动态管理过程按照以下流程实施，如图 11.26 所示。

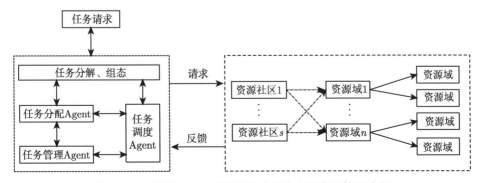

图 11.26　基于 Agent 的产品技术状态制造资源管理流程

步骤 1：Agent 系统开启制造资源的请求代理服务，通过代理请求服务，Agent 系统可以响应制造车间环境中的任何过程协作、资源调度请求。

步骤 2：在响应车间代理服务请求后，Agent 系统将相应任务请求进行分解，针对不同的服务进行分类，形成特定的资源域，并动态地管理和保存这些资源节点，对符合要求的资源节点进行信息的监控和更新，并将任务请求反馈给资源库，整个过程是 Agent 系统动态调度的过程。

步骤 3：资源请求代理需要完成对生产任务及工艺要求的分解，将任务中的约束条件和资源库中的实时状况进行比对，完成任务与资源之间的协调调度，通过协调调度后形成最佳的任务资源匹配，以最优的资源来服务于生产任务。

当生产任务分配给最佳的资源节点后，生产任务与资源节点就组成一个虚拟的资源社区，资源社区内的所有节点之间可以通过相互的调用、交互、资源共享来共同完成生产任务。当然，考虑到生产实际过程中经常是多任务并行工作，资源请求代理需要根据优先级来将特殊的生产任务进行插队排序，通过资源动态管理与分配模块来实时获取资源域内的各个节点的信息负载，重新划分资源节点的优先级，利用资源社区理论来完成生产任务，同时对各个节点执行任务的情况进行监控，并将实时动态结论反馈给管理人员。

第12章 制造物联安全技术

本章首先介绍了制造业的安全要求,然后阐述了物联网安全特点与面临的安全威胁,针对所面临的安全威胁,最后介绍了物联网安全机制。

12.1 制造业的安全要求

通过对项目研究对象分析表明,项目的安全问题主要涉及三个方面。

1. 物联网技术本身涉及的安全漏洞

在项目中,将结合国军标和国家保密技术要求和技术标准,对本项目所涉及的器件的选型、器件的安全测试、技术屏蔽以及信息加密技术方面进行研究。

(1) 严格按照国军标规定的安全保密技术指标,在符合国军标安全保密认证的产品中选择元器件。

(2) 建立完善、全面、科学的器件安全测试平台,对国军标安全保密中没有涉及的器件进行安全测试和筛选。

(3) 对一些非常必要的且不满足安全保密要求的器件进行技术屏蔽,使之满足安全保密的要求。

(4) 研究专门的信号传输协议,建立严格的电子标签注册、登记制度,防止外来电子标签入侵;对物联网中的数据传输架构进行加密设置,并在读写器接入内部局域网的过程中设置安全层接协议 (SSL),具体内容如图 12.1 所示。

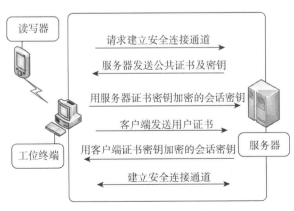

图 12.1 物联网安全层接协议

2. 对现场制造数据库进行安全管理, 保障车间现场数据的安全性

具体内容如图 12.2 所示, 包括硬件防护、权限管理、数据加密、威胁报警、数据备份、日志维护等。

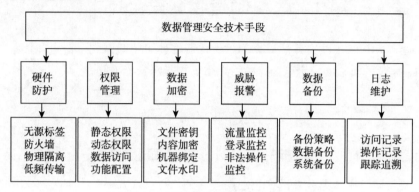

图 12.2　现场制造数据安全技术

3. 从管理制度方面加以约束, 保障系统的安全性

具体内容如图 12.3 所示, 包括制订全面、科学、合理的安全管理制度, 制订安全技术规范并严格执行, 经常进行保密安全教育, 强化安全保密意识。

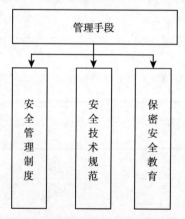

图 12.3　面向安全保密的管理手段

12.2　物联网安全特点与面临的安全威胁

12.2.1　物联网安全特征

物联网安全需要对物联网的各个层次进行有效的安全保障, 以应对感知层、网络层和应用层所面临的安全威胁,并且还要能够对各个层次的安全防护手段进行统一的管理和控制。物联网安全体系结构如图 12.4 所示。

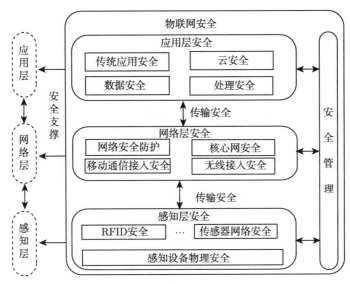

图 12.4　物联网安全体系结构

物联网安全体系中,感知层安全主要分为设备物理安全和信息安全两类。传感器节点之间的信息需要保护,传感器网络需要安全通信机制,确保节点之间传输的信息不被未授权的第三方获得。安全通信机制需要使用密码技术。传感器网络中通信加密的难点在于轻量级的对称密码体制和轻量级加密算法。感知层主要通过各种安全服务和各类安全模块,实现各种安全机制,对某个具体的传感器网络,可以选择不同的安全机制来满足其安全需求。网络层安全主要包括网络安全防护、核心网安全、移动通信接入安全和无线接入安全等。网络层安全要实现端到端加密和节点间信息加密。对于端到端加密,需要采用端到端认证、端到端密钥协商、密钥分发技术,并且要选用合适的加密算法,还需要进行数据完整性保护。对于节点间数据加密,需要完成节点间的认证和密钥协商,加密算法和数据完整性保护则可以根据实际需求选取或省略。应用层安全除了传统的应用安全之外,还需要加强处理安全、数据安全和云安全。多样化的物联网应用面临各种各样的安全问题,除了传统的信息安全问题,云计算安全问题也是物联网应用层所需要面对的。因此,应用层需要一个强大而统一的安全管理平台,否则每个应用系统都建立自身的应用安全平台,将会影响安全互操作性,导致新一轮安全问题的产生。除了传统的访问控制、授权管理等安全防护手段,物联网应用层还需要新的安全机制,比如对个人隐私保护的安全需求等。

12.2.2 物联网安全与传统网络安全的区别

与传统网络相比，物联网发展带来的安全问题将更为突出，要强化安全意识，把安全放在首位，超前研究物联网产业发展可能带来的安全问题。物联网安全除了要解决传统信息的问题之外，还需要克服成本、复杂性等新的挑战。物联网安全面临的新挑战主要包括需求与成本的矛盾，安全复杂性进一步加大，信息技术发展本身带来的问题，以及物联网系统攻击的复杂性和动态性仍较难把握等方面。总的来说，物联网安全主要呈现四方面的特点：大众化、轻量级、非对称和复杂性。

1. 大众化

物联网时代，当每个人习惯于使用网络处理生活中的所有事情的时候，当你习惯于网上购物、网上办公的时候，信息安全就与你的日常生活紧密地结合在一起了，不再是可有可无。物联网时代如果出现了安全问题，那每个人都将面临重大损失。只有当安全与每个人的利益相关的时候，所有人才会重视安全，也就是所谓的"大众化"。

2. 轻量级

物联网中需要解决的安全威胁数量庞大，并且与人们的生活密切相关。物联网安全必须是轻量级、低成本的安全解决方案。只有这种轻量级的思路，普通大众才可能接受。轻量级解决方案正是物联网安全的一大难点，安全措施的效果必须要好，同时要低成本，这样的需求可能会催生出一系列的安全新技术。

3. 非对称

物联网中，各个网络边缘的感知节点的能力较弱，但是其数量庞大，而网络中心的信息处理系统的计算处理能力非常强，整个网络呈现出非对称的特点。物联网安全在面向这种非对称网络的时候，需要将能力弱的感知节点安全处理能力与网络中心强的处理能力结合起来，采用高效的安全管理措施，使其形成综合能力，从而能够从整体上发挥出安全设备的效能。

4. 复杂性

物联网安全十分复杂，从目前可认知的观点出发可以知道，物联网安全面临的威胁、要解决的安全问题、所采用的安全技术，不但在数量上比互联网大很多，而且还可能出现互联网安全所没有的新问题和新技术。物联网安全涉及信息感知、信息传输和信息处理等多个方面，并且更加强调用户隐私。物联网安全各个层面的安全技术都需要综合考虑，系统的复杂性将是一大挑战，同时也将呈现大量的商机。

12.2.3　物联网面临的安全威胁

物联网各个层次都面临安全威胁,现分别从感知层、网络层和应用层对其面临的安全威胁进行分析。

1. 感知层安全威胁

如果感知节点所感知的信息不采取安全防护或者安全防护的强度不够,则很可能这些信息被第三方非法获取,这种信息泄密某些时候可能造成很大的危害。由于安全防护措施的成本因素或者使用便利性等因素,很可能某些感知节点不会或者采取很简单的信息安全防护措施,这样将导致大量的信息被公开传输,很可能在意想不到的时候引起严重后果。感知层普遍的安全威胁是某些普通节点被攻击者控制之后,其与关键节点交互的所有信息都将被攻击者获取。攻击者的目的除了窃取信息外,还可能通过其控制的感知节点发出错误信息,从而影响系统的正常运行。感知层安全措施必须能够判断和阻断恶意节点,并且还需要在阻断恶意节点后,保障感知层的连通性。

2. 网络层安全威胁

物联网网络层的网络环境与目前的互联网网络环境一样,也存在安全挑战,并且由于其中涉及大量异构网络的互联互通,跨网络安全域的安全认证等方面会更加严重。网络层很可能面临非授权节点非法接入的问题,如果网络层不采取网络接入控制措施,就很可能被非法接入,其结果可能是网络层负担加重或者传输错误信息。互联网或者下一代网络将是物联网网络层的核心载体,互联网遇到的各种攻击仍然存在,甚至更多,需要有更好的安全防护措施和抗毁容灾机制。物联网终端设备处理能力和网络能力差异巨大,应对网络攻击的防护能力也有很大差别,传统互联网安全方案难以满足需求,并且也很难采用通用的安全方案解决所有问题,必须针对具体需求而制订多种安全方案。

3. 应用层安全威胁

物联网应用层涉及方方面面的应用,智能化是重要特征。智能化应用能够很好地处理海量数据,满足使用需求,但如果智能化应用被攻击者利用,则将造成更加严重的后果。应用层的安全问题是综合性的,需要结合具体的应用展开应对。

12.3　物联网安全机制

12.3.1　密钥管理机制

在快速发展的现代社会,信息安全越来越受到人们的关注。很多企业都很重视产品的核心知识保密性，制造企业对产品的设计和加工及装配工艺的安全性都有一定的要求，国有企业特别是军工企业以及一些大型国际企业对产品制造的时间信息有更严格的保密要求。

密码学的主要任务是解决信息安全的问题，保证信息在生成、传送、存储等过程中不能被非法地访问、更改、删除和伪造等，其核心理论是进行消息形式的转化、变换。密码算法是指密码学中用到的各种转化变换的方法。如通过一个变换能够将一个有意义的信息变换成无意义的信息，那么这个变换就是加密算法，这个有意义的信息称为明文，无意义的信息称为密文。合法用户或者授权用户把明文信息转化成密文信息的过程叫做加密过程。如果合法用户用一个变换能够将密文转变成明文，那么称这个变换为解密算法，由合法用户把密文恢复成明文的过程叫做解密过程。密钥是一种特定的数值，是密码算法中至关重要的一个参数，能够使密码算法按照规定或者设计的方式运行并产生相应的输出。通常地说，密文的安全性是随着密钥长度的增加而提高的。

密码体制也被称为密码系统，这个系统能够很好地解决信息安全中的机密性、数据完整性、认证与身份识别等问题中的一个或者多个。根据所用算法的工作原理和使用的密钥的特点，密码体制可以分为对称密码体制和非对称密码体制两种。在对称密码体制中，加密过程和解密过程使用的密钥有很大的关系，或者说，从其中一个密钥可以很简单地推导出另外一个密钥；在非对称密码体制中，有了公有密钥和私有密钥的区分，两者的关系很小甚至没有任何关系，公有密钥只能用于加密过程中，而私有密钥只能用于解密过程中，非授权者很难获得正确的信息和数据。对称密码系统的优势是拥有较高的信息安全度，效率高、速度快、系统简单和开销小，适用于加密和解密大量数据，并且还可以达到经受国家级破译力量的分析和攻击。对称加密系统的不足在于必须通过安全可靠的方式方法进行密钥的传输，密钥管理成为影响对称加密方法的安全性的关键因素，因此，对称密码体制很难应用在开放性的系统中。与对称密码系统正好相反，非对称密码增加了私有密钥的安全性，进而提高了信息的安全性，很容易对密钥进行管理，因此适用于开放性系统中。主要的不足是保密强度的人为控制力度不高，可能达不到要求，而且运算速度也比对称密码算法慢很多，尤其是在对海量数据进行加密或解密时。

面向制造车间数据采集的 RFID 中间件分别向服务器的数据库和电子标签中写入零件的相关信息，服务器的数据库有本身的访问限制和保护机制，更需要关注或者说保护的是电子标签中的制造信息。RFID 技术是一种无线非接触的识别技术，读写器与电子标签之间的通信很容易受到外界环境的干扰或者人为攻击，人为攻击是为了非法窃取电子标签内的数据，应该防止这种行为的发生，至少防止非法地成功读取电子标签的数据。电子标签与物料及零件进行绑定后，电子标签随零件的加工在车间内流转，故可以说电子标签记录了零件的制造信息，所以对写入电子标签的制造数据进行保护是很有必要的, RFID 中间件中加入数据的加密和解密功能也是很有必要的。

12.3.2　数据处理与隐私性

为保护制造企业的信息, 在 RFID 中间件中采用了 DES、3DES、AES、IDEA 和 RC2 五种密码算法, 下面简单介绍这些算法的基本原理。

1. DES 和 3DES 算法原理

DES 是一个对称密码算法, 它对 64 位的数据进行加密或解密的操作, 所用的密钥也是 64 位的数据, 其中 8 位数据用做奇偶校验, 因此实际用到 DES 算法中的密钥长度是 56 位。DES 算法加密与解密所用的算法除了子密钥的顺序不同之外 (加密过程的子密钥顺序为 K1, K2, ⋯, K16, 而解密过程的子密钥顺序为 K16, K15, ⋯, K1), 其他的部分则是完全相同的。在 DES 算法的过程中, 首先对输入的数据进行初始置换, 然后分为左部分 L0 和右部分 R0, 左部分 L0 和子密钥 K1 通过 F 函数运算形成下一轮的右部分 R1, 而右部分 R0 直接作为下一轮的左部分 L1, 进行 16 轮的循环操作, 再把结果进行初始置换的逆置换操作得到左、右两部分, 将这两部分依次连接就得到 64 位输出。DES 算法的基本流程如图 12.5 所示。

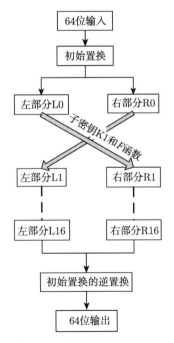

图 12.5　DES 算法的流程图

1) F 函数

F 函数主要由四部分组成：E-扩展运算、异或运算、S 盒运算、P-置换。

(1) E-扩展运算。E-扩展运算的主要作用是将 32 位的左部分 L0 和右部分 R0 变换成 48 位的数据，这样才能和 48 位的子密钥进行异或运算。E-扩展运算按照表 12.1 将 32 位数据扩展成 48 位的数据。

表 12.1   E-扩展运算表

32	1	2	3	4	5	4	5	6	7	8	9
8	9	10	11	12	13	12	13	14	15	16	17
16	17	18	19	20	21	20	21	22	23	24	25
24	25	26	27	28	29	28	29	30	31	32	1

(2) 异或运算。经过扩展运算后的 Li 与对应的子密钥 Ki 进行异或运算，其中，$i = 0, 1, 2, \cdots, 15$。

(3) S 盒运算。S 盒运算由 8 个 S 盒构成，每个 S 盒将 6 位的输入转换成 4 位的输出。每个 S 盒输入的第一位和最后一位组成一个 2 位的二进制数用来选择 S 盒的行，剩下的中间四位对应的二进制数用来选择 S 盒的列，选择的行和列的交叉位置对应的数即为输出的十进制数，将该十进制数转换后为 4 位二进制数后输出。

(4) P-置换。所有 S 盒的输出组成 32 位数据，P-置换是对这 32 位数进行变换，P-置换只进行简单置换不进行扩展和压缩。

2) 子密钥生成

在整个 DES 算法中，输入的密钥为 64 位，而实际每一轮加/解密中所用到的密钥为 48 位子密钥。因此，在 DES 算法中，除了基本运算外还要有子密钥生成，对密钥进行运算得到所用的子密钥。子密钥的生成过程如下：首先通过密钥置换表对 64 位密钥进行置换，去掉 8 位校验位留下真正需要的 56 位初始密钥。然后将初始密钥分为两个 28 位分组 C0 和 D0，每个分组根据循环移位表 (表 12.2) 循环 1 位或 2 位，得到 C1 和 D1，C1 和 D1 作为下一轮输入循环，同时 C1 和 D1 组成 56 位数据作为压缩置换的输入，产生 48 位密钥：K1，K2，$\cdots$，K16 采用相同的方法产生。DES 算法子密钥生成过程如图 12.6 所示。

表 12.2   DES 算法子密钥生成中的循环移位表

分组	1	2	3	4	5	6	7	8	9	0	1	2	3	4	5	6
位数	1	1	2	2	2	2	2	2	1	2	2	2	2	2	2	1

3) 3DES 算法

3DES 是三重数据加密算法的通称，它相当于是对输入的数据使用 3 次 DES 算法。由于计算机运算速度的提高和能力的增强，原来的 DES 密码算法由于密钥长度的问题而很容易被人为地暴力破解。3DES 算法是提供一种相对简单的方法，即通过增加 DES 算法的密钥长度来避免相似的暴力攻击，并非是开发了一种全新的对称密码算法。但是比起最初的 DES，3DES 更为安全。

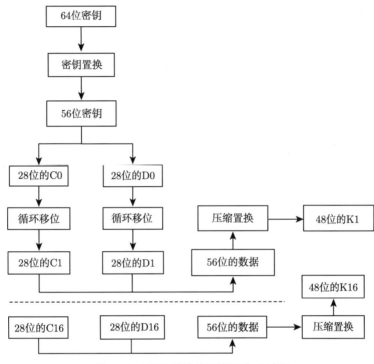

图 12.6　DES 算法的子密钥生成过程

3DES 以 DES 作为基础，设 DES 算法的加密过程和解密过程分别用 $E_K()$ 和 $D_K()$ 表示，DES 算法中使用的密钥用 K 表示，明文用 P 表示，密文用 C 表示，其具体实现如下：3DES 的加密过程可以用式 (12.1) 表示，解密过程用式 (12.2) 表示。

$$C = E_{K3}(D_{K2}(E_{K1}(P))) \tag{12.1}$$

$$P = D_{K1}(E_{K2}(D_{K3}(C))) \tag{12.2}$$

3DES 算法的安全性是由密钥 K1、K2、K3 共同决定的，如果这 3 个密钥互不相等，实际上就相当于用一个长度为 168 位的密钥对数据进行加密与解密。如果数据的安全性要求不是很高，就可以让 K1 和 K3 相等，在这种情况下，用于 3DES 算法的密钥的实际长度是 112 位。

2. AES 算法原理

AES 算法为块分组的对称密码算法，分组长度和密钥长度均可变，有 128 位、192 位和 256 位三种情况。AES 算法的加密和解密过程如图 12.7 和图 12.8 所示。

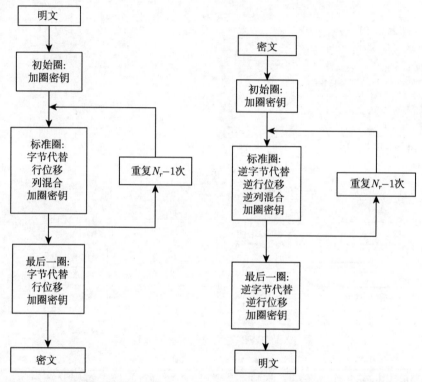

图 12.7 AES 算法的加密过程   图 12.8 AES 算法的解密过程

下面以 128 位为例简述加密过程和解密过程。AES 是分组对称密码算法，明文和密文都是 128 位数据，密钥长度也是 128 位。AES 算法的加密过程为先将输入的明文分为四组，然后和加密子密钥经过多轮的圈变换操作，将得到的分组结果依次连接就可以得到密文。其解密过程也是先将输入的密文分组，再和解密子密钥经过多轮圈变换的逆变换操作，将分组结果依次连接得到明文输出。每一轮的操作都需要一个对应密钥的参与，AES 密码算法的密钥生成过程见密钥扩展，加密轮数与密钥长度的关系如表 12.3 所示。

AES 算法过程中间的分组数据称为状态，由字节所代表的元素组成状态矩阵，其行数为 4，列数由明文分组长度决定。除了用到的变换有所区别，可以说 AES 算法的加密和解密过程是完全相同的，使用的加密密钥和解密密钥也是相同的。

表 12.3　AES 密码算法的分类

AES 类型	密钥长度/字	分组大小/字	轮变化数 N_r/轮
128 位	4	4	10
192 位	6	4	12
256 位	8	4	14

1) 圈变换

AES 算法中最重要的变换就是圈变换,可以说它是 AES 算法的核心内容。AES 算法的圈变换由四步构成:第一步是字节代替或者逆字节代替,第二步是行位移或者逆行位移,第三步是列混合或者逆列混合,第四步是加圈密钥,前 $(N_r - 1)$ 圈做四步变换,最后一圈只做第一、二、四步变换,初始圈只做第四步。

(1) 字节代替或者逆字节代替的作用是将状态中的每个字节进行一种非线性字节变换操作,加密过程中可以通过 S 盒进行映射操作,解密过程中可以通过 IS 盒进行映射操作。S 盒如图 12.9 所示,IS 盒如图 12.10 所示。

		y															
		0	1	2	3	4	5	6	7	8	9	a	b	c	d	e	f
	0	63	7c	77	7b	f2	6b	6f	c5	30	01	67	2b	fe	d7	ab	76
	1	ca	82	c9	7d	fa	59	47	f0	ad	d4	a2	af	9c	a4	72	c0
	2	b7	fd	93	26	36	3f	f7	cc	34	a5	e5	f1	71	d8	31	15
	3	04	c7	23	c3	18	96	05	9a	07	12	80	e2	eb	27	b2	75
	4	09	83	2c	1a	1b	6e	5a	a0	52	3b	d6	b3	29	e3	2f	84
	5	53	d1	00	ed	20	fc	b1	5b	6a	cb	be	39	4a	4c	58	cf
	6	d0	ef	aa	fb	43	4d	33	85	45	f9	02	7f	50	3c	9f	a8
x	7	51	a3	40	8f	92	9d	38	f5	bc	b6	da	21	10	ff	f3	d2
	8	cd	0c	13	ec	5f	97	44	17	c4	a7	7e	3d	64	5d	19	73
	9	60	81	4f	dc	22	2a	90	88	46	ee	b8	14	de	5e	0b	db
	a	e0	32	3a	0a	49	06	24	5c	c2	d3	ac	62	91	95	e4	79
	b	e7	c8	37	6d	8d	d5	4e	a9	6c	56	f4	ea	65	7a	ae	08
	c	ba	78	25	2e	1c	a6	b4	c6	e8	dd	74	1f	4b	bd	8b	8a
	d	70	3e	b5	66	48	03	f6	0e	61	35	57	b9	86	c1	1d	9e
	e	e1	f8	98	11	69	d9	8e	94	9b	1e	87	e9	ce	55	28	df
	f	8c	a1	89	0d	bf	e6	42	68	41	99	2d	0f	b0	54	bb	16

图 12.9　AES 算法中的 S 盒

(2) 行位移和逆行位移都是一个字节换位操作,这个操作将状态中的各行进行循环位移,而循环位移的位数是根据密钥长度的不同而进行选择的,其值见表 12.4。

(3) 列混合和逆列混合都是一个替代操作,该操作是用状态矩阵中列的值进行数学域加和数学域乘的结果代替每个字节。

(4) 加圈密钥运算是将经过上面 3 步变换后求出的结果与对应密钥进行异或操作,得出该圈的加密结果。

	0	1	2	3	4	5	6	7	8	9	a	b	c	d	e	f
/*0*/	0x52	0x09	0x6a	0xd5	0x30	0x36	0xa5	0x38	0xbf	0x40	0xa3	0x9e	0x81	0xf3	0xd7	0xfb
/*1*/	0x7c	0xe3	0x39	0x82	0x9b	0x2f	0xff	0x87	0x34	0x8e	0x43	0x44	0xc4	0xde	0xe9	0xcb
/*2*/	0x54	0x7b	0x94	0x32	0xa6	0xc2	0x23	0x3d	0xee	0x4c	0x95	0x0b	0x42	0xfa	0xc3	0x4e
/*3*/	0x08	0x2e	0xa1	0x66	0x28	0xd9	0x24	0xb2	0x76	0x5b	0xa2	0x49	0x6d	0x8b	0xd1	0x25
/*4*/	0x72	0xf8	0xf6	0x64	0x86	0x68	0x98	0x16	0xd4	0xa4	0x5c	0xcc	0x5d	0x65	0xb6	0x92
/*5*/	0x6c	0x70	0x48	0x50	0xfd	0xed	0xb9	0xda	0x5e	0x15	0x46	0x57	0xa7	0x8d	0x9d	0x84
/*6*/	0x90	0xd8	0xab	0x00	0x8c	0xbc	0xd3	0x0a	0xaf	0xe4	0x58	0x05	0xb8	0xb3	0x45	0x06
/*7*/	0xd0	0x2c	0x1e	0x8f	0xca	0x3f	0x0f	0x02	0xc1	0xaf	0xbd	0x03	0x01	0x13	0x8a	0x6b
/*8*/	0x3a	0x91	0x11	0x41	0x4f	0x67	0xdc	0xea	0x97	0xf2	0xcf	0xce	0xf0	0xb4	0xe6	0x73
/*9*/	0x96	0xac	0x74	0x22	0xe7	0xad	0x35	0x85	0xe2	0xf9	0x37	0xe8	0x1c	0x75	0xdf	0x6e
/*a*/	0x47	0xf1	0x1a	0x71	0x1d	0x29	0xc5	0x89	0x6f	0xb7	0x62	0x0e	0xaa	0x18	0xbe	0x1b
/*b*/	0xfc	0x56	0x3e	0x4b	0xc6	0xd2	0x79	0x20	0x9a	0xdb	0xc0	0xfe	0x78	0xcd	0x5a	0xf4
/*c*/	0x1f	0xdd	0xa8	0x33	0x88	0x07	0xc7	0x31	0xb1	0x12	0x10	0x59	0x27	0x80	0xec	0x5f
/*d*/	0x60	0x51	0x7f	0xa9	0x19	0xb5	0x4a	0x0d	0x2d	0xe5	0x7a	0x9f	0x93	0xc9	0x9c	0xef
/*e*/	0xa0	0xe0	0x3b	0x4d	0xae	0x2a	0xf5	0xb0	0xc8	0xeb	0xbb	0x3c	0x83	0x53	0x99	0x61
/*f*/	0x17	0x2b	0x04	0x7e	0xba	0x77	0xd6	0x26	0xe1	0x69	0x14	0x63	0x55	0x21	0x0c	0x7d

图 12.10　AES 算法中的 IS 盒

表 12.4　AES 算法中行位移的位数

密钥长度/ 字	第一行	第二行	第三行	第四行
4	0	1	2	3
6	0	1	2	3
8	0	1	3	4

2) 密钥扩展

　　每一轮运算都需要一个与输入分组具有相同长度的扩展密钥的参与，但是外部输入的初始密钥长度是有限的，因此在算法中要有一个密钥扩展函数用来把外部输入的密钥扩展成为更长的密钥，用来生成每一轮的加密密钥和解密密钥。子密钥生成的部分步骤：AES 算法利用外部输入的字数为 N_k 的密钥，通过密钥的扩展程序得到扩展密钥，该扩展密钥字数为 $(4N_r + 4)$。扩展密钥的生成过程如下：外部输入的初始密钥就是扩展后密钥的前 N_k 个子密钥；以后的字 $W[i]$ 分为两种情况，如果 i 是 N_k 的倍数，则按照式 (12.3) 计算，如果 i 不是 N_k 的倍数，按式 (12.4) 进行计算。

$$W[i] = W[i-1] \oplus W[i-N_k] \tag{12.3}$$

$$W[i] = W[i-N_k]\text{Subword}(\text{Rotword}(W[i-1]))\text{Rcon}[i/N_k] \tag{12.4}$$

　　式 (12.3)、式 (12.4) 中，$W[i]$ 表示要求解的字；$W[i-1]$ 表示 $W[i]$ 的前一个字；$W[i-N_k]$ 表示 $W[i]$ 的前第 N_k 个字。式 (12.4) 涉及以下三个变换：

第一个变换是位置变换 (Rotword)，把一个 4 字节的序列 [A, B, C, D] 变化成 [B, C, D, A]。

第二个变换是 S 盒代换 (Subword)，使用 S 盒代替一个 4 字节的操作。

第三个变换是变换 $R_{con}[i]$，按照表 12.5 对 i 进行变换操作。

表 12.5 AES 算法中 $R_{con}[i]$ 的值

i(十进制)	$R_{con}[i]$(十六进制)
1	0x01, 00, 00, 00
2	0x02, 00, 00, 00
3	0x04, 00, 00, 00
4	0x08, 00, 00, 00
5	0x10, 00, 00, 00
6	0x20, 00, 00, 00
7	0x40, 00, 00, 00
8	0x80, 00, 00, 00
9	0x1b, 00, 00, 00
10	0x36, 00, 00, 00

3. IDEA 算法原理

IDEA 是对称密码算法，明文和密文都是 64 位的数据，但是密钥是 128 位，加密和解密都采用同样的算法。下面以加密来说明 IDEA 算法的具体过程。

1) IDEA 算法的加密过程

64 位的明文被均分成 4 个 16 位的数据块 X1，X2，X3，X4，这 4 个数据块是第一轮迭代运算的输入，总共进行 8 轮迭代运算。在每一轮迭代运算中，4 个数据块之间相互进行运算同时也与 6 个子密钥进行运算，而且每轮运算中的子密钥均不同；8 轮迭代运算后的结果还要与 4 个子密钥进行输出变换得到 4 个密文数据块。IDEA 算法的加密过程如图 12.11 所示。

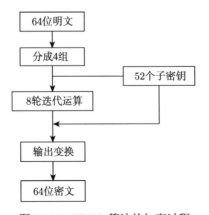

图 12.11 IDEA 算法的加密过程

每一轮的迭代运算步骤如图 12.12 所示，每轮迭代结果的四个数据块为结果 RT11、结果 RT12、结果 RT13、结果 RT14，交换结果 RT12 和结果 RT13 然后将这四个数据块作为下一轮的输入。

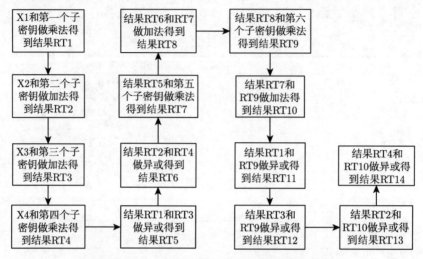

图 12.12   IDEA 算法中每轮迭代运算的步骤

第 8 轮结束后，最后要进行输出变换，其步骤如图 12.13 所示，把最后生成的结果 RT1、RT2、RT3 和 RT4 依次连接就得到了要输出的密文。

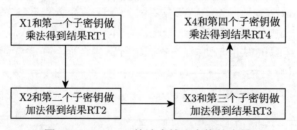

图 12.13   IDEA 算法中输出变换的步骤

2) IDEA 子密钥的生成

由 IDEA 算法的加密过程可以知道总共需要 52 个子密钥，每一个子密钥都有 16 位，它们都是由初始时输入的 128 位密钥生成的。IDEA 算法的子密钥生成过程如下：将 128 位密钥分成 8 组，每组 16 位，得到 8 个子密钥 (前六个用于第一轮，后两个用于第二轮)；将 128 位循环左移 25 位后再均分为 8 组，得到第二组子密钥 (前四个用于第二轮，后四个用于第三轮)；再将这 128 位循环左移 25 位后做同样的分组得到第三组子密钥。以此类推，直到生成所有的子密钥。IDEA 算法的子密钥生成过程如图 12.14 所示。

　　虽然 IDEA 算法中加密过程和解密过程采用完全相同的算法，但是采用不同的子密钥，解密子密钥仍为 52 个，要么是加密子密钥的加法逆，要么是其乘法逆。加密子密钥与解密子密钥的关系如表 12.6 和表 12.7 所示。

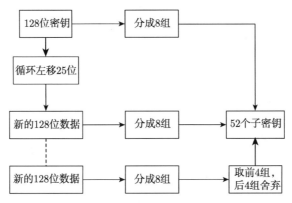

图 12.14　IDEA 算法的子密钥生成过程

表 12.6　IDEA 算法的加密子密钥

轮数	加密子密钥					
1	$Z(1,1)$	$Z(1,2)$	$Z(1,3)$	$Z(1,4)$	$Z(1,5)$	$Z(1,6)$
2	$Z(2,1)$	$Z(2,2)$	$Z(2,3)$	$Z(2,4)$	$Z(2,5)$	$Z(2,6)$
3	$Z(3,1)$	$Z(3,2)$	$Z(3,3)$	$Z(3,4)$	$Z(3,5)$	$Z(3,6)$
4	$Z(4,1)$	$Z(4,2)$	$Z(4,3)$	$Z(4,4)$	$Z(4,5)$	$Z(4,6)$
5	$Z(5,1)$	$Z(5,2)$	$Z(5,3)$	$Z(5,4)$	$Z(5,5)$	$Z(5,6)$
6	$Z(6,1)$	$Z(6,2)$	$Z(6,3)$	$Z(6,4)$	$Z(6,5)$	$Z(6,6)$
7	$Z(7,1)$	$Z(7,2)$	$Z(7,3)$	$Z(7,4)$	$Z(7,5)$	$Z(7,6)$
8	$Z(8,1)$	$Z(8,2)$	$Z(8,3)$	$Z(8,4)$	$Z(8,5)$	$Z(8,6)$
输出变换	$Z(9,1)$	$Z(9,2)$	$Z(9,3)$	$Z(9,4)$		

表 12.7　IDEA 算法的解密子密钥

轮数	解密子密钥					
1	$(Z(9,1))^{-1}$	$-Z(9,2)$	$-Z(9,3)$	$(Z(9,4))^{-1}$	$Z(8,5)$	$Z(8,6)$
2	$(Z(8,1))^{-1}$	$-Z(8,2)$	$-Z(8,3)$	$(Z(8,4))^{-1}$	$Z(7,5)$	$Z(7,6)$
3	$(Z(7,1))^{-1}$	$-Z(7,2)$	$-Z(7,3)$	$(Z(7,4))^{-1}$	$Z(6,5)$	$Z(6,6)$
4	$(Z(6,1))^{-1}$	$-Z(6,2)$	$-Z(6,3)$	$(Z(6,4))^{-1}$	$Z(5,5)$	$Z(5,6)$
5	$(Z(5,1))^{-1}$	$-Z(5,2)$	$-Z(5,3)$	$(Z(5,4))^{-1}$	$Z(4,5)$	$Z(4,6)$
6	$(Z(4,1))^{-1}$	$-Z(4,2)$	$-Z(4,3)$	$(Z(4,4))^{-1}$	$Z(3,5)$	$Z(3,6)$
7	$(Z(3,1))^{-1}$	$-Z(3,2)$	$-Z(3,3)$	$(Z(3,4))^{-1}$	$Z(2,5)$	$Z(2,6)$
8	$(Z(2,1))^{-1}$	$-Z(2,2)$	$-Z(2,3)$	$(Z(2,4))^{-1}$	$Z(1,5)$	$Z(1,6)$
输出变换	$(Z(1,1))^{-1}$	$-Z(1,2)$	$-Z(1,3)$	$(Z(1,4))^{-1}$		

　　注：$Z(i,j)^{-1}$ 为表 12.6 中 $Z(i,j)$ 的乘法逆；$-Z(i,j)$ 为表 12.6 中 $Z(i,j)$ 的加法逆。

4. RC2 算法原理

RC2 算法是对 8 字节的输入进行加密和解密得到 8 字节的输出，密钥长度从 1 字节到 128 字节不等，正是由于 RC2 算法的密钥长度可变大大提高了该算法的安全性。不像前面提到的 DES、3DES、IDEA 和 AES 算法，RC2 算法的加密和解密过程关系很小，这也使得该算法比前面四种安全性得到了提高。RC2 算法的加密过程和解密过程都包括以下几个过程。

(1) 将输入均分为四组 $R[0]$，$R[1]$，$R[2]$ 和 $R[3]$。

(2) 执行 5 次混合轮 (mixing round) 操作。

(3) 执行 1 次打乱轮 (mashing round) 操作。

(4) 执行 6 次混合轮操作。

(5) 执行 1 次打乱轮操作。

(6) 执行 5 次混合轮操作。

但是对于加密和解密过程中的每一轮的混合轮操作和打乱轮操作都是不同的。

1) RC2 算法加密过程中混合轮操作和打乱轮操作

加密过程的混合轮操作过程是依次对 $R[0]$，$R[1]$，$R[2]$，$R[3]$ 进行混淆操作，其中的混淆操作过程如下。

第一步，按照式 (12.5) 将 $R[i]$ 进行混淆操作：

$$R[i] = R[i] + K[j] + (R[i] \& R[i-2]) + ((\sim R[i-1]) \& R[i-3]) \tag{12.5}$$

第二步，将 $R[i]$ 循环左移 $S[i]$ 位。$S[i]$ 的具体值见表 12.8。

表 12.8 RC2 算法中的循环移位数

i	0	1	2	3
$S[i]$	1	2	3	5

加密过程中的打乱轮操作过程如下：依次对 $R[0]$，$R[1]$，$R[2]$ 和 $R[3]$ 进行打乱操作，其中打乱操作过程按照下面的式 (12.6) 进行。

$$R[i] = R[i] + K[R[i-1] \& 63] \tag{12.6}$$

2) RC2 算法解密过程中的混合轮操作和打乱轮操作

RC2 算法的解密过程中的混合轮操作过程如下：依次对 $R[3]$，$R[2]$，$R[1]$，$R[0]$ 进行混合操作，其中混合操作按照下面的步骤进行。

第一步，将 $R[i]$ 循环右移 $S[i]$ 位，$S[i]$ 的具体值见表 12.8。

第二步，按照式 (12.7) 进行混合操作。

$$R[i] = R[i] - K[j] - (R[i-1] \& R[i-2]) - ((\sim R[i-1]) \& R[i-3]) \tag{12.7}$$

解密过程中的打乱轮操作是依次对 $R[3]$，$R[2]$，$R[1]$，$R[0]$ 进行打乱操作，打乱操作则是按照下面的式 (12.8) 进行：

$$R[i] = R[i] - K[R[i-1]\&63] \tag{12.8}$$

3) RC2 算法的子密钥生成

RC2 算法的子密钥生产步骤如下：

第一步，将用户输入的 T 字节密钥依次存放到 $L[0]$，$L[1]$，$\cdots$，$L[T-1]$ 中。

第二步，执行满足式 (12.9) 的循环：

$$L[i] = \text{PITABLE}[L[i-1] + L[i-T]] \tag{12.9}$$

式中，i 是从 T 到 127。

第三步，执行式 (12.10)：

$$L[128 - T8] = \text{PITABLE}[L[128 - T8]\&TM] \tag{12.10}$$

第四步，执行满足式 (12.11) 的循环：

$$L[i] = \text{PITABLE}[L[i+1] \oplus L[i + T8]] \tag{12.11}$$

式中，i 是从 $(127{-}T8)$ 到 0。

第五步，经过上面四步的操作得到的子密钥是 8 位的，而算法过程使用的子密钥是 16 位的，还需通过式 (12.12) 进行转换：

$$K[i] = L[2 \times i] + 256 \times L[2 \times i + 1] \tag{12.12}$$

式中，T 是用户输入密钥的字节长度；$T8$ 是 $T1$ 与 7 的和除以 8 得到的整数；$T1$ 是密钥的有效长度，bit；TM 是 255 对 2 的 $(8 + T1 - 8 \times T8)$ 幂次方求余；$\text{PITABLE}[0]$，$\cdots$，$\text{PITABLE}[255]$ 是基于 π 的随机数，其值是 0 到 255 的随机一个，具体值见表 12.9，表 12.9 中的值均为十六进制。

表 12.9　PITABLE[i] 的具体值

高低	0	1	2	3	4	5	6	7	8	9	a	b	c	d	e	f
00	d9	78	f9	c4	19	dd	b5	ed	28	e9	fd	79	4a	a0	d8	9d
10	6	7e	37	83	2b	76	53	8e	62	4c	64	88	44	8b	fb	a2
20	7	9a	59	f5	87	b3	4f	13	61	45	6d	8d	09	81	7d	32
30	d	8f	0	eb	86	b7	7b	0b	f0	5	21	22	5c	6b	4e	82
40	54	d6	65	93	ce	60	b2	1c	73	56	c0	14	a7	8c	f1	dc
50	12	75	ca	1f	3b	be	e4	d1	42	3d	d4	30	a3	3c	b6	26
60	6f	bf	0e	da	46	69	07	57	27	f2	1d	9b	bc	94	43	03
70	f8	11	c7	f6	90	ef	3e	e7	06	c3	d5	2f	c8	66	1e	d7
80	08	e8	ea	de	80	52	ee	f7	84	aa	72	ac	35	4d	6a	2a

高低	0	1	2	3	4	5	6	7	8	9	a	b	c	d	e	f
90	96	1a	d2	71	5a	15	49	74	4b	9f	d0	5e	04	18	a4	ec
a0	c2	e0	41	6e	0f	51	cb	cc	24	91	af	50	a1	f4	70	39
b0	99	7c	3a	85	23	b8	b4	7a	fc	02	36	5b	25	55	97	31
c0	2d	5d	fa	98	e3	8a	92	ae	05	df	29	10	67	6c	ba	c9
d0	d3	00	e6	cf	e1	9e	a8	2c	63	16	01	3f	58	e2	89	a9
e0	38	0d	34	1b	ab	33	ff	b0	bb	48	0c	5f	b9	b1	cd	2e
f0	c5	f3	db	47	e5	a5	9c	77	0a	a6	20	68	fe	7f	c1	ad

12.3.3   认证与访问控制

RFID 中间件将 DES、3DES、AES、IDEA 和 RC2 五种密码算法封装到一个名为 encrypt 的类中，该类中只有这五种算法的加密函数和解密函数是公共的，允许 RFID 中间件调用，其他函数都是私有的，不允许 encrypt 类之外的类去访问和调用它们。

RFID 中间件调用以上五种不同算法的过程如下：根据选择的算法种类和输入的密钥选择对应的某种算法，再根据是读取数据还是写入数据判断需要调用加密函数还是解密函数。当 RFID 中间件从电子标签读到数据时，就调用解密函数，然后解密函数根据选择的算法和输入的密钥对数据进行解密，根据输入的长度判断进行算法操作的次数，随后将解密后的数据返回给中间件。RFID 中间件要想标签写入数据时，要先调用加密函数，同样地加密函数根据选择的算法和输入的密钥对数据进行加密，然后将加密后的数据返回给中间件，RFID 中间件将密文写入到电子标签中。RFID 中间件调用数据的加密和解密过程如图 12.15 所示。

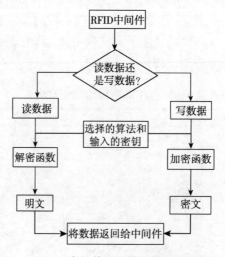

图 12.15   RFID 中间件调用数据的加密和解密过程

12.3.4　入侵检测与容侵容错技术

数据的入侵检测与容侵容错技术主要是针对读写器读取电子标签时出现的数据重复、冗余等进行数据的过滤处理，使得 RFID 中间件及上层应用获得简洁的数据。数据的过滤主要包括两方面的内容：一种是通过时间进行过滤；另一种是通过编码过滤特定的电子标签。下面依次对这两者进行介绍。

1. 时间过滤

时间过滤是对在一定时间内重复出现的电子标签只认为读取到一次，避免重复读取造成信息的重复。RFID 中间件先进行判断是否对电子标签设置了时间过滤，如果设置了时间过滤，则执行时间过滤的步骤进行过滤。对读写器读到的电子标签先进行判断，判断的内容是该电子标签是否第一次被读取到。如果是，则记录下该电子标签的相关信息和读取时间，否则只记录读取时间，然后将其与第一次读取时间进行比较。若两者之差小于设定的时间，只是将该电子标签的读取次数增加而将其他信息过滤；若两者之差大于设定的时间，则将其前一次的记录删除，然后重新记录电子标签的信息和读取时间。

2. 标签过滤

标签过滤是根据特定的电子标签编码从多个电子标签中获得该电子标签。RFID中间件先进行判断是否设置了标签过滤，如果设置了标签过滤，则执行标签过滤的步骤进行过滤。首先获得要过滤掉的电子标签的编码，然后将读写器读到的电子标签编码与前面的编码进行对比，若两者不相同则过滤掉此次信息，如果相同则显示相应的信息。

第四篇 制造物联网应用举例

第13章 基于 RFID 的动态调度

车间生产调度及优化是企业提高生产效率和生产柔性的关键因素之一。调度问题一般定义为：在一定的约束条件下，为了实现某个或几个性能指标的优化，对一些资源进行时间、任务上的分配。从最初研究具有两台机器的流水车间调度问题开始，已经有越来越多的研究人员对更为复杂的调度问题进行探究。生产调度为制造系统的执行提供了基础，其优化技术更是现代先进生产管理的核心。

本章主要内容如下：

(1) 基于 RFID 的动态调度方案。

(2) 基于 RFID 的最小时间成本的动态调度算法。

13.1 动态调度技术

13.1.1 动态调度介绍

传统的生产调度研究方法是静态调度研究，它是假设在一定的理想条件下进行生产安排，不考虑生产过程中出现的干扰。而实际生产过程中，尤其是离散制造环境下，生产条件是复杂多变的，因此动态调度研究是必要的。在离散制造过程中，一些无法预料的生产动态事件的出现常常使实际生产不能按照原来的生产调度方案进行，而动态调度能及时进行生产方案调整，减小不利因素对制造系统性能的影响，提高生产效率以及应对突发状况的能力。离散制造过程中的干扰一般涉及订单、生产数据和生产能力等，如紧急订单、零件报废或者返工、机器故障等。动态调度具有多约束性、离散性、计算复杂性、不确定性、多目标性等特点，因此构建的动态调度模型需要适应实际离散制造环境的这些特点。然而，我们很难用传统的整数规划方法来解决动态调度的实际问题。但是，随着计算机技术的快速发展，人工智能等为动态调度的研究提供了新思路，同时也为动态调度在生产过程中的实现奠定了基础。

13.1.2 动态调度方法

动态调度是指在不可知的动态事件出现的情况下继续执行原有调度方案 (初始方案由静态调度结果分解而成)，可能会出现不合理的结果，或者不可能正常地执行。此时要求车间调度系统能及时调整原调度方案，把对系统性能的影响降到最低, 同时还应保证原方案和新方案之间合理地衔接, 保证实时生产的高效性及其对系统扰动反应的灵活性。

传统的调度研究在考虑一系列调度任务时, 假定在最初便具有所需要的全部信息, 一般采用静态调度的方法。但是生产过程中存在着种种不确定因素, 因此使用动态调度方法将使结果更符合实际情况。

动态调度必须满足两方面的要求: 首先, 调度的变化必须反映生产线的实时信息; 其次, 必须在短时间内完成调度变化, 以免耽误实际操作。目前主要有 3 种方法解决动态实时调度问题 [164]。

1. 人工智能方法

人工智能 (AI) 方法主要是利用专家系统、智能体技术等, 通过一些智能算法, 如遗传算法、粒子群算法、蚁群算法等, 通过模拟、推理等方式为生产决策提供支持, 使人们能够依据制造过程的实际情况做出更合适的动态调度方案。

分布式计算与人工智能的结合便于解决分布式的复杂问题, 所以出现了分布式人工智能 (distributed artificial intelligence, DAI) 这一研究领域。最近几年对分布式人工智能的基础研究及其在制造中的应用研究表明, 分布式人工智能中的多智能体系统 (multi-agent system, MAS) 理论致力于解决数据、控制、专家知识、资源等分布问题, 为智能制造系统的实现提供了可行性技术支持, 并成为制造领域中的研究热点之一。

人工智能和专家系统方法能够解决一些调度问题, 根据系统的当前状态状况和给定的优化目标, 对知识库进行搜索, 选择最优的调度策略, 使得调度决策具有一定的智能性。但这种方法也存在一些缺点, 如它在解决问题的范围大小方面受到限制, 而且收集人的经验以及认知过程的建模是很困难的, 开发周期长、成本高。

2. 仿真方法

由于实际的离散制造系统是非常复杂的, 很难通过一个准确的数学模型来描述它, 因此仿真方法为我们提供了一种手段, 通过仿真模型来对实际的制造系统性能、状态进行评估分析, 以此支持制造系统的实时动态调度。此方法在设计、运行制造系统方面非常有效, 而且它能用作制造系统的实时调度的支持系统。但是基于仿真方法的实时支持系统也存在一些问题, 如在某些情况下仿真方法要花太多的时间来运行, 并且从某种情况出发而建立的仿真方法不能用于另一种情况, 即当环境变化时, 需要根据变化了的环境重新建造模型、重新进行试验以找到合适的规则集。

3. 人机交互方法

综合考虑实时生产的多种复杂因素, 人机交互策略和手段显得尤为重要。采用人机交互的方法进行动态调度,能很好地发挥人的认知作用。通过人机交互界面下达调度计划,或者根据实时的监控信息和人的主观经验,对制造信息系统的调度计划进行适当的修改,人可以在系统中充当动态调度的辅助角色。在这样的系统中,人可以充分实现自动辅助功能的操作过程。但人机交互的方法对人的经验、素质要求比较高。

目前对于离散事件的 Job shop 调度研究,不是采用某一种方法,而是采用两种或两种以上的方法,其中一部分采用人机交互与仿真相结合的方法。从研究内容和实验结果来看,采用人机交互与仿真相结合的方法简单易行。该方法使用计算机处理常规的、可预见的任务,而让人处理非常规的、不确定的行为,通过恰当平衡人和计算机的工作,不仅可以提高调度的效率,而且可以使调度更符合车间的动态环境。由于分布式计算与人工智能两者的结合能解决分布式的、复杂的问题,所以若能将人工智能等机器学习方法应用到调度优化中,可使调度具有更高的智能,这一领域成为目前关于动态调度的研究重点。

13.2　基于 RFID 的动态调度方案

RFID 技术在发展,但实际的应用却还很受限。最大的挑战在于如何将 RFID 信息用于生产调度,提高决策性能。近几年来,研究人员致力于基于 RFID 信息的动态调度,结合实际生产,提出了不同的动态调度方案。

13.2.1　基于最小化成本的动态调度优化

韩国成均馆大学的 Gwon 等 [12] 在研究汽车制造行业的混合产品装配线系统问题时,结合 RFID 技术,提出动态物料的调度优化规则。由于其规模、复杂性和过程的不确定性,使得汽车制造系统的管理和控制非常具有挑战性。随着新技术在制造过程中的应用,如 RFID 技术,实时信息通过 IT 基础设施在制造系统中变得可获得。预计基于 RFID 的实时信息将提高决策的及时性和效率,大大减少不确定性。反过来,将提高工作效率和质量。他们提出了一种先进的 RFID 应用用于汽车装配线过程,具体地说是动态物料调度。该应用是独特先进的,在应用中,集成了 RFID 技术与一个实时的决策支持系统,确保汽车零部件到混合产品装配线的准确性和高效交付。在这个应用中,他们将问题描述为一个混合整数规划模型,提出了一个融合可用的 RFID 信息的启发式算法,评估了通过基于场景分析的 RFID 价值。

在汽车制造的混合产品装配线,来自生产车间的信息需要被用于调度和控制微观层面的生产过程。然而,到目前为止,这一重要信息录入/转移一般还是手工完成,这使得时间延误和人为错误出现概率较高。为了解决这些问题,采用 RFID

技术进行生产过程信息采集。在此基础上,研究装配生产线的物料调度优化。

调度优化目标为最小化三种成本,即车间运输成本、库存维持成本和故障成本,目标公式如下:

$$C = \min\left(C_V \sum_{t=1}^{m} V_t + C_I \sum_{i=1}^{n} \sum_{t=1}^{m} I_{i,t} + C_B \sum_{t=1}^{m} B_t\right) \tag{13.1}$$

并给出相关约束条件,考虑装配生产线的动态库存、装配线故障问题、库存冗余和运输车辆数目限制等条件。

此外还有调度启发式算法,实时响应生产环境动态变化和及时做出决策。调度启发式算法流程如图 13.1 所示。该算法的主要目标是最小化运输成本和故障

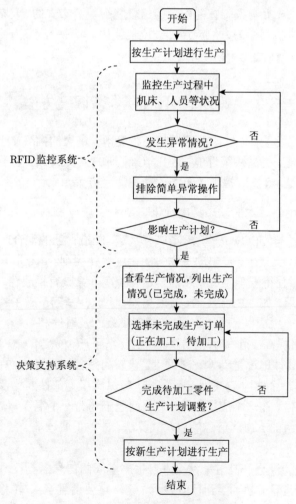

图 13.1 调度启发式算法流程图

成本。为了实现这一目标，该算法确定：① 从所有运输手推车中指定手推车进行操作；② 手推车操作的调度；③ 装配线旁库存的运输路线；④ 被运送零部件的类型。

混合产品装配线由不同的工作站组成，工作站装配不同的零部件形成不同类型的产品，零件在相应的装配生产线被组装成成品。零件类型和它相应的消耗率在每个工作站都是不同的。装配生产线由两个子系统支持和控制：RFID 监控系统和决策支持系统。

13.2.2　基于遗传算法的随机生产物料需求动态调度

香港理工大学的 Poon 等 [165] 研究了车间生产中的物料需求动态调度问题。如今，在实际的生产环境中，车间管理员面临着许多不可预知的风险。这些不可预知的风险不仅包括有关物料补充的紧迫需求，而且增加了在准备物料库存方面的难度。研究人员提出了一个实时的生产作业决策支持系统 (RPODS)，用于解决随机生产物料需求问题。除此之外，通过使用 RPODS，采用 RFID 技术监控生产和仓库的实时状态，并应用遗传算法 (genetic algorithm，GA) 制订可行解来处理这些随机生产需求问题。RPODS 的能力在一个模具制造公司中已被证明。在车间和仓库中，减少随机生产需求问题的影响和提高生产力都能被实现。

在按订单制造的生产环境中，产品往往是客制化的，生产过程基于接收的客户订单才开始。为了满足客户的需求和达到准时交货，能同时解决多个客户的订单，并在生产开始前分配给它们适当的机器和生产资源，这些都是必需的。因此，生产调度和规划是一个重要的流程，以避免生产过程的延迟和提高生产性能来满足客户的需要。RPODS 用于解决随机物料需求问题，图 13.2 显示了 RPODS 的架构，

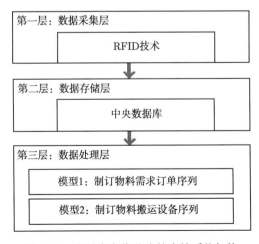

图 13.2　实时生产作业决策支持系统架构

为一个三层系统。第一层是数据采集层，用于捕获生产作业信息；中间层是数据存储层，将采集的信息系统地存储在集中式数据库；第三层是数据处理层，用于分配不同的物料搬运设备项目。

数据处理层的目的是生成一个可行的整理序列，来解决生产车间的随机物料需求问题。两个依赖基于遗传算法的模块包括在这一层中。前一模块优化叉车的工作序列，后一模块确定顺序将叉车分配给不同的工作。

1. 模型 1——制订物料需求订单序列

在这个模型中，层 1 中采集的生产数据被转换成一个有序的序列，代表了物料需求订单 O_N 在 N 个作业区。初始的订单序列通过先来先服务的策略生成，结构如图 13.3 所示。

| $O_{1,T0}$ | $O_{2,T1}$ | $O_{3,T2}$ | ... | ... | ... | ... | $O_{N,T(N-1)}$ |

图 13.3　订单序列结构

此外，当物料搬运设备的每个项目可用于开始处理序列中第一个订单时，该时间被记录并存储在时间记录集 T_s 中，然后序列被传递给模型 2 来迭代计算订单完成时间，该完成时间被存储在时间记录集 T_f 中。根据完成时间，可以确定作业区的修改时间，评估生产车间的生产力。

在这个模型中，采用旨在评价订单序列完成的多快程度的适应度函数，评估染色体，适应度值越小，染色体处理生产物料需求订单能在更短的时间里完成。提出的适应度函数如下：

$$f \leqslant \min \sum_{i=1}^{a} \left(T_f^i - T_s^i \right) \tag{13.2}$$

$$\sum_{i=1}^{a} N_{i,k}(t) \leqslant \sum_{i=1}^{a} M_{j,k}(t), \quad \forall k \in C, t \geqslant 0 \tag{13.3}$$

$$\sum_{l=a}^{d} P_l(t) \leqslant \sum_{i=1}^{a} \sum_{k=1}^{c} N_{i,k}(t), \quad t \geqslant 0 \tag{13.4}$$

式 (13.2) 确定订单序列的最短完成时间。约束集式 (13.3) 确保储存在仓库中的生产物料总量在时间 t 内满足每个生产工作站的材料总数要求。约束集式 (13.4) 确保在时间 t 内所有物料搬运设备总容量能满足所需生产物料总量的需求。

为了提高生产车间生产力，突变的交换发生在订单序列。随机选择一个两点变异算子，交换订单序列中相同长度的两个群，禁止选择包含相同元素的群或元素有重叠的群。交换变异机制如图 13.4 所示。

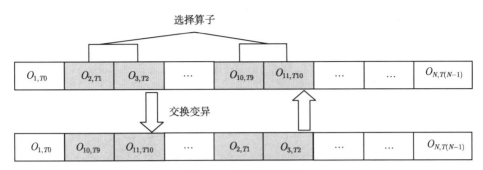

图 13.4 交换变异机制

通过交换变异生成一个新的订单序列。然后这个序列被传递给模型 2 来计算订单新的完成时间。因此，重新计算生产车间的生产力。如果新的生产力增加了，则新的订单序列将代替原来的序列。通过迭代执行交换变异操作，确定最满意的生产力序列。当生产力不再提高时，交换变异停止。

2. 模型 2——制订物料搬运设备序列

当时间记录集 T_s 被从模型 1 发送过来时，构造一个物料序列来代表物料搬运设备为一个特定订单的分配。有 n 项物料搬运设备，它们在 T_s 的可用性 $\{A\}$ 定义为 $\{A\} = \{A_1, A_2, \cdots, A_n\}$。根据可用性在递归升序中构造初始物料序列，物料序列结构见图 13.5。类似于模型 1，物料缩短物料序列的完成时间，发送变异交换。新的物料序列只在它的完成时间少于父物料序列时才被接受。编译过程是重复的，直到完成时间没有改善为止。

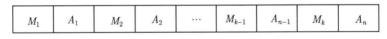

图 13.5 物料序列结构

13.2.3 k 阶混流车间实时先进的生产计划与调度

香港大学的 Zhong[166] 提出了一种用于 k 阶混流车间的基于 RFID 的实时先进的生产计划与调度模型，适用于基于 RFID 的普适制造环境。该模型使用几个关键的概念，如混流车间调度 (HFS)，实时工作池和决策原理来交互式地集成生产计划和调度层。因此，生产决策实现一个实时的方式。

如何利用采集到的 RFID 实时数据来支持实时的车间调度是关键。将 k 阶混流车间作为研究对象。k 阶混流车间调度包括 n 个工作，它们在一系列 k 个阶段 ($k \geqslant 2$) 被处理。每个阶段 k 有 $M_k \geqslant 1$ 台机床，它们具有相同的功能，能够并行处理工作。每台机床的缓冲容量假设是无限制的，这样机床可以连续处理工作。加工工作遵循流程：阶段 1 → 阶段 2 → $\cdots$ → 阶段 k。一个工作可能跳过任意数量的阶段，但至少有一个阶段必须进行。混流调度在大多数情况下是 NP-hard 问题，理论上在一些特殊属性和优先关系下能被解决。

实时工作池用于促进在一个基于 RFID 的车间的实时调度决策。图 13.6 显示了实时工作池的原理，它使用三种类型的工作池用于决策。生产订单池用于长期规划，针对阶段的工作池用于中期调度，针对单台机床的工作池用于日常任务。

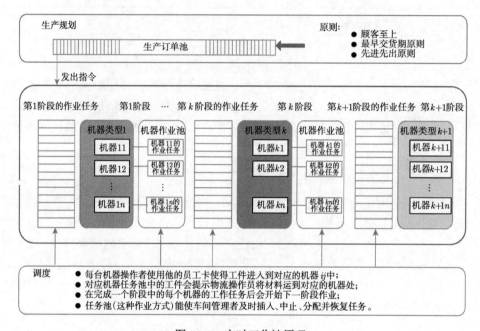

图 13.6 实时工作池原理

实时工作池的工作机理遵循三个步骤。第一步，生产订单池序列按临界比标准或客户优先级排序，并将它们释放到工作池用于给定具体工作轮班的阶段 1。第二步，阶段 1 的工作池根据多样化的调度规则按顺序排好工作，并释放工作到不同的单台机床的工作池中。在释放处理中采用两种方法：第一种是手动操作，车间主管通过拖放编辑可以安排具体的工作给特定的机床操作员；第二种是基于 RFID 的事件驱动机制，机床操作员使用他们的员工卡来获取工作。

在生产计划中，一个生产订单集 $PO = \{PO_1, PO_2, \cdots, PO_n\}$ 以一个合适的和最佳的方式排序，满足一些目标如总延迟 $\sum$ Tardiness 等。这里，要考虑刀具转换时间 (CT)，因为在混流车间中，不同的产品根据它们的材料需要不同的刀具处理，这个转换时间很大程度上影响了产品的总处理时间。当考虑生产计划时，CT 占了总时间的一定比例。生产计划水平下，目标函数为

$$\min \sum_{i=1}^{N} (F_i - d_i) + \eta \text{CT} \tag{13.5}$$

在计划阶段, 考虑总延迟时间最小和花在刀具转换上的时间。

在生产调度中, 一个工作集 $J = \{J_1, J_2, \cdots, J_n\}$ 被排序。工作是从生产订单集中分离的, 每个生产订单分为几个工作。这意味着来自一个特定的生产订单的工作具有相同的优先级、到期日和产品类别, 工作在多个阶段的实时工作池中被管理。最重要的问题是阶段 1, 因为下面的阶段 (阶段 2, 3, $\cdots$, k) 是基于阶段 1 的完成与实时 RFID 信息, 以及多种多样的调度规则。生产调度水平下, 目标函数为

$$\max \sum_{i=1}^{k} \sum_{j=1}^{L_i} U_{ij} \tag{13.6}$$

在调度阶段, 目标函数要考虑最大化每个阶段机器的利用率。

13.2.4　基于蚁群算法的最小化工位辅助费用的动态调度

广东工业大学的杨周辉 [167] 研究了生产监控系统的数据流和数据结构, 针对混流装配线上由于多种产品在作业时间上存在差异而导致装配线生产不平衡的问题, 提出了一种最小化工位辅助费用优化的排产优化模型, 并采用蚁群算法对此优化模型进行求解。在汽车混流装配线生产监控系统中, 采用 RFID 技术采集生产信息, 以最小化工位辅助费用为目标, 进行装配线动态调度, 从而提高生产效率。

RFID 实时采集数据包括零部件的标签数据、读写器编码、设备的状态数据、各工位员工数据、工位生产状态数据、工时数据、现场物料数据、售后采集数据等。通过排产的生产效率比不经过排产的生产效率高很多。因为混流装配是在总装车间的同一条生产线上装配多种不同型号的产品, 不同的产品在作业时间上存在很大差异而导致装配线生产不平衡。因此, 要想在设计阶段实现有效的平衡是很难做到的, 要想提高生产的效率就必须对生产进行排产, 以尽可能优化的方式进行投产。在 JIT (just in time) 的装配生产线上, 当工人不能在规定工作范围内完成任务时, 必须停止传送带, 直至该任务完成, 以免不合格的产品流向下一个操作工位, 经常的停机将影响生产计划的按时完成, 破坏生产的连续性。本书提出的最小化工位辅助费用优化的排产优化模型, 用以保证生产的连续性, 同时基于 RFID 的汽车混流装配线生产监控系统也将随时记录各个工位的工时, 使工艺人员能够及时发现瓶颈工序, 并对以后的装配工艺进行及时的调整, 从而使装配线更加的优化, 减少生产过程中经常停线造成的生产不顺畅, 从而提高装配效率, 保证生产计划能够按时完成。

最小化过载总费用的目标函数为

$$P = \min h \sum_{i=1}^{m} \sum_{j=1}^{n} w_j p_{i,j} \tag{13.7}$$

约束条件为

$$P_{i,j} = \frac{1}{v_c} \max\left\{S_{i,j} + x_{i,j} t_{i,j} v_c - L_j, 0\right\} \tag{13.8}$$

$$S_{i,j} = \max\left\{S_{i-1,j} + (t_{i-1} - t_c) v_c, 0\right\} \tag{13.9}$$

$$\sum_{j=1}^{n} x_{ij} = d_m \tag{13.10}$$

$$X_{ij} = \begin{cases} 1, & \text{若在 } j \text{ 工位装配的是 } i \text{ 产品} \\ 0, & \text{其他} \end{cases} \tag{13.11}$$

式 (13.7) 是最小化工位辅助费用的目标函数。式 (13.8) 是在一个排序的序列中 i 产品在 j 工位的超负荷的时间。式 (13.9) 是在一个排序序列中第 i 个产品在 j 工位的开始时间，当没有超负荷时值取 0，即工人回到了 j 工位的起点开始装配下一辆车。式 (13.10) 是为了确保在装配的过程中的一个最小生产循环内，每辆车都被安排在序列中的某个位置。式 (13.11) 是选择函数，因为在混流装配的过程中，由于每种型号车的工艺结构有很大的差别，有的型号的车可能在某些工位不需要进行装配，可以直接跳过。当一个排序序列中的 i 产品需要在 j 工位进行装配时，值取 1，否则为 0。

蚁群算法 (ant colony optimization，ACO) 是一种用来在图中寻找优化路径的几率型技术。它是一种模拟进化算法，初步的研究表明该算法具有许多优良的性质。以汽车装配企业为研究对象，在公司总装车间的同一条装配线上要同时装配不同型号的汽车，各种不同型号的汽车在其结构和设计上有一定的差异。其中各工位的工时是通过安装在总装车间的 RFID 读写器来采集，对相同工序的工时进行多次采集后取其平均值而确定的，并用蚁群算法解决混流装配车间的装配生产排序问题，该装配车间是一个典型的混流装配车间。

13.3 基于 RFID 的最小时间成本的动态调度算法

离散制造企业生产常常面临着产品型号多、交付时间严格、质量要求高等问题。因此，对生产过程的监控要求极为严格。物联网技术为复杂产品生产过程透明化提供了可能，其中 RFID 技术更是生产监控的核心技术，为生产过程中的动态调度提供了实时信息支持。

13.3.1　基于 RFID 的实时离散制造环境

许多离散制造企业运作的车间具有所谓的功能布局的特点，也就是说，在某一个区域具有类似功能的机器被放置在一起[7]。实施 RFID 策略的离散制造环境将不同于一般的制造业车间，如服装制造业。参考离散制造车间的布局，选择五个典型加工方法：车、铣、刨、磨、钳。一般来说，零件需要经过一系列的操作处理，这些操作可能发生在相同的或不同的物理位置，每个工位机器按照它们的功能分组聚集放置，在所有操作完成后进行质量检验。最后，将合格的零件放在指定区域。

此外，每个工位配置有一个半成品区作为存储区，为到来的零件提供等待的区域。换句话说，来到某工位的零件来自原材料存储区或者其他工位。根据生产计划，零件被移动到指定工位，如果它们到达了错误的工位，系统将给出警告。在这个工位的操作完成后，零件被放置在临时存放区，然后有序被移动到下一个指定的工位。工位的等候区可以有多个零件，在某一时刻，一个工位被加工的零件只能有一个。

图 13.7 提供了 RFID 解决方案的离散制造车间布局。因为离散制造过程的加工路线是固定的，所以 RFID 读写器主要被部署在关键位置，如车间大门和工位。这些读写器与服务器相连在同一个工作网络中。RFID 读写器将读取所有进入相应读写器阅读范围内的标签，标签携带相关生产要素的重要信息，为它们在生产过程中的控制管理提供实时状态数据。通过 RFID 采集系统，可以实时获得生产要素的位置、状态信息。

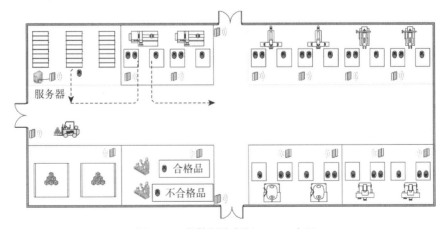

图 13.7　离散制造车间 RFID 布局

传统上，调度计划是由生产计划员制订并发到车间。每当生产发生问题时，生产过程的一些信息不能及时、有效地传达给车间管理员，以致无法及时应对问题，影响生产计划的正常进行,这通常会对产品生产周期存在负面影响。在这种生产背景下,本书将 RFID 技术实施到车间中,使离散制造过程变得具有可见性,从而使生产过程可控。

在离散制造过程中,影响生产调度的常见的动态事件可分为三大类[168],具体见图 13.8。实际的制造环境非常复杂,这些动态事件往往不是单独出现,它们互相影响。本书对此进行简化,选取其中几项典型动态事件,并只考虑单一的动态事件对离散制造系统的影响及基于 RFID 的动态调度的实时响应能力。

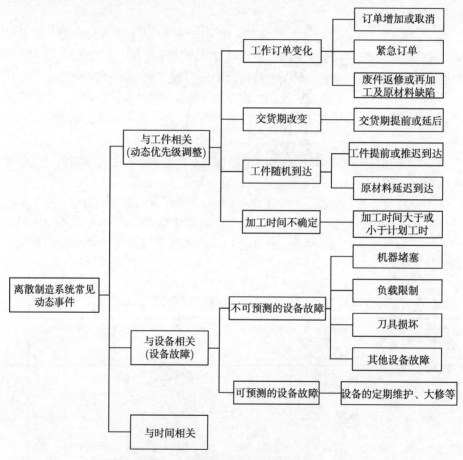

图 13.8　离散制造过程动态事件

13.3.2　基于 RFID 的离散制造动态调度模型

如何利用采集到的 RFID 实时数据来支持实时的动态调度是关键。将 k 阶混流离散制造车间作为研究对象,每个阶段 k 有 $M_k \geqslant 1$ 台机床,它们具有相同的功能，能够并行处理工作。每台机床的缓冲容量假设为是无限制的，这样机床可以连续处理工作。加工工作遵循流程：阶段 $1 \to$ 阶段 $2 \to \cdots \to$ 阶段 k。一个工作可能跳过任意数量的阶段，但至少有一个阶段必须进行。在大多数情况下，离散制造的车间调度是个 NP-hard 问题，理论上，能在一些特殊属性和优先关系下被多项式可解。在基于 RFID 的实时普适制造环境中，离散制造车间调度可以通过 RFID 技术识别各种人员、机器、物料等，实现把不确定的情况转换为确定性调度。此外，当 RFID 系统感知、追踪原因、反映实时情况时，动态调度需要在一个较短的时间间隔内完成，调度的复杂性需要在很短的操作时间内被降低，最终实现离散制造过程的动态调度。

离散制造的动态调度生产系统在生产计划中，生产订单表示为集合 $PO = \{PO_1, PO_2, \cdots, PO_n\}$，它们以一个最佳方式进行优先级排序。在动态调度阶段，生产车间具有 m 台机器 $\{M_1, M_2, \cdots, M_m\}$，$n$ 个工件 $\{J_1, J_2, \cdots, J_n\}$，每个工件的工序数不大于 m，它们的工艺路线是由工件自身生产要求预先确定的。

在加工过程中，待加工的工件不断动态到达目标加工工位，已加工的工件前往下一个目的地。因此，在动态调度阶段，工件的加工状态实时变化，这使得它们的剩余工序数也随之实时改变。工件 J_i 具有若干道工序，设 O_{ij} 为 J_i 在机器 M_j 上的工序，$m_i(m_i \leqslant m)$ 表示工件 $J_i(1 \leqslant i \leqslant n)$ 在生产过程中的实时工序数。工件生产向量 μ_i 代表 J_i 在加工过程中需要停留并进行加工的机器，即工件 J_i 的生产作业计划。所有加工工件生产向量组成生产向量矩阵：

$$\begin{bmatrix} \mu_i\left(1\right) \cdots \mu_i\left(m\right) \\ \vdots \qquad \vdots \\ \mu_n\left(1\right) \cdots \mu_n\left(m\right) \end{bmatrix}$$

其中，$\mu_i(k) = j(1 \leqslant k \leqslant m)$，表明加工工件 J_i 的第 k 道工序在机器 M_j 上进行。

在离散制造过程中，通过 RFID 技术进行加工信息采集。设 T_{Rs}^{ij} 为 RFID 读写器采集到的工件 J_i 的工序 O_{ij} 在机床 M_j 上的开始加工时间，T_{Rf}^{ij} 为 RFID 读写器采集到的工件 J_i 的工序 O_{ij} 在机床 M_j 上的加工结束时间。通过比较生产过程中实际的工件完成时间与计划完成时间的差别，分析生产是处于延迟还是超前状态。

在离散制造过程中，不同的工作订单，它们的处理优先级是不同的。因此，生产调度安排需要基于这一点。这里，规定了离散制造的工作任务优先级规则。

(1) 基于订单的规则。一个订单被分成几批，每一批代表一个工作任务，每批任务的优先级是相同的。

(2) 基于原材料的规则。不同的工作任务如果使用相同的原材料，则它们的优先级是相同的，这一规则是为了避免刀具的频繁更换，因为更换刀具是耗时间的制造操作。

(3) 基于批次的规则。工作任务数量少于一定程度时会被合并, 因为可能有废品或返工物品。它们的优先级被考虑有两种情况, 一种是工作任务来自同一个订单, 另一种是来自不同的订单但使用相同的原材料, 它们的优先级遵循: 前者情况优先级相同, 后者情况选择优先级高的级别作为这一批合并任务的优先级。

(4) 基于级联订单的规则。互相关联的工作任务须被同时处理。因此, 它们的优先级相同。

为了简化模型, 提出车间调度的几个假设条件, 见表 13.1。

表 13.1   车间调度假设条件

条件序号	假设条件说明
1	每个工件的加工工艺是固定的
2	机器加工工件的时间是一定的
3	只有上一道工序加工完成后才能开始下一道工序
4	一台机器一次加工一个工件, 同一时间一个工件不能被多台机器加工
5	任意工件在某个机床上的加工过程不能中断 (除非机器故障)
6	缓冲区溢出不会发生在任何一个工位
7	每个工位的工件从该工位的缓冲区到机器的运输时间可以被忽略
8	考虑工件加工由于不同的原材料而导致的刀具转换耗费时间
9	动态调度模型允许手动干预调度

13.3.3   基于 RFID 的离散制造过程动态调度规则

不同于流程制造, 离散制造的过程在本质上是不连续的。不同的产品具有不同的生产流程。每个进程可以单独启动或者停止, 可以以不同的生产速度运作。图 13.9 简略地表示了一个物体在离散制造过程中的生产周期。物体通常由手推车运送到加工的目标位置, 它们的生产轨迹是预先确定的。根据生产计划, 它们首先被放在一个特定工位等待加工。当在这个工位的加工完成后, 它们将被运输到下一个工位。经过一系列的过程加工之后, 它们会被检测, 以确定是否合格, 合格的物品存储在仓库中, 反之, 必须返工或报废。从一个物体在离散制造过程的生产周期可以看出, 物体从原材料到最终产品的物理和信息流是非常复杂的。因此, 过程的实时监控能提供给车间管理员更为详细和直观的生产过程信息。过程的可视化为提高生产效率和质量具有重要意义。作为一种自动识别技术, RFID 显示了它在离散生产过程监控中的潜能。

在初期制订生产计划时, 虽然生产计划员已经充分考虑了车间的生产能力和生产状态, 但是往往还是会因为一些不可预料的事件造成实际生产情况与生产计划偏离。当发生偏离时, 就需要人们采取相关措施, 使实际生产进度符合生产计划的要求, 或者修改生产计划使之适应新情况, 这就是生产过程监控问题。实施生产过程监控需要三个条件：以生产作业计划为标准；获得实际生产进度与计划偏离的信息；通过动态调度纠正这种偏差。

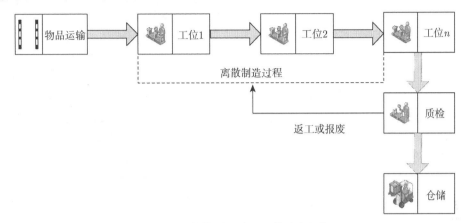

图 13.9　离散制造过程零件生产周期

对生产过程中的对象进行实时监控，从而获得生产相关的工件、设备、人员等的动态信息，为提高生产效率提供信息支持。图 13.10 为一个序列图，表明了在产品跟踪系统中工作流的变化。换句话说，它显示了系统模块如何互相协作来监控和搜索制造过程中的产品。

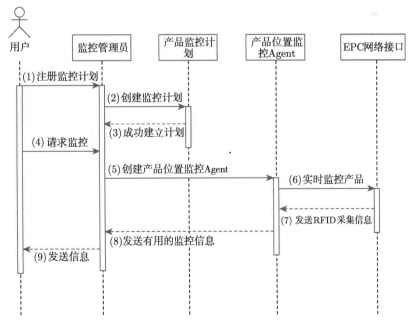

图 13.10　产品监控系统工作流

RFID 技术的采用可以实时反映生产状态信息，监控生产情况是否与调度计划发生偏离，对机床的实时监控如图 13.11 所示。为了监控生产、应对紧急突发情况，提出一个基于 RFID 的可视性动态调度规则 (RFID-based visibility dynamic scheduling rule, RVDS)，图 13.12 显示了这一规则的流程。在离散制造生产过程中，为了获得生产过程信息，将 RFID 设备部署在车间现场，提供一个对所有生产要素的唯一识别。生产者利用 RFID 技术可以实时监控生产状况，及时处理紧急情况或者合理调整生产调度计划。如图 13.12 所示，首先将 RFID 系统初始化，实现部署和参数化设置。然后，连接 RFID 读写器到车间网络来监控周围的信息，连接时必须检查 RFID 读写器连接状态是否成功。如果某个 RFID 读写器发生故障，系统就会提供故障诊断，工作人员将会检查相应的设备。故障排除后，RFID 系统运行正常。根据生产计划，工人加工产品，生产计划通常是按照客户优先级或临界比标准制订的。RFID 读写器将开始监控生产状况，如果生产存在异常情况，工人将先排除一些简单的不影响生产计划的异常。如果生产计划受到了影响，就应该进行计划的动态调整，也就是需要完成车间动态调度。

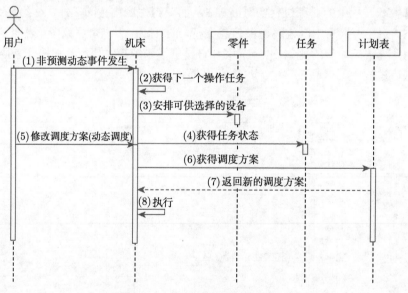

图 13.11　机床实时监控序列图

本书对一些生产问题进行了讨论，第一个常见的生产问题就是紧急订单，这对于生产制造商来说是非常重要的，如何按时交货是企业赢得信誉的关键。当紧急订单发生时，客户优先级将被设置给这些订单。第二个问题是生产过程中可能由于机器故障等原因而出现长时间等待的订单，那么这些订单将会获得优先考虑。第三个问题是生产延迟的情况。这种情况下，优先级将会被赋予这些生产延迟的订单，常常会采用最早到期日 (EDD) 的规则确定优先级。

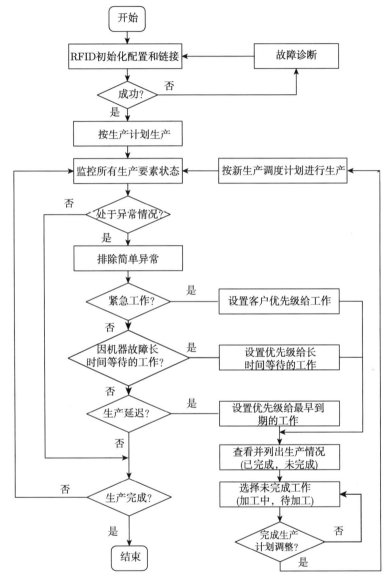

图 13.12　基于 RFID 的可视性动态调度规则

　　在生产订单优先级调整完成后，生产计划员可以查询此时的生产进度，列出已完成或未完成的产品情况。他们会选择尚未完成的生产订单，并实现基于优先级的车间生产动态调度。常用于生产调度的目标有：加工成本最小化、机器利用率最大化、生产周期最小化等。本书提出的动态调度规则的主要目标函数是最小化时间成本，目标函数如下：

$$C\left(t\right) = \min\left(C_T\sum_{t=1}^{m}T_t + C_W\sum_{w=1}^{n}T_w + C_{CT}\sum_{ct=1}^{j}T_{ct} + C_P\sum_{p=1}^{k}T_p + C_B\sum_{b=1}^{l}T_b\right)$$

(13.12)

约束条件：

$$X_{ij} = \begin{cases} 1, & \text{若在工位 } j \text{ 加工的是 } i \text{ 产品} \\ 0, & \text{其他} \end{cases}$$

(13.13)

$$T_{Rs}^{ij} \leqslant T_{Ps}^{ij}$$

(13.14)

$$T_{Rf}^{ij} \leqslant T_{Pf}^{ij}$$

(13.15)

$$\sum_{i=1}^{n}\sum_{j=1}^{m}X_{ij}T_{Rf}^{ij} \leqslant \sum_{i=1}^{n}T_f^{i}$$

(13.16)

其中各个字符表示的含义见表 13.2。

表 13.2 字符含义表示

字符	含义
T_t	运输时间
T_w	等待时间
T_{ct}	刀具转换时间
T_p	加工时间
T_b	故障时间
C_T	运输时间的单位成本
C_W	等待时间的单位成本
C_{CT}	刀具转换时间的单位成本
C_P	加工时间的单位成本
C_B	故障时间的单位成本

等待时间和刀具转换时间取决于生产规划和调度。考虑刀具转换时间是因为不同的产品需要根据它们的材料选择不同的刀具处理，这是很耗时的，且极大地影响了生产周期时间。运输时间取决于物料运输设备序列，处理时间通常被视为常数。故障时间是一个不确定的因素。因此，工具的转换时间和等待时间被认为是最小化时间成本的关键。

式 (13.13) 是一个选择函数。很明显，不同的在制品具有不同的加工处理步骤。如果在制品 i 需要在工位 j 加工，那么函数值为 1，否则为 0。式 (13.14) 和式 (13.15) 表明 RFID 读写器采集到的开始时间和结束时间应该不晚于计划时间，这意味着基于 RFID 的实时生产活动能够按时执行。式 (13.16) 显示生产订单可以在截止日期前完成，确保产品交付。

当新的生产计划制订完成之后，工人又基于这个新的生产计划处理产品。在断开 RFID 读写器之前，系统将一直监控生产过程。在整个监控周期中，包含采集、异常处理等的规则引导 RFID 在离散制造过程中的应用。应急响应和适当的措施可以确保生产安全和效率。RFID 系统可以识别在制品是否到达一个特定的工位以及它们的状态。因此，来自在制品的物理和信息流动变得可见和可控，来自 RFID 系统中的信息可以反馈给其他系统 (如 MES、ERP 等)，以便计划人员可以及时调整调度。

第 14 章　基于 UWB 的实时定位系统

定位技术越来越受到人们的关注。室外定位技术最广为人知的是 GPS 技术，即全球定位系统 (global positioning system)；然而，由于室内环境具有其自身的特殊性——有非视距噪声干扰及室内遮挡，GPS 等卫星定位系统的定位精度明显降低，GPS 目前不适用于室内定位应用。

基于室内定位的需求，常用的室内定位技术主要有蓝牙定位、红外线定位、超声波定位和 RFID 定位。其中蓝牙定位技术是一种短距离低功耗的无线传输技术，是通过测量信号强度来进行定位，但对于复杂的空间环境，蓝牙定位系统受噪声信号干扰较大，使得其稳定性稍差。红外线定位技术是利用光学传感器接收光信号进行定位，识别精度较高，但容易被荧光灯或者其他光源干扰，在定位上有局限性。超声波定位技术是利用反射式的测距法，根据发射波和回波的时间差计算距离来实现定位，但会受到多径效应和非视距传播的影响，同时需要大量的底层硬件设施，使得定位的成本太高。射频识别 (radio frequency identification，RFID) 技术利用射频方式进行非接触、非视距双向通信，以实现目标自动识别并获取相关数据，且可同时识别多个目标，但定位精度有限。

UWB 是一种新的无线载波通信技术，它不采用传统的正弦载波，而是利用纳秒级的非正弦波脉冲传输数据，其所占的频谱范围很宽，可以从数 Hz 至数 GHz[169]。这样 UWB 系统可以在信噪比很低的情况下工作，并且 UWB 系统发射的功率谱密度也非常低，几乎被淹没在各种电磁干扰和噪声中，故具有功耗低、系统复杂度低、隐密性好、截获率低、保密性好等优点，能很好地满足现代通信系统对安全性的要求。同时，信号的传输速率高，可达几十 Mb/s 到几 Gb/s，并且抗多径衰减能力强，具有很强的穿透能力，能提供精确的定位精度，在室内定位方面具有广阔的应用前景 [170]。

本章主要内容如下：

(1) 超宽带实时定位技术研究现状；

(2) Ubisense 实时定位系统；

(3) 基于 UWB 的自动导引小车设计。

14.1　超宽带技术概述

随着无线通信技术的发展，各种无线通信系统相继出现，使可利用的频谱资源日趋饱和。然而，人们对无线通信系统的要求仍在不断提高，希望其提供更高的数据传输速率、成本更低、功耗更小。在这样的背景下，超宽带 UWB (ultra-wideband) 技术引起了人们的重视，已逐渐成为无线通信领域研究、开发的一个热点，并被视为下一代无线通信的关键技术之一。

14.1.1　超宽带定义

超宽带技术首次受到青睐可以追溯到 20 世纪 90 年代初期，美国国土安全部等政府机关率先给出了 "超宽带 (ultra-wideband)" 的概念，信号的相对带宽 (信号的频谱的带宽与其中心频率之比) 大于 25% 的任何波形，并把 "脉冲无线电" "非正弦系统" "时域通信" 等全部归为超宽带定位中，随后，美国联邦通信委员会更加明确发布了关于 "超宽带" 的最终定义，即信号的相对带宽大于等于 20%，或者绝对带宽大于等于 500MHz，其中，相对带宽 B_r、绝对带宽 B_m 的定义分别为

$$B_{\mathrm{r}} = \frac{2\left(f_{\mathrm{H}} - f_{\mathrm{L}}\right)}{f_{\mathrm{H}} + f_{\mathrm{L}}} \tag{14.1}$$

$$B_{\mathrm{m}} = |f_{\mathrm{H}} - f_{\mathrm{L}}| \tag{14.2}$$

式中，f_{L} 和 f_{H} 分别为功率谱密度衰减为 $-10\mathrm{dB}$ 的辐射点上的上限频率和下限频率，与此同时准许超宽带技术在商业用途的开发，频谱段划定在 3.1~10.6GHz。虽然功率辐射被限定，但这确实是 UWB 发展过程中迈出的重要一步。从频域上看，超宽带与我们通常看到的窄带和宽带相比，它的频带更宽，通常窄带是指相对带宽小于 1%，宽带是指相对带宽在 1%~25%，如图 14.1 所示。

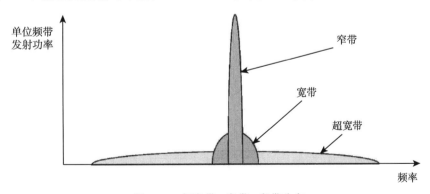

图 14.1　超宽带、窄带、宽带分布

14.1.2　超宽带特点

超宽带技术具有其他技术无法拥有的特点，具体包含以下方面。

1. 传输速率高、系统容量大

从香农公式 $C = B \times \log_2(1 + S/N)$ 可以看出，其中，B 为信号带宽；S 为信号功率；N 为高斯白噪声功率。带宽增加使信道容量的提高远远大于信号功率上升所带来的效应，并且带宽越大系统传输速率越大。由于超宽带信号带宽大于等于 500MHz，使速率能达到 1Gb/s 以上，比传统的提高好几倍。

2. 穿透能力强、便于成像

UWB 无线技术具有比红外线等信号更强的穿透能力，主要表现在：①穿透树叶和障碍物的能力；②实现透墙成像，能更好地进行室内定位。

3. 定位精度高

超宽带定位精度目前可达到厘米级，主要还是因为超宽带信号带宽大，使得距离分辨精度很高，这也是其他系统无法超越的，使得超宽带系统在室内定位方面一直处于热点。

4. 多径分辨率高

超宽带相比较其他传统形式的优势之一是，超宽带发射的信号持续时间非常短暂，而且具有单周期特性，占空比很小，可以高效地区分时间上的多径信号。这样信号在传播过程中，受到反射波和散射波的影响是：在时间上不易发生重叠，有效地抑制衰落现象，具有很强的多径分辨能力。

5. 安全性高

UWB 系统安全性高主要是因为系统使用跳时扩频，而其主要的优点是，只有接收机有发送端的扩频码，才能得到源码，即发射信号；UWB 的射频带宽可以达到 1GHz 以上，且系统的辐射密度低，使信号很巧妙地藏在环境噪声和其他信号中，而一般的接收机无法收到，因此，一般敌人很难发现。

6. 系统相对简单、成本低、功耗低

UWB 系统不需要正弦波调制和上、下变频，也不需要本地振荡器和混频器等，因此系统的体积小，结构比较简单。UWB 系统极低的占空比使系统发射功耗和成本同样具有很低耗电量，比如在高速通信时系统的耗电量仅为几十毫瓦，目前在社区应用的超宽带系统相比于使用手机消耗，约为其 1/20。军方的电台在转载了超宽带之后能耗也随着减少，很大程度上提高了部队的作战续航能力。由此可见，超宽带系统无论在功耗方面，还是在电磁波的辐射方面都显示出很强的实力，这是传统设备无法比拟的。由于 UWB 的发射功率小，可以大大延长系统电源的工作时间。

14.2　超宽带实时定位技术研究现状

超宽带系统定位目前得到国际性的认可,众多军事强国都在积极深入开展研究超宽带系统定位并研发各种超宽带系统定位产品 (图 14.2)。Multispectral 公司受美国军方委托开发了 PALS 精确定位系统,以此化解军用物资定位精度低的困难,结果大幅度提高了军需品储藏运输的效率,但问题是对于体积小的货物,定位精度依然不理想。Multispectral 公司之后又成功研发 PAL650 超宽带无线定位系统,该系统的定位精度可以达到 30cm(求平均值后可达 10cm) 且在民用产品中得到推广。隶属于英国的 Ubisense 公司开发出频段在 5.8~7.2GHz 的超宽带系统定位,产品采用 TDOA 和 AOA 相结合的手段,具有很高的定位精度,在 20~50m 可实现准确定位到 15cm。Aether Wire & Location 公司更是开创出了具有自主知识产权的超宽带定位芯片,携带方便,无误差状况下可准确定位到 10cm。Cambridge University 研发生产的超宽带实时定位系统被用在英国 Sellafield 核电站的员工定位,并初见成效。另外,Time-domain 公司生产的超宽带产品,具有很强的穿透力,如,可穿透 2~3 层建筑物墙壁、检测 10m 范围内的物体,这项技术可以广泛应用到特殊作战部队、警察当中,成为抓捕隐藏于室内的犯罪分子及恐怖分子的有力武器。

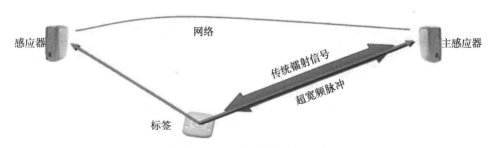

图 14.2　超宽带定位系统产品

虽然超宽带定位在我国起步较晚,但我国早已意识到超宽带技术的重要性,众多研究中心及高等院校正在极力开发这个领域。我国在 “十五” 国家 863 通信研究项目中,首次给超宽带通信技术立项并作为预备研发项目,激励研究人员对超宽带系统的开发。迄今为止,国内多所知名高校,如北京邮电大学、东南大学、中国科学技术大学、西安电子科技大学等,在该方面取得了一系列的成果。2008 年 12 月,国家工业和信息化部公布了国家科技重大专项项目 “新一代宽带无线移动通信网”,其中包括了两个超宽带示范系统的子课题。我国的超宽带产品也不断地应运而生,2005 年底我国第一套超宽带系统产品 iLocate TM 无缝定位系统正式上线,该产品由江苏唐恩科技有限公司研发，有效精度可以达到 15cm 的 3D 定位精度，并具有很好的稳定性。

超宽带的信号定位理想状况下的准确度可达到厘米级，可以达到精准定位的需求。正是因为这样，全世界众多科研团队和高等院校对超宽带技术的研究重点都转移到对定位方法的研究，即算法的研究、测量技术的开发、抑制 NLOS 传播技术和数据融合的探究以及定位系统的性能鉴定等。

世界各国对于超宽带技术和产品的研发很多，对于其他定位产品而言竞争力十足，可是现今的超宽带产品定位准确度仅在十厘米到几十厘米，若我们通过深入研究进一步改进它的精度，如进入毫米级或更高，那么，它的用途和未来的地位将是不可限量的。

14.3 Ubisense 实时定位系统

目前，由于超宽带信号的独特优势，可以使得基于超宽带的定位系统达到厘米级别的精度，世界上基于超宽带定位技术的产品也很多，本书主要选取了由英国剑桥大学研发的 Ubisense 实时定位系统应用于车间对象的精确定位。

Ubisense 定位系统是由英国 Ubisense 公司利用 UWB 技术构建的精确实时无线定位系统，其运用到达时间差 (TODA) 和到达角度 (AOA) 的混合定位算法，利用三维坐标将定位误差降到最小。相比基于 RFID 技术、Wi-Fi 技术等的定位系统，该系统具有很好的稳定性，在典型应用环境中可达到 15cm 的较高的定位精度。能够很好地满足目前室内定位的要求，而且产品成熟，能满足工业级应用要求。

Ubisense 定位系统包含三部分：电池供电的活动标签 (Ubisense tag)，能够发射 UWB 信号来确定位置；位置固定的传感器 (Ubisense sensor)，能够接收并估算从标签发送过来的信号；综合所有位置信息的软件平台，能够获取、分析并传输信息给用户和其他相关信息系统。

在该系统中，标签发射极短的 UWB 脉冲信号，传感器接收此信号，并根据脉冲到达的时间差和脉冲到达的角度计算出标签的精确位置，如图 14.3 所示。由于采用了 UWB 技术，加上传感器内部有一个 UWB 接收器阵列，从而可以以很高的精度计算出角度，确保了较高的定位精度和室内应用环境的可靠性。传感器通常按照蜂窝单元的形式进行组织，典型的划分方式是矩形单元，附加的传感器根据其几何覆盖区域进行增加。每个定位单元中，主传感器配合其他传感器工作，并与单元内所有检测到位置的标签进行通信。通过类似于移动通信网络的蜂窝单元组合，能够做到较大面积区域的覆盖。同时，传感器也支持双向的标准射频通信，允许动态改变标签的更新率，使交互式应用成为可能。

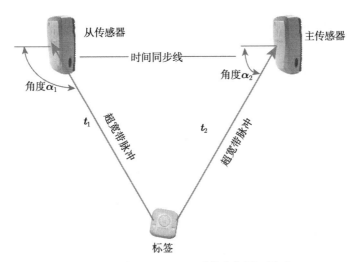

图 14.3　Ubisense 7000 系统定位原理图示

　　标签的位置通过标准以太网线或无线局域网，发送到定位引擎软件。定位引擎软件将数据进行综合，并通过 API 接口传输到外部程序或 Ubisense 定位平台，实现空间信息的处理以及信息的可视化。由于标签能够在不同定位单元之间移动，定位平台能够自动在一个主传感器和下一个主传感器之间实现无缝切换。在建立系统时，需要对整体的多单元空间结构指定 3D 参考坐标系。当标签在参考坐标系内的多个单元中移动时，可视化模块能够实时显示标签位置。

Ubisense 7000 系统主要特点如下：

(1) 精确可靠的实时定位；

(2) 有源射频标签；

(3) 适用于室内/户外环境；

(4) 高精度，可以达到 15cm；

(5) 基座设施可互相替换；

(6) 高可靠性 (两个感应器跟踪三维定位)；

(7) 动态更新率取决于标签的移动速度；

(8) 提供成熟的软件平台。

14.3.1　Ubisense 硬件平台

　　Ubisense 定位硬件平台如图 14.4 所示，主要由传感器、网络交换机、服务器、网线等部分组成。四个传感器通过交换机连接到局域网中，实现与上位机的通信和控制，除此之外，传感器之间还连接有一根时间同步线，该时间同步线采用高质量的屏蔽网线，保证传感器之间的高度时间同步性，从而确保定位精度。DHCP 服务器主要负责网络资源的分配。Ubisense 平台服务器从传感器中获取标签信息, 各客户端通过访问服务器的方式获取管理系统所需的数据。

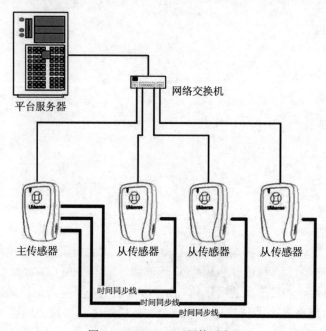

图 14.4 Ubisense 硬件平台

其服务端和客户端支持的平台以及对系统要求如下。

1. 服务端要求

1) 支持平台

(1) Linux。

(2) MS Windows Server Standard Edition 2003 SP1 或者更后。

(3) MS Windows XP Pro SP2。

(4) MS Windows Vista Business Edition。

(5) MS Windows 7 Professional。

2) 单 CPU 每秒处理 6000 次

3) 2GB RAM

2. 客户端要求

1) 支持平台

(1) MS Windows XP Pro SP1 / SP2。

(2) MS Windows Vista Business Edition。

(3) MS Windows 7 Professional。

2) Microsoft DirectX 9.0c 3D

3) Microsoft.NET 2.0 Framework 或者更高

时间同步在 Ubisense 系统运行中起着至关重要的作用,时间同步的准确度直接影响着 Ubisense 定位精度。时间同步线是连接主传感器和从传感器之间的电缆,一条时间同步线有效距离是 100m,超过这个距离可能不会工作。最新的 Ubisense 7000 系列传感器采用星形结构,如图 14.5 所示,这样能够容纳更多的单元。由于对时间同步的高要求,平台采用超 5 类或以上优质屏蔽线,尽量缩短电缆长度。非屏蔽线可能可以使用,但是在信号干扰比较严重的环境如工厂、变电站等应用环境受影响比较严重,最好不要使用手工制作的屏蔽双绞线,而是采用工厂制作出来的工业用线。如果采用手工制作屏蔽线最好使用测线仪全部测试通过。

一般情况下使用从传感器的右上角的接口连接主传感器。

目前系统采用有线以太网网络,每台传感器通过有线以太网连接到网络交换机传输数据,系统需要有 DHCP 服务器 (软服务器即可) 给传感器动态分配 IP 地址,系统以太网拓扑结构如图 14.6 所示。

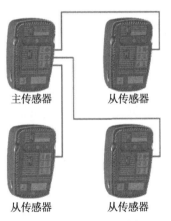

图 14.5　时间同步线连接方式

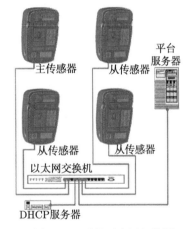

图 14.6　系统以太网拓扑图

14.3.2　Ubisense 传感器

Ubisense 传感器是一种精密测量装置。它包含一个天线阵列以及 UWB 信号接收器,能够可靠地检测定位标签发出的低功率 UWB 脉冲信号,同时可以区别直射信号和反射信号,从而计算该标签的实际位置。在工作过程中,每个 Ubisense 传感器独立测定 UWB 信号到达角度 (AOA);而到达时间差 (TDOA) 信息则由一对 Ubisense 传感器来测定,而且这两个 Ubisense 传感器均部署了时间同步线。这种独特的 AOA、TDOA 相结合的测量技术,可以构建灵活而强大的定位系统。

目前, Ubisense 单个传感器能较为准确地测得标签位置。若事先设定标签在空间坐标系中 Z 轴的高度, Ubisense 传感器就能够测定其具体的位置。对于测定最近的几米位置, 并且标签固定于相对较大, 如拖车、小汽车等物体上, 这种操作模式是非常好的高效方式。

相对于单个 Ubisense 传感器对特定标签进行定位的模式, 两个 Ubisense 传感器能够测出精密的 3D 位置信息, 大大提高了定位精度。如果两个 Ubisense 传感器进一步通过时间同步线连接起来, 而采用 TDOA 的定位方式, 3D 定位的精度将达到 15cm。单个 Ubisense 传感器 AOA 定位方式和 TDOA 定位方式相结合, 使系统能达到不同的定位精度水平。Ubisense 传感器的这种特性大大降低了系统部署的硬件开销, 显著改善了系统的稳定性与可靠性, 为设计高效的解决方案提供了较大程度的灵活性。

如果接收标签所发出 UWB 信号的 Ubisense 传感器增多, 用来测定标签位置的测量手段也相应增多。这种冗余的设计是工业场合可靠工作的关键因素。即使 UWB 脉冲信号在某些方向上被人、金属、液体等物质遮挡, 至少有两个 Ubisense 传感器能够接收到信号并实现 3D 定位的概率也会大大增加。

不同数目传感器配置在采用不同定位方式时得到的结果见表 14.1。

表 14.1　几种配置情况下的定位结果比较

定位方式	传感器数目/个	其他必要辅助信息	定位结果
AOA	1	标签高度	3D 水平位置 (高度已知)
AOA	≥2	不需要	3D 位置
TDOA+AOA	≥2	不需要	3D 位置 (精度最高)
TDOA	≥4	不需要	3D 位置

Ubisense 传感器并不需要与标签在视线范围内进行通信, 因为 UWB 信号能够穿透墙壁和其他物体。不同的材料和厚度导致不同程度的信号衰减, 如射频信号根本不能穿透金属。由于这个原因, 在系统设计前有必要进行现场环境的射频性能测量。Ubisense 传感器通过以太网 (无线或有线方式) 实现相互间的通信, 也可以通过以太网连接接收它们的固件程序。Ubisense 传感器可以选择交换机 POE 供电, 也可以选择外部直流电源供电。根据需要, 其能够被置于特制的防雨外壳中并工作于户外环境。

14.3.3　Ubisense 标签

Ubisense 7000 定位系统提供两种定位标签, 即紧凑型标签 (Ubisense compact tag) 和细长型标签 (Ubisense slim tag)。它们应用于实时交互定位系统中, 针对不同的应用而设计, 并有不同的性能。紧凑型标签针对工业应用环境设计, 可置于资产设备、交通工具上; 细长型标签设计用于人员的携带或者固定于物体上。这两种标签均能够达到 15cm 的 3D 定位精度,并且提供达每秒 20 次的位置数据刷新率。标签带有数据存储器,能够用来存储诸如识别码的数据。

所有的标签均有 UWB 信号发射器,以及一个 2.4GHz ISM 频段的双向射频传输设备。双向射频设备用来传输传感器与标签之间的控制信息。传感器可以控制标签只发射 UWB 信号,而 UWB 信号的发射以及标签数据的刷新率均由传感器来驱动。这种动态的数据刷新方式,使得标签可根据其速度和应用的要求,仅在需要时发射信号,节省了电池的能量。如果标签是固定的,它将以较低的速率进行数据刷新,直到传感器检测到标签的移动,并立即激活标签进行信号的发射。标签以低于 1mW 的极低功率发射 UWB 脉冲,这降低了 UWB 系统对其他 RF 系统的干扰,并能够延长电池的使用寿命。如在以 5s 每次的持续数据刷新状态下,电池能够使用 5 年。

14.3.4　Ubisense 软件平台

Ubisense 软件平台分为三部分,即运行组件 (最基本的是定位引擎)、定位平台和上层开发平台。可视化的终端、交互单元、应用设计等都将在.NET 集成环境中实现。Ubisense 软件平台结构如图 14.7 所示。

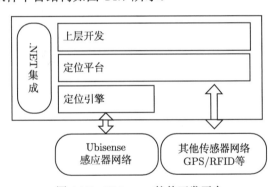

图 14.7　Ubisense 软件开发平台

.NET 2.0 API 提供所有的配置功能,获取标签带有时间戳的 X, Y, Z 坐标信息,驱动平台与标签之间的双向通信。

组件包含有多种上下文关联的计划任务和过滤算法,使得系统的性能、行为与接收它所提供数据的软件相协调。基本的运行组件是定位引擎软件。定位引擎运行在一个或多个标准的处理器上,这取决于定位网络构造的规模。它能在 Windows或者 Linux 两种操作系统上运行,借助它能够建立并校准 Ubisense 传感器和标签,并通过图形化界面配置定位单元和对象。定位引擎软件设计用于简化从 Ubisense传感器和标签传回的坐标数据,并集成到第三方软件中。

除定位引擎在建立并运行 Ubisense 传感器系统方面的功能外，定位平台是一个完整的 RTLS(real-time location system) 软件平台，它能同时从 Ubisense 传感器和标签以及其他 RTLS 传感器系统获取数据，如常规的有源、无源 RFID 系统，温度、震动检测器等非位置传感器设备。许多工具可以用于描述、定义 2D 或 3D 的物理环境与对象关系。空间关系可以按照移动、固定的对象来定义，并分成区域。交互过程始终被监控并用于触发事件，最终被应用软件获取。如当可视对象小车进入制造设备的死角时，小车能够被突出显示。数据能够通过 API 发布到其他信息系统中，或持久存储于关系型数据库中，也可以保存为其他格式供以后分析。权限控制功能确保敏感数据受到保护，而安全性数据仅供授权人员查看或修改。定位平台的设计贯穿整个应用过程，它能在微软.NET 2.0 中实现，并且客户端能够在包括 PDA 在内的多种设备上运行。此外，包含可视化 API 在内的所有 API 也能够在浏览器中运行。

上层开发平台集成了一系列的开发工具，允许定位平台数据模型扩展为新类型的对象和关系。它同时有一个模拟器，通过使用和定位平台相同定义的几何关系及对象来实现，无须安装任何传感器即可实现标签的移动。

定位平台和上层开发平台包含了运用 Ubisense 或第三方传感器系统的所有软件，这些软件构建了性能卓越、可扩展升级的实时定位应用。

14.4　基于 UWB 的自动导引小车设计

面对当前全球高速发展的经济形势，为了提高零部件生产效率，离散制造企业在制造过程中引进了先进的生产管理模式 (如敏捷制造、并行工程、准时化生产、智能工厂)。但是在引入这些先进管理模式后，往往需要提高管理系统对车间的感知和响应能力，并配以合理的物料动态配送模式，才能够及时为生产提供所需要的物料并及时响应车间要素变化，提高生产的效率。但是当前我国的离散制造企业在实际物料配送过程中存在许多问题，并没有与先进的管理模式相适应。

1. 车间物料配送周期凭经验获得

最合理的物料配送调度模式是当一个工位的物料刚好加工完，下一步所需加工的物料刚好到达，同时配送车辆和配送人员能够得到充分利用。但是目前大多数离散制造企业的物料配送周期都是调度管理人员根据生产经验获得的，缺乏有效的理论依据。在人工配送模式中，物料配送人员为了避免生产工位出现缺货情况，往往每次都会配送大量的物料到工位中，从而容易造成某些工位物料堆积，或者某些工位物料缺失，造成车间配送资源的利用率都比较低。

2. 配送效率低

在物料配送过程中，由于缺乏对配送车辆配送路径的合理规划和调度，导致配送车辆无法按最快的路径进行物料配送。虽然工位所需要加工的物料最终也能顺利配送到工位上，但是配送效率非常低。为了提高物料配送过程的效率，减少配送车辆的资源浪费，车间生产的调度管理部门需要结合车间实际生产线的需求，综合考虑现有配送车辆的数量，在满足不同的约束条件下，规划出较为合理和高效的物料配送调度方案。

3. 响应速度慢

离散制造车间由于对整个车间以及各个工位状态信息的感知能力比较差，当车间中某一环节的加工要素发生突变时往往不能及时反馈给管理系统和管理人员，导致整个系统对车间的变化的响应速度比较慢，从而造成生产过程的堵塞，所以需要提高对离散制造车间的实时监控，并在此基础上提供一套能够快速响应车间生产要素变化的物料动态配送系统。

为了解决以上问题，本书对离散制造车间配送小车跟踪优化技术进行研究，提出一套解决离散制造车间的配送小车的精确定位和动态跟踪以及物料配送路径动态优化等问题的方案，能实现车间物料配送路径的最优化，有效提高制造车间的生产效率，降低管理人员的决策成本。

14.4.1　离散制造车间坐标导引小车总体设计框架

考虑到离散制造车间的需求以及目前自动导引小车的现状，我们提出了基于实时定位系统的 CGV 应用。需要强调的是本书中提出的 CGV 是由实时定位系统提供的实时坐标在控制和导引的，这与传统的沿固定轨道行驶的 AGV 以及人工拖车有着本质的区别。CGV 结合了传统 AGV 自动化程度高和人工叉车灵活性强的优点。根据我们的设计思想，CGV 可以沿着任意轨道和方向行驶，这节约了大量的运输时间。同时，车间地图提供了对于车间环境精确的实时监控，这有利于提高管理人员对车间突发状况的响应速度。下面我们将详细介绍基于 CGV 物料配送方法的详细设计方案。

1. 基于 RTLS 的 CGV 设计框架

首先提出一个基于实时定位技术的基本的技术框架，用来指导随后的导引小车定位以及自动导引和控制。系统框架如图 14.8 所示。

在系统框架图中，上层任务层主要负责根据生产制造系统下发物料配送任务给 CGV。然后结合车间地图中各对象的实时信息，CGV 按照不同的配送准则 (最短运输时间准则、先入先出准则、最早完工时间准则等) 生成配送路径。底层的实时定位系统平台负责给上层应用软件提供实时数据。

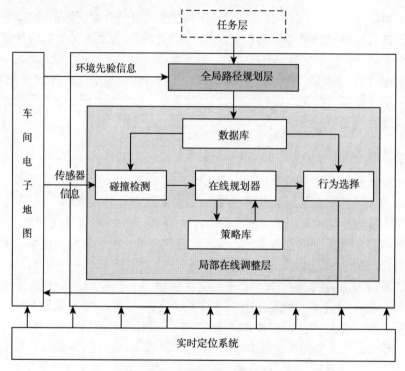

图 14.8　坐标导引小车框架图

CGV 的功能设计主要分为两层：全局路径规划层和局部调整层，这两个功能层都是基于车间实时定位系统。全局路径规划层主要根据任务层要求负责规划出全局配送路径。局部调整层主要负责配送过程中的避障，通过多传感器融合算法。

2. RTLS 平台

在前文中我们提到，该系统中的实时定位平台采用的策略是精确定位 (Ubisense 系统) 和区域定位 (RFID 技术) 相结合的方式。尽管 Ubisense 系统可以提供很高的车间实时定位精度，其精度能够达到 15cm，但是由于该系统的定位标签采用的是主动式标签，这种标签能耗高而且价格贵，不方便车间所有对象的应用，而且车间定位对象中并不是所有对象都需要达到如此高的定位精度，所以我们只在 CGV 的导引以及人员定位中采用 Ubisense 定位，其余均采用 RFID 区域定位技术以降低成本。

实时定位系统平台的框架如图 14.9 所示。车间中每个对象都附着一个标签作为它们的唯一标识，也就是说，通过标签的 ID 系统可以感知该对象的类别。Ubisense 传感器和 RFID 读写器都连接到局域网中。其中该实时定位平台采用 C/S 架构，服务器端主要负责信号、定位信息、标识信息以及实时数据的处理, 提供相应的定位信息给客户端使用。本书通过采用合适的数据过滤技术保证提供给上层应用平台的定位数据的稳定性和准确性。

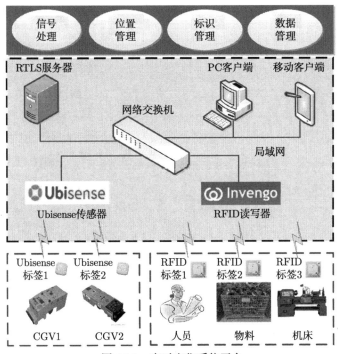

图 14.9　实时定位系统平台

3. 车间电子地图

车间电子地图就是在软件管理平台中按照一定的规则将真实车间的信息 (车间分布、对象位置、工作状态等) 以二维或三维的方式实时显示出来。通过实时定位平台, 车间中的各种生产要素会根据真实的车间布局环境在车间地图中显示出来。这有利于管理人员对车间实现可视化的实时监控, 并且可以提高对车间突发状况的响应速度。从某种程度上来说, 车间电子地图可以看做是车间各生产要素的实时信息数据库。

在车间电子地图中, 制造要素共分为三大类: 静态生产要素、动态生产要素以及环境要素。静态生产要素包括车间布局、车间尺寸、工位信息、机床位置等, 而动态生产要素主要包括人员、CGV、物料、设备等。环境要素包括温度、湿度、烟雾度和粉尘度等, 其中环境要素可以通过无线传感网络采集获得。

在车间电子地图的设计过程中, 静态生产要素可以提前布置在车间地图中, 而动态生产要素则需要在电子地图中实时更新。

14.4.2　基于全局和局部相结合的坐标导引小车路径规划算法

在多 CGV 路径规划中，由于环境的随机性以及传感器自身的特性，机器人在规划初期往往不能获得全部的环境信息，此时如果只是直接利用传统的方法进行规划将难以获得理想的效果。因此，可先利用已知的环境信息进行离线全局规划，将其结果作为期望路径。随着机器人的运动，探测到的动态信息逐渐增加，再利用得到的局部环境信息对期望路径进行在线优化和调整，以使机器人安全到达目的地。

基于上述分析，本书采用了分层路径规划结构，分为两层：全局路径规划层和局部在线调整层，如图 14.8 所示。路径规划结构的基本思想是，通过全局路径规划得到一条期望的最优路径，尽可能让机器人保持在期望路径上运行，如果在避障过程中偏离了期望路径，协调过程结束后机器人仍需回到原期望路径上继续运行。

1. 全局路径规划算法

全局路径规划算法主要根据任务层下发的配送任务，依据最短运送路径准则以及车间电子地图信息，规划出一条合适的全局配送路径。

CGV 与传统 AGV 最大的区别在于 CGV 能够沿着任意路线行驶，而不用局限于固定的运动轨道。这对于大空间的离散制造车间来说具有很大的应用前景，可以大大缩短运输时间。为了简化路径规划，每一个工位都被简化为对应直角坐标系中的坐标点，因此在任务调度时我们只需关注对应区域的坐标点，而不必关注该区域大小。考虑二维空间，工位 i 可以表示为

$$\mathrm{WS}_i = (x_i, y_i), \quad i = N^+ \tag{14.3}$$

配送任务 j 可以用一组坐标序列表示：

$$\mathrm{task}_j = [\mathrm{WS}_1,\ \mathrm{WS}_2,\ \mathrm{WS}_3,\ \cdots,\ \mathrm{WS}_n], \quad j, n = N^+ \tag{14.4}$$

式中，n 表示配送任务 j 所包含的工位数量。需要强调的是，WS 的下标表示配送任务 j 所要经过的工位顺序，这和上面提到的工位名字并不是一一对应的。

式 (14.4) 需要满足的约束条件：

$$\begin{cases} \mathrm{WS}_n = \mathrm{WS}_i \\ \mathrm{WS}_k \neq \mathrm{WS}_{k-1} \text{且} \mathrm{WS}_k \neq \mathrm{WS}_{k+1} \end{cases}, \quad k \in N^+ \tag{14.5}$$

所以对于配送任务 j 的配送总路程可以表示为

$$\mathrm{TDD}_j = \sum_{k=1}^{n} \|\mathrm{WS}_{k+1} - \mathrm{WS}_k\| + \|\mathrm{WS}_1 - \mathrm{WS}_0\|, \quad k \in N^+ \tag{14.6}$$

式中, n 表示配送任务所包含总的工位数量, $\|\mathrm{WS}_{k+1} - \mathrm{WS}_k\|$ 表示从第 k 个工位到第 $k+1$ 个工位的运输路程。WS_0 是 CGV 的出发点坐标, 需要说明的是, 该出发点坐标并不是坐标系的原点坐标, 而是 CGV 任务分配时的当前坐标。

如果任务层所分配的配送任务对于工位优先顺序具有严格的要求, 那么 CGV 只需要按照配送任务的顺序进行物料配送, 不用考虑具体运送路径的长短。但是如果该配送任务没有优先顺序要求, 那么我们就需要找到能够使物料配送完成所运输路径最短的运输方式。

假设任务 j 需要经过 n 个工位, 那么该任务按原理上就有 $n(n+1)/2$ 种可能的配送方式:

$$\mathrm{task}_j = \left\{ \mathrm{task}_j^{(1)}, \ \mathrm{task}_j^{(2)}, \ \mathrm{task}_j^{(3)}, \cdots, \ \mathrm{task}_j^{(m)} \right\}, \quad m = n(n+1)/2 \tag{14.7}$$

根据最短运输路径准则, 需要找到使得配送总路径最短的物料配送方式, 即找到 $\mathrm{task}_j^{(m_0)}$ 使得

$$\mathrm{TDD}_j^{(m_0)} = \min_{l \in [1,m] \text{且} l \in N^+} \left(\sum_{k=1}^{n} \left\| \mathrm{WS}_{k+1}^{(l)} - \mathrm{WS}_k^{(l)} \right\| + \left\| \mathrm{WS}_1^{(l)} - \mathrm{WS}_0^{(l)} \right\| \right) \tag{14.8}$$

因此,

$$\mathrm{task}_j = \mathrm{task}_j^{(m_0)} \tag{14.9}$$

这里面需要强调的是完成任务就是指 CGV 到达配送任务的最后一个工位, 对于到达最后一个工位以后再返回到起点或者其他工位的运动路径我们不予考虑。找到最短配送路径以后, CGV 就可以沿着最短配送路径方案来配送物料。

2. 局部多传感器融合算法

在全局路径规划之后, 为了应对在运输过程中出现的不可避免的障碍物, CGV 需要一个局部的避障方法来避开障碍物。为此提出了局部多传感器融合算法, 所谓的多传感器融合就是集成了多种传感器信息。局部多传感器融合算法的流程图如图 14.10 所示。

其中多传感器包括红外距离传感器、防碰撞传感器和 RFID 读写器。红外距离传感器主要负责检测障碍物, 而当障碍物距离小于安全距离, 则防碰撞传感器是用来紧急制动的。在传统的机器人避障方法中, 通常只有单独的一种传感器被应用到避障方法中。但是这些方法缺少灵活性并且不利于机器人自动识别障碍种类。因此在我们的 CGV 设计中, 将 RFID 技术引入到避障算法中来用来识别障碍物种类。在此基础上, CGV 就可以根据不同的障碍物种类从而选择对应的避障方法。需要强调的是车间中的每个对象都附着了一个 RFID 标签作为唯一标识。

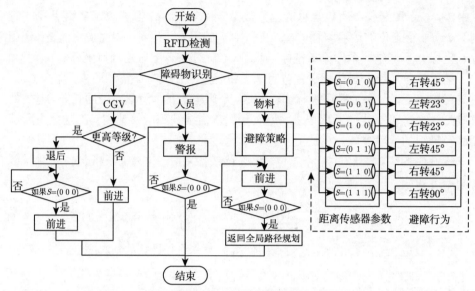

图 14.10   局部避障算法

在 CGV 的设计中，本书布置了 3 个红外测距传感器、8 个防碰撞传感器和 1 个 RFID 读写器，如图 14.11 所示，3 个红外测距传感器 (对应于 IDS1、IDS2 和 IDS3) 用来感知障碍物的大小以及大致方位，其中 3 个传感器的夹角为 45°。8 个

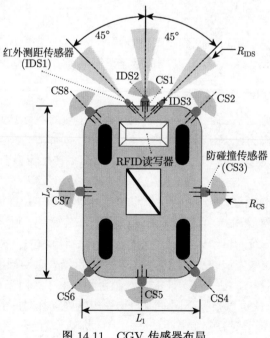

图 14.11   CGV 传感器布局

防碰撞传感器分布于 CGV 的四周。红外测距传感器的测距方位可以调整针对不同的安全距离。

$$R_{\text{IDS}} = L_2, \quad R_{\text{CS}} = D \tag{14.10}$$

式中，L_2 是 CGV 的长度；D 是设置的防碰撞安全距离。

每个红外测距传感器的信号可以表示为

$$S_{\text{IDS}i} = \begin{cases} 0, & \text{去除障碍} \\ 1, & \text{障碍} \end{cases} \quad i = 1, 2, 3 \tag{14.11}$$

因此多传感器融合算法可以表示为

$$S = (S_{\text{IDS1}} \quad S_{\text{IDS2}} \quad S_{\text{IDS3}}) \tag{14.12}$$

表 14.2 表示的是针对不同红外测距传感器的信息所采取的不同避障策略。

表 14.2 避障策略

S_{IDS1}	S_{IDS2}	S_{IDS3}	S	障碍物位置	避障策略
0	0	1	(0 0 1)	右侧	左转 23°
0	1	0	(0 1 0)	正前方	右转 45°
1	0	0	(1 0 0)	左侧	右转 23°
0	1	1	(0 1 1)	右前方	左转 45°
1	1	0	(1 1 0)	左前方	右转 45°
1	1	1	(1 1 1)	横跨前方	右转 90°

对于不同的障碍物，要采用不同的避障策略。CGV 通过 RFID 读写器识别障碍物种类。如果检测到的障碍物是人，那么 CGV 只需要发送一个警报信号提醒人员避让；如果障碍物是其他静态的物料或者其他对象，那么 CGV 则需要调用多传感器融合算法来实现障碍物避让。同时，也需要考虑两个 CGV 相遇的情况，也就是说另外一个障碍物也是一辆 CGV。可以将任务层所下发的配送任务紧急程度进行分级，级别越高则表明任务越重要。运输低级别配送任务的 CGV 则需要让具有高级别配送任务的 CGV 先行。需要说明的是，每当 CGV 配送完一个任务以后，CGV 的任务级别就被清零。

第 15 章　RFID 实时定位系统

实时定位系统是对预定范围的对象进行定位与追踪,本书第三篇中第 10 章讲述了实时定位技术相关的概念、实时定位通用方法等内容,通过前面的阅读和学习,读者对实时定位有了基本的了解。本章内容以第 10 章内容为基础,针对具体的离散制造车间设计了 RFID 实时定位系统,本章内容可以作为离散制造车间实时定位系统的一整套解决方案,根据生产要素的不同和定位精度需求的不同,设计了不同的定位精度的定位算法,从而灵活地实现对象定位,进而根据位置信息进行车间调度,提高生产效率。

本章主要内容如下:

(1) 离散制造车间 RFID 实时定位系统架构,主要介绍系统体系组成、系统功能设计和系统的运行流程等。

(2) 离散制造车间 RFID 实时定位方法。针对不同的定位需求,采用不同的定位方法,提高定位速度和系统灵活性。

(3) 定位精度的提高与测试。

(4) 原型系统的开发和实施。

15.1　离散制造车间 RFID 实时定位系统架构

本章是离散制造车间实时定位系统的一整套解决方案,为了实现这个目标,需要建立合适的框架基础。本节介绍 RFID 实时定位系统的体系架构,通过三个不同方面的阐述,详细讨论 RFID 实时定位系统的体系组成、功能结构和运行模型。

15.1.1　离散制造车间实时定位系统体系架构

离散制造车间实时定位系统的体系框架如图 15.1 所示。

离散制造车间实时定位系统的体系框架主要包括:基于 RFID 的离散制造车间实时定位系统数据采集层、离散制造车间实时定位系统数据处理层、离散制造车间实时定位系统应用层以及外部支持交互层等,下面根据功能不同,对这些部分进行介绍。

1. 数据采集层

离散制造车间实时定位系统数据采集层是系统最基本的组成部分,是系统的数据来源。由于 RFID 技术具有非视距、自动采集等功能 (具体内容可见第三篇)，因此采用 RFID 系统进行数据采集是可行的。基于 RFID 的车间数据采集层主要通过分布在车间现场的固定式 RFID 读写器设备、手持式 RFID 采集终端以及附着于定位对象的 RFID 标签，完成对车间生产要素的定位信息采集。对于 RFID 实时定位系统，一般采用 RSSI 作为定位采集信号，具体可参考第 10 章内容，因此采集的数据是标签的基本信息和读写器读取到的标签的 RSSI 值。数据采集层的信息通过以太网传输至数据处理层。

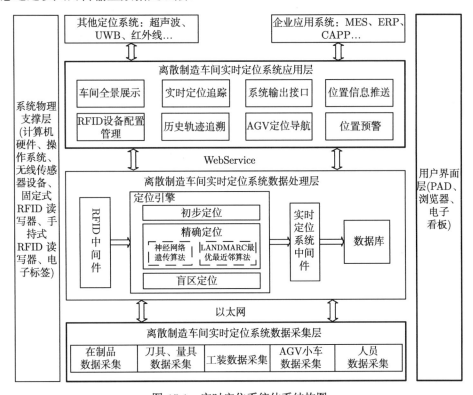

图 15.1　实时定位系统体系结构图

2. 数据处理层

离散制造车间实时定位系统数据处理层是实时定位系统实现的核心，通过对数据的解析计算，获得对象的定位信息。为此，需要对数据采集层传输的数据包进行多次分解，数据处理层根据实现的功能不同，又可分为以下几种。

(1) RFID 中间件：利用 RFID 中间件对采集到的数据进行初步的过滤，这层过滤实现的是 RFID 误码、错码等的过滤，保证读取的 RFID 信息的正确性和完整性，RFID 中间件的详细介绍可参考第 8 章内容。

(2) 定位引擎: 定位引擎中采用不同的定位算法实现不同精度的定位, 本书中根据离散制造车间的特点, 将定位过程分为三步, 具体为: 初步定位实现待定位标签的区域范围估计, 其优点是定位速度快, 定位易于实现; 精确定位通过采用 LANDMARC 方法实现待定位标签的坐标定位, 采用神经网络与遗传算法等方法提高精度; 盲区定位是对车间内 RFID 读写器覆盖范围之外的标签实现定位。这三种定位方法具有不同的使用范围和定位精度, 可满足不同的应用需求, 具体的实现算法和定位方法将在下节进行详细介绍, 此处不做赘述。

(3) RFID实时定位系统中间件: 数据通过定位引擎处理之后, 得到一系列的数据流, 这些数据流数据冗余大, 不利于分析和存储, 本书设计了RFID实时定位系统中间件, 用于对定位数据的过滤和删减, 并按照企业系统数据格式进行数据封装。

(4) 数据库系统: 经过过滤盒处理的数据最终存储在数据库中。

3. 系统应用层

离散制造车间实时定位系统应用层是系统实现的重要组成部分, 其通过 WebService 服务与系统数据库进行交互, 可以保护数据库的安全, 同时获得定位数据, 主要功能包括车间生产要素的实时定位追踪、历史轨迹追溯、AGV 的定位导航等, 通过各个功能模块之间的协同作用, 实现离散制造车间全方位的实时定位与相互感知。

4. 数据集成接口层

用于探索实现 RFID 实时定位系统与现有的室外定位系统 GPS、Compass 无缝集成, 基于用户的发出定位请求时所在位置实现室内定位和室外定位的自动切换, 探索与除 RFID 技术之外的其他如 Ubisense 超宽带定位、ZigBee 定位等系统的紧密集成, 同时为企业应用系统提供实时定位数据。

5. 用户界面层

离散制造车间定位系统用户应用界面层融合了 B/S 和 C/S 两种模式, 采用 B/S 模式实现用户操作接口功能的描述, 方便权限用户使用, 并保证系统良好的可扩展性能, 采用 C/S 模式完成车间 PC 和手持式设备的浏览器查询等数据交互。基于 XML 实现接口和绑定业务, 应用程序及组件均可以按照 HTTP 协议进行网络通信, 完全屏蔽不同软件平台对服务访问的限制。

6. 系统物理支撑层

为 RFID 实时定位系统提供物理基础, 其中, 计算机及所属的操作系统、数据库系统组成实时定位系统的控制中心, 读写器设备及电子标签组成实时定位系统的感知末梢, 网络和网络安全体系保障了控制中心与感知末梢的正常通信。

离散制造车间实时定位系统物理架构如图 15.2 所示。

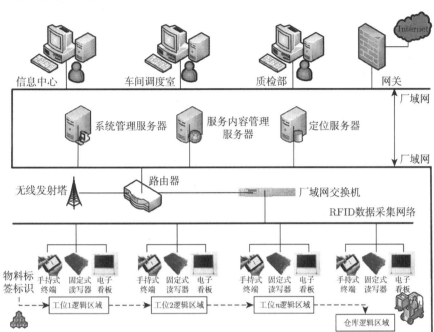

图 15.2　实时定位系统物理架构图

　　车间以太网通过网口与固定式读写器进行命令下达和数据交互,固定式读写器功率大小可调,系统内部时钟保证数据同步。固定式 RFID 读写器配置在在制品加工的每个工位,并根据读写器绑定工位的属性信息划分逻辑区域,逻辑区域是依据读写器或者参考标签的位置信息划定的服务性分割,不同的逻辑区域对应着不同的应用服务,如当逻辑区域是铣床区,相应的应用服务就可以包括铣床加工状态信息查询、铣床任务可分配提示等。

　　信息中心、车间调度室、车间移动用户以及质检部门都可以通过厂域网访问定位服务器,从而获得目标对象的实时位置信息及相关基于位置信息的服务,其中,手持式终端作为移动式读写器,附着 RFID 标签,与固定式读写器组成无缝定位感知网,一旦定位网络感知到终端用户所在的逻辑区域,便可选择接收,定位服务器便向手持式终端用户推送相应的应用服务;通过电子看板,工人、车间调度人员等均可实时查询车间内部与之相关的流动信息。

　　定位服务器配置固定式读写器采集模式,并将读写器实时采集的 RSSI 值通过特定的定位算法计算,得出定位对象的位置信息结果,储存在数据库中,以

WebService 方法的形式对外发布；在定位服务器判定了手持式终端到达的特定逻辑感知区域后，内容管理服务器向该手持式终端自主推送数据。在同一个定位服务器的覆盖范围内，内容管理服务器可以采用分布式的访问模式，甚至可以去邻近的局域网获取合适的事件信息；管理服务器负责设定车间环境下的逻辑感知区域、相应触发的事件、用户网络权限管理以及通过设定通信接口完成与其他服务器的信息交互，并通过有线或无线的方式控制现场电气预警设备。

系统网关功能主要用于控制实时定位系统所处的局域网访问网络数据的权限，并通过在线更新不同 IP 地址的存储法则，配合实时定位系统对特定逻辑感知区域进行划分。无线发射塔发射无线网络信号，主要实现手持式终端的无线网络接入，支持手持式终端接收感知网络推送的基于位置的服务应用。

15.1.2　离散制造车间实时定位系统功能设计

基于对离散制造车间实时定位系统的需求分析，结合离散制造车间实时定位系统的体系框架和物理架构，设计了离散制造车间实时定位系统功能模块，主要包括车间生产要素实时定位追踪、生产要素历史轨迹追溯、位置信息推送与预警、RFID设备配置管理以及系统安全与管理，并构建了各个功能模块的详细结构树，实时定位系统功能框架如图 15.3 所示。

下面介绍各个功能模块的详细内容。

1. 车间实时定位追踪

RFID 系统可以实现标签的批量识别，利用这个特性，可以实现对生产要素的单个定位和多个定位，功能分为：①单个生产要素的定位追踪，可以选择某种生产要素中的某个对象进行定位和追踪。②多个生产要素的定位追踪，可以选择多个标签进行定位追踪，按照标签所在区域进行定位追踪，如对车床区进行定位追踪，可以获得车床区内生产要素的位置状态；按照生产要素类型进行定位追踪，如可以选择在制品类型，对车间内所有的在制品进行定位追踪；按照标签类型进行定位追踪。③ AGV 的定位与导航，RFID 实时定位系统可以实现 AGV 小车的定位与导航，通过在 AGV 小车上部署 RFID 读写器，读取地面参考标签进行 AGV 小车自身的定位以及导航。

2. 生产要素历史追溯

历史追溯功能可实现车间生产要素历史运动轨迹再现，对于车间出现的问题，可以根据历史轨迹功能对车间生产任务进行合理调度和规划，实现资源的合理、有效的利用。

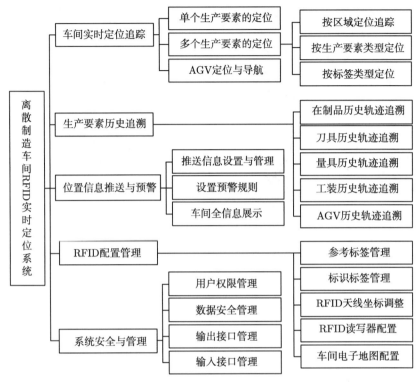

图 15.3　实时定位系统功能框架图

3.位置信息推送与预警

RFID 实时定位系统除了实现生产要素的实时定位和历史追溯外,还可以根据不同的需求进行车间位置信息的推送,如针对不同的人员推送不同的位置信息,对于工人按照自身的生产任务推送相关生产要素的位置信息,实现智能化。预警是实现基于位置信息的感知服务,车间内每个生产要素正确的运行位置都可以实现监控,在出现"非法行为"时,可以发出报警信息。需要针对不同的对象,制订相应的预警规则,对在制品来说,加工未完成的零件放置于已加工区,则执行预警;对刀具来说,当被放置于非法的机床设备上时,则执行预警;对人员来说,工时的计算以身处在作业区的时间为准,若移动到非法区域内则执行预警等。

4.RFID 配置管理

RFID 配置管理实现的是对 RFID 实时定位系统的配置,包括以下几个内容。

(1) 标签的管理。标签内容的管理和修改,标签信息的修改,标签使用状态的修改等。

(2) RFID 天线坐标调整。在 RFID 实时定位系统中,RFID 天线读取标签的

RSSI 值, RFID 天线的位置影响待定位标签位置的计算, 为了保证计算的准确性, 需要定期对 RFID 天线进行坐标修正。

(3) RFID 读写器配置。RFID 读写器与上层系统通过以太网连接, 需要对网络进行配置, RFID 读写器可以连接多个天线, 可以对天线进行配置, 此外, RFID 读写器的配置还可以实现功率的设置等。

5. 系统安全与管理

系统安全与管理模块作为系统的基本功能, 统筹管理用户角色配置、登录权限配置、密保服务、数据备份与恢复、操作日志管理、输入输出数据安全性保障等功能, 为离散制造车间实时定位系统的运行提供保障。

15.1.3 离散制造车间实时定位系统运行模式

RFID 实时定位系统在离散制造车间的运行模式, 如图 15.4 所示, 车间根据订

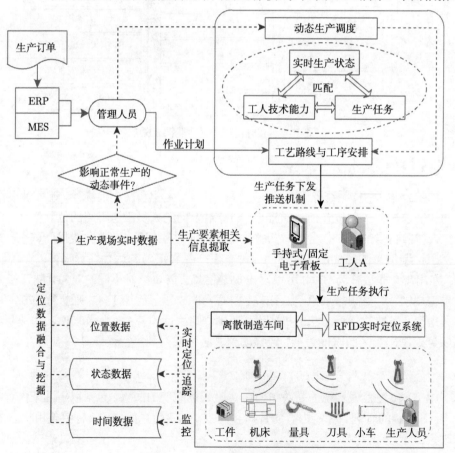

图 15.4 车间运行模式示意图

单要求制订生产作业计划,确定工件的加工工艺和工序流程,发布生产任务。离散制造车间生产人员执行生产任务。此时,由于车间运行了 RFID 实时定位系统,因此,可以对车间的生产要素 (在制品、刀量具、工装、运输车、人员、机床等) 进行实时定位、追踪和监控,获得其位置数据、状态数据和时间数据等车间生产现场实时数据。管理人员可以实时地监控车间生产情况,当发生影响正常生产的事件时,管理人员能及时地发现问题,并基于车间状态进行生产调度。通过生产任务、车间生产状态和功能技能等的匹配,实现生产任务的推送 (任务下发机制)。车间生产人员通过电子看板实时地获取当前的生产任务,同时,也可以通过电子看板获取所需生产要素的实时位置与状态数据 (信息拉取机制),从而有效地服务于生产过程。

15.2　离散制造车间 RFID 实时定位方法

本节介绍离散制造业 RFID 实时定位系统所采用的定位方法。在此之前需要对离散制造车间的待定位对象进行分类,根据不同的定位要求采用不同的定位方法:初始定位、精确定位和盲区定位。

15.2.1　定位对象分析

在离散制造车间,有多种生产要素,其中一些需要被追踪与定位。

1. 在制品

在离散制造车间,在制品的管理比原材料和成品的管理复杂得多,原因有:①在制品根据不同的工艺安排,在不同的工作站、机床之间移动;②在制品经过不同的工作站,其状态发生变化;③在离散制造车间,每个工作站的在制品缓存区容量有限,因此需要合理使用在制品缓存区;④根据生产要求不同,在制品在不同的工位中流转的数量不同。从以上 4 个方面可知,在制品的管理在车间具有重要作用,采用实时定位系统对在制品进行实时定位和追踪,可以实现在制品的合理分配和动态管理。

2. 刀具、量具、工装等生产要素

在离散制造车间,刀具、量具、工装等生产要素需要实时定位和追踪的原因是,这些生产要素通常是在不同的工位间流动,且被多个工位同时需求,如果某个工人找不到合适的此类生产要素,往往会导致生产任务不能及时进行,影响生产效率;此外,这些生产要素是车间固有资产,有些是贵重资产,采用实时定位系统管理此类生产要素,可以减少车间的资产损失。

3. AGV 小车

在自动化程度较高的离散制造车间，通常会有 AGV 小车，采用实时定位系统可以对 AGV 小车进行导航和定位，此时因为全车间都有了实时定位系统的部署，对 AGV 小车的定位和导航的成本会降低。

4. 车间人员

车间人员可以配戴 RFID 标签设备，如 RFID 胸卡、RFID 手腕等，成为离散制造车间实时定位系统中的移动对象，通过对人员的定位监控，可以实现人员的有效管理。

在制造物联车间，所有的生产资料都进行了相关的标签的标识，固定生产资料如机床、工作台等生产要素一般情况下位置固定，不需要专门的定位，而对于某些可以移动的生产资料则需要进行专门的定位和信息管理，帮助工人实现车间对象的快速查找，提高生产效率。本系统的定位对象确定为：在制品、刀具、量具、工装、AGV 小车以及车间人员。

15.2.2 RFID 设备部署与车间规划

RFID 读写器对标签的读写操作实际是通过天线与 RFID 标签进行通信，因此在 RFID 实时定位系统中，RFID 天线是直接参与定位的设备，为了降低成本，本系统中一个 RFID 读写器将配置多个天线，用天线代替 RFID 读写器进行标签 RSSI 的采集。如图 15.5 所示，一个 RFID 读写器配置了 4 个天线，4 个天线可以根据接口不同进行区分识别，每个天线都有一个可识别范围，用虚线圆表示，因此每个天线都有一个逻辑可识别区域，我们把这些天线叫做逻辑读写器。当生产要素通过不同天线所代表的识别范围时，即通过逻辑读写器的可识别区域时，可以根据逻辑读写器 (天线) 的位置和识别范围对生产要素进行定位，这样，一个 RFID 读

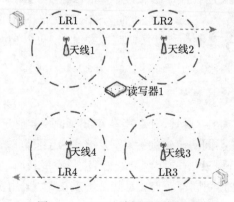

图 15.5 RFID 读写器逻辑配置

写器变为 4 个逻辑 RFID 读写器, 大大增大了可识别范围, 降低了系统成本。因此, 制造业 RFID 实时定位系统中的读写器指的是 RFID 天线形成的逻辑读写器, 假设有 n 个 RFID 读写器, 通过逻辑配置, 可用的逻辑 RFID 读写器为 $4n$ 个。虽然 RFID 设备的价格在降低, 但是 RFID 读写器的单价还是昂贵的, 尤其是在离散制造车间大面积部署时, 采用逻辑读写器 (即天线) 可以大大降低部署成本。

　　为了进一步降低系统实施成本, RFID 天线并没有在全车间全部范围覆盖, 根据离散车间的特点和定位方法的不同, 将天线部署在重要的工位、车间出入口等位置, RFID 标签部署在地面作为参考地标标签以及 AGV 的定位导航。由此可以得知, 车间根据是否被 RFID 天线识别, 分为两个区域: 可识别区和盲区。可识别区是指当标签在此区域内运动时, 至少可以被一个 RFID 天线检测识别到; 盲区是指标签在此区域运动时, 没有任何天线能够检测识别到。如图 15.6 所示, 被 RFID 读写器覆盖的范围, 即图中圆圈覆盖区域, 在此区域内, RFID 标签至少可以被一个 RFID 天线检测到, 从而可以确定标签的位置信息, 而图 15.6 中, 1~7 区区域内的 RFID 标签不能被任何读写器天线检测到, 这些区域是未被 RFID 天线覆盖的区域, 叫做 RFID 覆盖盲区, 因此, 车间区域在逻辑上分为覆盖区和盲区, 如式 (15.1) 所示:

$$R_{\mathrm{workshop}} = \begin{cases} \mathrm{B} = (\mathrm{B}_k | k = 1, 2, 3, \cdots, n) \\ \mathrm{C} \end{cases} \tag{15.1}$$

式中, B 代表盲区; B_k 代表第 k 个盲区; C 代表可识别区。

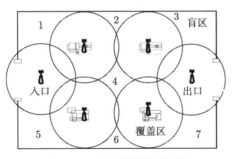

图 15.6　车间逻辑区域分类

　　显而易见, 盲区和覆盖区所采用的定位方法不同, 对于覆盖区, 根据定位精度的不同又可分为初始定位方法和精确定位方法, 下面对这些定位方法进行介绍。

15.2.3　初始定位方法

　　初步定位: 从图 15.6 可知, 在离散制造车间 RFID 读写器覆盖的区域, RFID 标签在此区域活动时, 读写器可以获取标签信息, 从而实现对标签的定位。初步定位是确定待定位标签的区域位置信息，也就是对待定位标签进行范围确定，优点是定位快速，易于实现。其定位原理如图 15.7 所示。

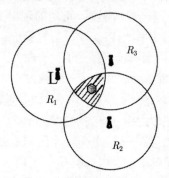

图 15.7　初始定位原理图

读写器的识别区域设为

$$R = \{R_i | i = 1, 2, 3, \cdots, n\} \tag{15.2}$$

式中，R_i 代表第 i 个读写器的识别区域，n 代表读写器的总数。当待定位标签在车间移动时，它可以被至少一个读写器检测到的时候，说明在这些读写器的共同可识别区域内，即标签在读写器的公共交叉覆盖区，其初始区域可以定位为

$$IR = R_{m1} \bigcap R_{m2} \bigcap \cdots \bigcap R_{mn} \tag{15.3}$$

待定位对象的初始位置可以由 3 个读写器确定为

$$IR = R_1 \bigcap R_2 \bigcap R_3 \tag{15.4}$$

由上可见，初始定位的精度为区域精度，当待定位标签只能被一个读写器检测识别到时，其初始位置可以为该读写器的识别区域；当待定位标签被多个读写器同时检测识别到时，则初始位置为读写器识别范围的交集。初始定位的定位精度取决于同时识别到待定位标签的读写器的数量，具有灵活、快速的特点，但是其定位结果始终为范围，当工人需要知道定位对象的具体坐标时，初始定位就显得力不从心，因此，需要更精确的定位方法，确定待定位对象的坐标信息。

15.2.4　精确定位方法

精确定位的目标是坐标级别的定位，采用RFID定位最广泛使用的定位方法——LANDMARC 定位方法，LANDMARC 定位方法的执行，需要参考标签、读写器和待定位标签。LANDMARC 方法的定位原理和过程参见第 10 章。

当待定位标签只能被 1 个读写器识别到的时候，定位精度会受到影响，本书采用手持式读写器，来提高定位精度。在实现了对待定位标签的初始定位之后，工人可以使用手持式读写器到初始定位区域，采用手持式读写器为一个固定读写器，参与到 LANDMARC 定位方法中，实现精确定位。可见，手持式读写器参与精确定位的前提是手持式读写器的坐标位置已知，因此，精确定位之前，需要对手持式读写器自身进行定位。其定位采用的是参考标签对读写器的定位方法，手持式读写器可以根据收到参考标签的 RSSI 值，RSSI 值越大，说明该参考标签距离手持式读写器最近。根据此原理，选取 RSSI 最大的 3 个参考标签，采用式 (15.5) 计算手持式读写器的坐标。定位原理如图 15.8 所示。

$$\begin{cases} x_0 = x_1 w_1 + x_2 w_2 + x_3 w_3 \\ y_0 = y_1 w_1 + y_2 w_2 + y_3 w_3 \end{cases} \tag{15.5}$$

图 15.8　手持式读写器自身定位原理图

此时手持式读写器的坐标已知，可以当作一个固定 RFID 读写器，参与到 LANDMARC 定位过程中，实现精确定位过程。

15.2.5　盲区定位方法

盲区是不能被 RFID 天线检测识别的区域，标签在此区域内移动时，不会被任何固定式读写器天线检测到，此时可以采用手持式读写器进行定位。工人可以持手持式读写器在不同的盲区进行搜索，当在某一盲区内检测到标签时，认为该标签位于这一盲区，定位目的达到。盲区定位的突出优点是降低了系统成本。

15.3　定位精度的提高和测试

因为初始定位方法和盲区定位方法不涉及精度因素，因此定位精度的提高是针对精确定位方法。在 LANDMARC 系统中，最近邻算法是核心。提高 LANDMARC 系统定位精度的一个重要研究方向就是改进最近邻算法。此外，LANDMARC 原型系统中参考标签以横向间隔 1m，纵向间隔 2m，网格状排布，参考标签的部署密度对定位精度存在影响，参考标签数目多时会提高定位精度，但是也会造成信号的干扰,因此,本书从最近邻算法的改进和参考标签的优化部署两方面来提高定位精度。

15.3.1 改进的 LANDMARC 最近邻算法

针对 LANDMARC 系统在制造车间定位实施中存在的问题,本书提出一种融合了最小二乘曲线拟合算法与 LANDMARC 算法的最近邻算法。首先通过高斯模型筛选 RSSI 值,排除大干扰事件对定位的影响,保证数据源的准确性;其次利用最小二乘曲线拟合算法对待测标签预定位,并在分析拟合算法误差的基础上,给出选择最近参考标签的评断距离;将评断距离转化为待测标签与参考标签的 RSSI 差值,从而确定出最近邻标签的候选标签;最后根据最近邻参考标签的权重计算待测标签的位置。

本节提出的改进的 LANDMARC 最近邻算法定位基本流程如图 15.9 所示。

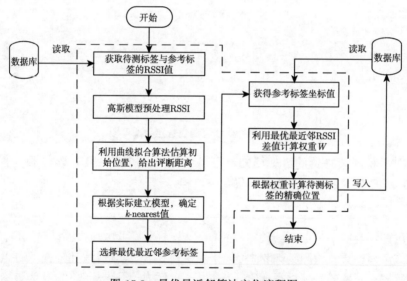

图 15.9 最优最近邻算法定位流程图

1. 高斯模型预处理 RSSI

经典的 LANDMARC 算法是以接收到的 RSSI 值为核心依据的定位算法,在制造环境条件下,车间内部运转的机床设备、物料、人员以及移动的 AGV 小车都将对标签 RSSI 值的采集形成干扰。因此,针对采集到的 RSSI 值进行的相关处理技术至关重要,下面分别讨论两种均值计算方法。

统计均值模型通过在每个节点处采集 N 个 RSSI 样本值,并在此 RSSI 样本均值的基础上,建立数据模型,该模型通过控制样本容量来平衡定位的实时性与定位的精确度。大样本空间虽然可以有效地解决 RSSI 值的随机性, 但也不可避免地增加了系统计算量, 需要指出的是, 该模型在处理大干扰事件时效果不佳。

高斯模型是以 RSSI 值出现概率大小为依据建立的数据处理模型, 在同一位置的不同时刻, 读写器将会读回标签 n 个大小不等的场强值, 样本数据中又必然存在着小概率事件与噪声干扰, 这些小概率事件和噪声干扰将会对 RSSI 定位产生极大干扰, 高斯模型通过设定临界点, 筛选出高概率发生区域对应的 RSSI 值, 屏蔽掉小概率事件的发生对数据采集的影响, 再将筛选出的 RSSI 集求几何平均值, 作为定位依据, 从而大大提高定位数据采集的准确性。

普遍采用的 RSSI 室内路径损耗模型[163] 为

$$(p)_{\mathrm{dB}} = (p_0)_{\mathrm{dB}} - 10n \lg \left(\frac{d}{d_0} \right) + \xi \tag{15.6}$$

式中, d_0 为近地面参考距离, 由实验测试狱得; p_0 是距离为 d_0 时测得的信号强度; p 是读写器距离标签 d 时测得的信号强度; n 表示路径损耗指数, 随周围环境变化而变化; ξ 为遮蔽因子, $\xi : N(m, \sigma)$。

实际测得的 p 也服从高斯分布, 即 $p : N(m, \sigma)$, 其密度函数为

$$F(x) = \frac{1}{\sigma \sqrt{2\pi}} \mathrm{e}^{-\frac{(x-m)^2}{2\sigma^2}} \tag{15.7}$$

式中,

$$m = \frac{1}{n} \sum_{i=1}^{n} X_i = \frac{X_1 + X_2 + \cdots + X_n}{n} \tag{15.8}$$

$$\sigma^2 = \frac{1}{n-1} \sum_{i=1}^{n} (X_i - m)^2 \tag{15.9}$$

本书在每个距离点上分别采集 500 次 RSSI 值, 取 0.6 作为临界值, 即选择高斯分布函数值大于 0.6 所对应的 RSSI 值。

统计均值模型与高斯模型处理后的数据曲线, 如图 15.10 所示。可以看出, 在 D=400cm 和 D=510cm 等处, 统计均值模型数据处理出现了较为严重的波动, 反观高斯模型数据处理曲线较为平滑, 由此说明高斯模型更能有效地避免随机性大干扰事件的发生, 稳定性更好。

2. 最小二乘曲线拟合

定义 $\lambda_{ij} (i = 1, 2, \cdots, k; j = 1, 2, \cdots, n)$ 表示第 i 个读写器所测得的第 j 个参考标签的 RSSI 值, 这里记作 x_i; 第 j 个参考标签到第 i 个读写器的距离 $s = \sqrt{(x_i - x_j)^2 + (y_i - y_j)^2}$, 其中参考标签坐标 (x_i, y_i), 读写器坐标 (x_j, y_j), 这里记作 $f(x_i)$, 则有 $s = f(\lambda_{ij})$。

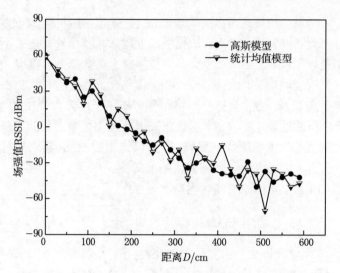

图 15.10 统计均值模型与高斯模型处理后的数据曲线对比图

设 $f(x)$ 为定义在 $(m+1)$ 个节点 $a = x_0 < x_1 < \cdots < x_m = b$ 上给定的离散函数, 即 $f(x)$ 完全由函数表 $(x_i, f(x_i))$ $(i = 0, 1, \cdots, n)$ 所确定。设 $\varphi_0(x), \varphi_1(x), \cdots,$ $\varphi_n(x)$ 为 $C[a, b]$ 上线性无关的函数集合, $\theta = \mathrm{span}\{\varphi_0(x), \varphi_1(x), \cdots, \varphi_n(x)\}$。$f(x)$ 在 $(n+1)$ 个节点上的最小二乘曲线拟合 $s(x)$ 可由式 (15.10) 求得

$$\sum_{i=0}^{n} [f(x_i) - s(x_i)]^2 = \min_{s \in \theta} \sum_{i=0}^{n} [f(x_i) - s(x_i)]^2 \tag{15.10}$$

定义 $s(x) = \sum_{k=0}^{n} a_k \phi_k(x)$, 相当于求多元函数 $F(a_0, a_1, \cdots, a_n) = \sum_{i=0}^{n} [f(x_i) - \sum_{i=0}^{n} a_i \phi_i(x_i)]$ 的极小值, 于是

$$\frac{\partial F}{\partial a_k} = -2 \sum_{i=0}^{n} [f(x_i) - \sum_{i=0}^{n} a_i \phi_i(x_i)] \phi_k(x_i) = 0 \tag{15.11}$$

引入离散函数内积 $(\phi_i, \phi_j) = \sum_{k=0}^{n} \phi_i(x_k) \phi_j(x_k)$, $\boldsymbol{a} = (a_0, a_1, \cdots, a_n)^{\mathrm{T}}$ 可由式 (15.12) 求得

$$\begin{bmatrix} (\phi_0, \phi_0) & (\phi_0, \phi_1) & \cdots & (\phi_0, \phi_n) \\ (\phi_1, \phi_0) & (\phi_1, \phi_1) & \cdots & (\phi_1, \phi_n) \\ \vdots & \vdots & & \vdots \\ (\phi_n, \phi_0) & (\phi_n, \phi_1) & \cdots & (\phi_n, \phi_n) \end{bmatrix} \begin{bmatrix} a_0 \\ a_1 \\ \vdots \\ a_n \end{bmatrix} = \begin{bmatrix} (f, \phi_0) \\ (f, \phi_1) \\ \vdots \\ (f, \phi_n) \end{bmatrix} \tag{15.12}$$

本书取 $\theta = \mathrm{span}\left\{1, x, x^2, \cdots, x^n\right\}$，那么多项式拟合法方程为

$$
\begin{bmatrix}
(1,1) & (1,x) & \cdots & (1,x^n) \\
(x,1) & (x,x) & \cdots & (x,x^n) \\
\vdots & \vdots & & \vdots \\
(x^n,1) & (x^n,x) & \cdots & (x^n,x^n)
\end{bmatrix}
\begin{bmatrix}
a_0 \\
a_1 \\
\vdots \\
a_n
\end{bmatrix}
=
\begin{bmatrix}
(1,f) \\
(x,f) \\
\vdots \\
(x^n,f)
\end{bmatrix}
\tag{15.13}
$$

至此可求出基于 $(m+1)$ 个 RSSI 值的最小二乘拟合多项式 $s(x)$。为了便于计算，这里取 $n = 3$，二次多项式曲线拟合误差可由式 (15.14) 计算：

$$
e_1 = \sqrt{\sum_{j=0}^{m} \left(f(x_j) - s(x_j)\right)^2}
\tag{15.14}
$$

解如下方程组即可求得待测标签的初始坐标 (x_T, y_T)：

$$
\begin{cases}
(x_T - x_j)^2 + (y_T - y_j)^2 = s(x_j)^2 \\
(x_T - x_k)^2 + (y_T - y_k)^2 = s(x_k)^2 \\
(x_T - x_l)^2 + (y_T - y_l)^2 = s(x_l)^2
\end{cases}
\tag{15.15}
$$

计算初始位置与参考标签的距离，结合定位误差设定评断距离 d_s。

3. k-nearest 值自适应

在复杂的制造车间环境下，读写器被障碍物所隔挡的情况极为普遍，实际模型如图 15.11 所示。

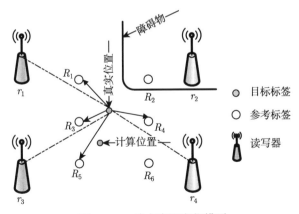

图 15.11　建立实际定位模型

模型中障碍物将参考标签 R_2 和读写器 r_2 隔离，相当于读写器 r_2 不能正常工作，参考标签 R_2 也无法参与计算。障碍物包括各种情况，如叉车的来回移动、人

员的流动、AGV 小车的移动等，都会使得读写器接收不到电子标签的信号。在这种情况下，按照经典的 LANDMARC 算法，取固定值 $k\text{-nearest} = 4$，待测标签的区域就不再是由 R_1, R_2, R_3, R_4 围成的一个矩形区域，而是由 R_1, R_3, R_4, R_5 围成的一个多边形区域。显然，按此算法计算得到的待测标签位置与其真实位置相比将会有很大偏差。

针对以上问题，本书提出 $k\text{-nearest}$ 的自适应机制，该方法的主要思想如下：抽象出读写器与待测标签两种关联关系，包括正常工作关系和设备故障关系，并设置标志位 p 作为读写器的新增属性，通过检测标志位 p 来判断读写器的工作状态；当读写器能够监测到待测标签并返回标签 RSSI 值时，两者视为正常工作关系，此时令 $p = 1$；否则均视为设备故障关系，令 $p = 0$。假定处于待测标签感知区域的正常工作的读写器个数为 n，如果 $n < 4$，则最近邻标签个数 $k\text{-nearest} = 3$，否则 $k\text{-nearest} = 4$。

4. 最优参考标签选取及坐标计算

按照图 15.11 中 RFID 系统的布局，在某区域部署 m 个随机分布的待测标签、k 个固定式读写器以及 n 个均匀分布的参考标签。

定义参考标签信号强度矩阵 $\boldsymbol{\lambda}$

$$\boldsymbol{\lambda} = \begin{bmatrix} \lambda_{11} & \lambda_{12} & \cdots & \lambda_{1n} \\ \lambda_{21} & \lambda_{22} & \cdots & \lambda_{2n} \\ \vdots & \vdots & & \vdots \\ \lambda_{k1} & \lambda_{k2} & \cdots & \lambda_{kn} \end{bmatrix} \tag{15.16}$$

式中，$\lambda_{ij}\,(i = 1, 2, \cdots, k; j = 1, 2, \cdots, n)$ 表示第 i 个读写器所测得的第 j 个参考标签的 RSSI 值。同样，定义待测标签信号强度矩阵 $\boldsymbol{f}$

$$\boldsymbol{f} = \begin{bmatrix} f_{11} & f_{12} & \cdots & f_{1m} \\ f_{21} & f_{22} & \cdots & f_{2m} \\ \vdots & \vdots & & \vdots \\ f_{k1} & f_{k2} & \cdots & f_{km} \end{bmatrix} \tag{15.17}$$

第 i 个读写器测得的参考标签与待测标签之间的场强差矩阵 $\boldsymbol{R_i}$ 为

$$\boldsymbol{R_i} = \begin{bmatrix} r_{i11} & r_{i12} & \cdots & r_{i1m} \\ r_{i21} & r_{i22} & \cdots & r_{i2m} \\ \vdots & \vdots & & \vdots \\ r_{in1} & r_{in2} & \cdots & r_{inm} \end{bmatrix} \tag{15.18}$$

式中, $r_{knm} = |f_{kn} - \lambda_{km}|$ 表示第 i ($i = 1, 2, \cdots, k$) 个读写器测到的第 n 个参考标签与第 m 个待测标签的场强差。比较每列的场强差, 将超出评断距离的参考标签与待测标签的场强差值设为 inf(无穷大数), 可以求得第 i 个读写器获得的最近邻标签矩阵 $\boldsymbol{R_i^*}$ 为

$$\boldsymbol{R_i^*} = \begin{bmatrix} r_{i11} & r_{i12} & r_{i13} & \cdots & r_{i1j} & \cdots & r_{i1m} \\ r_{i21} & r_{i22} & r_{i23} & \cdots & r_{i2j} & \cdots & r_{i2m} \\ r_{i31} & r_{i32} & r_{i33} & \cdots & r_{i3j} & \cdots & r_{i3m} \\ \vdots & \vdots & \vdots & & \vdots & & \vdots \\ \text{inf} & \text{inf} & \text{inf} & \cdots & \text{inf} & \cdots & \text{inf} \end{bmatrix} \tag{15.19}$$

定义 $\boldsymbol{A}_{ij} = (r_{i1j}, r_{i2j}, r_{i3j}, \cdots, \text{inf})^{\mathrm{T}}$ 表示第 i 个读写器测得第 j 个待测标签的最近邻标签, 确定出第 j 个待测标签的所有最近邻标签矩阵为 $\boldsymbol{T}_j = (A_{1j}, A_{2j}, A_{kj})$。假设 u_i 为第 i 个读写器选定的最近邻参考标签个数, 那么第 j 个待测标签所有最近邻参考标签个数为 $w = u_1 + u_2 + \cdots + u_k$。待测标签 u 与参考标签的距离关系可以由相关度矩阵 $\boldsymbol{D}^*$ 表示

$$\boldsymbol{D}^* = \begin{bmatrix} d_{11} & d_{12} & \cdots & d_{1u} \\ d_{21} & d_{22} & \cdots & d_{2u} \\ \vdots & \vdots & & \vdots \\ d_{w1} & d_{w2} & \cdots & d_{wu} \end{bmatrix} \tag{15.20}$$

待测标签的坐标可由式 (15.21) 求得

$$(x_t, y_t) = \sum_{i}^{k\text{-nearest}} w_i(x_i, y_i) \tag{15.21}$$

$$w_i = \frac{\dfrac{1}{d_{ui}{}^2}}{\displaystyle\sum_{j=1}^{k\text{-nearest}} \dfrac{1}{d_{uj}{}^2}} \tag{15.22}$$

式中, k-nearest 表示最近邻参考标签的个数, 这里取 k-nearest $= 3$; (x_i, y_i) 表示待测标签 u 的最近邻参考标签的坐标; w_i 表示第 i 个参考标签在 k-nearest 个最近邻参考标签中所占的权重。

定位误差为

$$e_1 = \sqrt{(x_t - x_0)^2 + (y_t - y_0)^2} \tag{15.23}$$

式中，(x_0, y_0) 是待测标签的实际位置坐标；(x_t, y_t) 是改进定位算法给出的待测标签坐标。

15.3.2　二维空间的参考节点部署优化

1. 必要性分析

本书考虑到以下方面，针对参考节点的部署问题进行了深入研究。

1) 参考节点部署是关乎算法的收敛性

参考节点的部署是 LANDMARC 定位算法的前提条件，参考节点的是否合理部署影响了 LANDMARC 系统最终能否正常收敛，在实际定位场景中，人为部署的参考节点极可能导致算法不能收敛的情况发生，一旦算法不能收敛，LANDMARC 算法将无法确定出最近邻标签，即无法实现目标对象的定位。

2) 参考节点部署影响到最近邻参考标签的权重计算

参考标签权重的计算也是 LANDMARC 算法中的重要环节，在由算法筛选出最近邻参考标签之后，需要先确定这些标签与目标对象的权重关系，进而通过多边形求解，计算出目标对象的位置坐标，参考标签部署必将解决参考标签间距和密度等部署问题，这在一定程度上将影响目标对象的定位精度。

3) 参考标签部署的研究现状

目前关于参考标签部署的理论研究还很少，大部分都是基于实验的对比结果，给出相对较优的部署方案，缺乏相关的理论性分析研究。还有部分的研究只是侧重考虑参考节点数量的问题，并没有关心参考节点的相对位置，得出参考节点密度越大定位精度一定越高的错误结论。事实上，参考节点的部署涉及节点数量与节点间距等多种因素，对于一个特定的定位目标对象，随着场景的不同，可以选择不同的参考节点部署形式。在离散制造车间复杂多变的环境中，获得目标对象的实时定位更加困难，这就有必要对参考节点的部署形式深入分析，再者，参考节点的部署是一个完全可控的问题，通过研究参考节点之间的部署位置，能够最大限度地避免因参考节点部署问题而导致的定位误差。

本书从参考节点部署优化入手，提出参考节点的正三角形部署方案，然后从部署收敛性和部署误差两个角度，阐述了正三角形参考标签部署方案的优越性。

2. 正三角形参考节点部署优化

在二维空间中只有三个圆才能唯一确定未知节点的位置，如图 15.12(a) 所示。对于在二维空间的节点定位问题可以通过节点之间的距离来计算，如果有两个已知的节点坐标，去求解未知节点坐标时，就会出现定位值不确定的过程，如图 15.12(b) 所示，可以看出，两个圆的交点有两个，可能出现 p，p_0 两个点的情况。

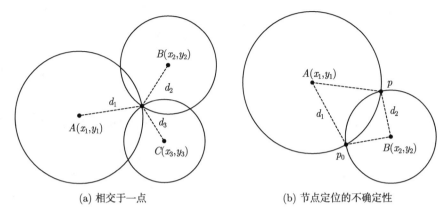

(a) 相交于一点　　　　　　　　(b) 节点定位的不确定性

图 15.12　二维空间节点定位

通过三个不同的参考节点 $p_i(x_i, y_i)$，计算未知节点 $p(x_0, y_0)$，首先需要计算参考节点与未知节点的距离 $r_i = d(p, p_i)$。

根据多边形定位，有下列方程组：

$$\begin{cases} (x - x_1)^2 + (y - y_1)^2 = r_1^2 \\ (x - x_2)^2 + (y - y_2)^2 = r_2^2 \\ (x - x_3)^2 + (y - y_3)^2 = r_3^2 \end{cases} \tag{15.24}$$

式中，p_i 和 p 之间的距离 $r_i = d(p, p_i)$ 是通过 RSSI 在空间的衰减模型计算的。简单扩展后，可得

$$\begin{cases} x^2 + x_1^2 - 2xx_1 + y^2 + y_1^2 - 2yy_1 = r_1^2 \\ x^2 + x_2^2 - 2xx_2 + y^2 + y_2^2 - 2yy_2 = r_2^2 \\ x^2 + x_3^2 - 2xx_3 + y^2 + y_3^2 - 2yy_3 = r_3^2 \end{cases} \tag{15.25}$$

进一步扩展将得

$$\begin{cases} 2(x_1 - x_2)x + 2(y_1 - y_2)y = T_1 \\ 2(x_1 - x_3)x + 2(y_1 - y_3)y = T_2 \end{cases} \tag{15.26}$$

式中，

$$\begin{cases} T_1 = r_2^2 - r_1^2 - x_2^2 + x_1^2 - y_2^2 + y_1^2 \\ T_2 = r_3^2 - r_1^2 - x_2^2 + x_1^2 - y_2^2 + y_1^2 \end{cases} \tag{15.27}$$

故此坐标计算就转化为求一个线性方程解的问题，定位算子 Δ 的值为

$$\Delta = 4((x_1 - x_2)(y_1 - y_3) - (x_1 - x_3)(y_1 - y_2)) \tag{15.28}$$

当 $\Delta^2 \neq 0$ 时，那么未知节点的位置坐标为

$$\begin{cases} x_0 = \dfrac{1}{\Delta^2}\left(2T_1\left(y_1 - y_3\right) - 2T_2\left(y_1 - y_2\right)\right) \\ y_0 = \dfrac{1}{\Delta^2}\left(2T_2\left(x_1 - x_2\right) - 2T_1\left(x_1 - x_3\right)\right) \end{cases} \tag{15.29}$$

如图 15.13 所示，每个节点所构成的圆相交，图中围成的阴影区域面积大小代表了定位误差大小，下面推导如何使得区域面积最小。

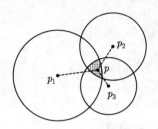

图 15.13　定位误差区域

对于这个三角形 $p_1p_2p_3$ 来说，其面积可以用矢量的方法来表示

$$2\mathrm{area}\left(p_1p_2p_3\right) = |\overrightarrow{p_1p_2}|\,|\overrightarrow{p_1p_3}|\sin\theta \tag{15.30}$$

式中，θ 是向量 $\overrightarrow{p_1p_2}$ 和 $\overrightarrow{p_1p_3}$ 之间的夹角，$\theta = \angle(\overrightarrow{p_1p_2}, \overrightarrow{p_1p_3})$，经过计算可得

$$\begin{aligned} 2\mathrm{area}\left(p_1p_2p_3\right) &= |\overrightarrow{p_1p_2}|\,|\overrightarrow{p_1p_3}|\sqrt{1 - \cos^2\theta} \\ &= \sqrt{|\overrightarrow{p_1p_2}|^2\,|\overrightarrow{p_1p_3}|^2 - |\overrightarrow{p_1p_2}|^2\,|\overrightarrow{p_1p_3}|^2\cos^2\theta} \\ &= \sqrt{|\overrightarrow{p_1p_2}|^2\,|\overrightarrow{p_1p_3}|^2 - (\overrightarrow{p_1p_2}\cdot\overrightarrow{p_1p_3})^2} \end{aligned} \tag{15.31}$$

式中，$(\cdot)$ 表示两个向量的内积，有下列关系：

$$\begin{cases} |\overrightarrow{p_1p_2}|^2 = (x_1 - x_2)^2 + (y_1 - y_2)^2 \\ |\overrightarrow{p_1p_3}|^2 = (x_1 - x_3)^2 + (y_1 - y_3)^2 \end{cases} \tag{15.32}$$

$$(\overrightarrow{p_1p_2}\cdot\overrightarrow{p_1p_3})^2 = ((x_1 - x_2)(x_1 - x_3) + (y_1 - y_2)(y_1 - y_3))^2 \tag{15.33}$$

这样，三角形 $p_1p_2p_3$ 的面积有如下转换：

$$\begin{aligned} &2\mathrm{area}\left(p_1p_2p_3\right) \\ &= \sqrt{\left((x_1-x_2)^2 + (y_1-y_2)^2\right)\left((x_1-x_3)^2 + (y_1-y_3)^2\right) - \left((x_1-x_2)(x_1-x_3) + (y_1-y_2)(y_1-y_3)\right)^2} \\ &= \sqrt{\left((x_1-x_2)(y_1-y_3) - (x_1-x_3)(y_1-y_2)\right)^2} = |\Delta^2| \end{aligned} \tag{15.34}$$

对于 $i = 1$, 2, 3 时，通过定义可得

$$C_{pi} = \left\{ (x,y) \left| (x - x_i)^2 + (y - y_i)^2 \leqslant (r_i + \varepsilon_i)^2, (x - x_i) + (y - y_i)^2 \geqslant r_i^2 \right. \right\} \quad (15.35)$$

由于每个节点的测量都是相对独立的，对于每两个节点之间的定位误差来讲，为了简化分析，假定误差的大小是相等的，所以当式 (15.35) 中的 $\varepsilon_i = 0$ 时，$\bigcap_i C_{pi}$ 将汇聚成一个点，当 $\varepsilon_i > 0$ 时，$\bigcap_i C_{pi}$ 将是一个小区域，即定位误差区域。

定义 S_p 的面积：

$$\left\{ (x,y) \left| (x - x_0)^2 + (y - y_0)^2 = \varepsilon^2 \right. \right\} \quad (15.36)$$

这里过点 p 和 p_i 作直线 L_{p,p_i}，直线将和圆 S_p 相交于两点 $q_{i,1}$ 和 $q_{i,2}$，对于 $j = 1$, 2，分别经过圆 S_p 上的两个点 $q_{i,j}$ 作切线，然后切线所交点为 $l_{q_{i,j}}$，那么区域 $\widetilde{C}_{pi}$ 将处于 $l_{q_{i,1}}$ 和 $l_{q_{i,2}}$ 之间，如图 15.14 所示。

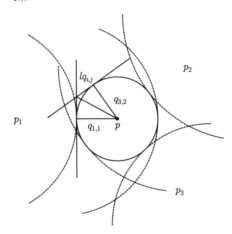

图 15.14　节点定位误差分析

当检测误差 ε 较小时，pC_{pi} 附近的区域可以被线性化，并且被估计为 $\widetilde{C}_{pi}$，同时，有 $\mathrm{area}(C_{pi}) \approx \mathrm{area}\left(\widetilde{C}_{pi}\right)$，这样，三个参考节点的优化配置将使 $\mathrm{area}\left(\widetilde{C}_{pi}\right)$ 最小化。

设 $\beta_{i,j}$ 是向量 $\overrightarrow{pp_i}$ 和 $\overrightarrow{pp_j}$ 之间的夹角，经过推导，可得

$$\mathrm{area}(\widetilde{C}) = 2\varepsilon^2 \left(\tan\frac{\beta_{1,2}}{2} + \tan\frac{\beta_{2,3}}{2} + \tan\frac{\beta_{3,1}}{2} \right) \quad (15.37)$$

而对于 $\beta_{1,2}$，$\beta_{2,3}$，$\beta_{3,1}$ 来说，有如下关系：

$$\beta_{1,2} + \beta_{2,3} + \beta_{3,1} = \pi \quad (15.38)$$

且 $(\tan x)'' = 2\tan x\,(1 + \tan x) \geqslant 0$, 所以当 $0 \leqslant x \leqslant \dfrac{\pi}{2}$ 时, 可得

$$
\begin{aligned}
\text{area}\left(\widetilde{C}\right) &= 6\varepsilon^2 \frac{\left(\tan \dfrac{\beta_{1,2}}{2} + \tan \dfrac{\beta_{2,3}}{2} + \tan \dfrac{\beta_{3,1}}{2}\right)}{3} \\
&\geqslant 6\varepsilon^2 \tan \frac{\beta_{1,2} + \beta_{2,3} + \beta_{3,1}}{6} = 6\varepsilon^2 \tan \frac{\pi}{6}
\end{aligned}
\tag{15.39}
$$

当且仅当 $\beta_{1,2} = \beta_{2,3} = \beta_{3,1} = \dfrac{\pi}{3}$ 时, 这个方程等式成立。

由此可以得出, 当三个参考节点之间形成等边三角形时, 未知节点的定位误差最小。

3. 正三角形参考节点部署收敛性分析

为了满足目标对象的定位需求, 需要在制造车间大面积铺设参考标签, 上节内容证明了当一个等边三角形参与定位时, 定位误差最小, 而当有多个三角形参与未知节点定位计算时, 定位误差的收敛性也是定位算法必须要考虑的, 下面介绍正三角形部署定位误差的收敛性。

为了简化问题, 参考节点按照图 15.15 部署, 其中等边三角形 ABO 三个点的坐标已知, C, D 点的坐标是未知的, 假设 $O(0,0)$, $A(x_1, y_1)$, $B(x_2, y_2)$, 通过等边三角形的位置关系即可求得 $C(-x_1, y_1)$, $D((2x_2 - x_1), y_1)$。

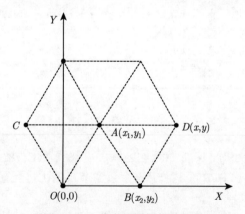

图 15.15　节点部署拓扑可复制

这样, 当在车间按照上述方式部署参考节点时, 只要知道一个等边三角形的坐标, 就可以通过这三个点来确定其余所有点的坐标, 并且这些点的坐标也是唯一确定的, 即这所有参考节点都可以通过拓扑复制而被唯一确定。

当等边三角形的个数 $n = 1$ 时, 小区域 C_{p1} 表示未知节点的可能区域, 当 $n = 2$ 时, 就相当于在对未知节点定位的基础上增加了一个区域 C_{p2}。对于每一个

参与定位的等边三角形的定位误差来讲，各个等边三角形之间的定位误差是独立的，C_{p2} 也代表着未知节点的可能存在区域。

由此可知，当增加一个等边三角形时，未知节点的可能区域就是 $\bigcap\limits_{i=1}^{2} C_{pi} = C_{p1} \bigcap C_{p2}$，即定位误差的区域是两个小集合的交集，这样就有 $\bigcap\limits_{i=1}^{2} C_{pi} \subseteq C_{p1}$ 或者 $\bigcap\limits_{i=1}^{2} C_{pi} \subseteq C_{p2}$，所以增加第二个等边三角形的定位误差 $C_{pi} \subseteq C_{p1}$ 时，则 $\bigcap\limits_{i=1}^{2} C_{pi} \subseteq C_{p1}$，故相比于 n 个等边三角形参与未知节点定位，当有 $(n+1)$ 个等边三角形时，定位效果一定更好。

当 $n > 2$ 时，未知节点的定位误差就是 n 个等边三角形形成的小区域的交集，多个交集如下：

$$\bigcap_{i=1}^{n} C_{pi} = C_{p1} \bigcap C_{p2} \bigcap \cdots \bigcap C_{pi} \bigcap \cdots \bigcap C_{pn} \tag{15.40}$$

这样，未知节点的定位误差大小为

$$\bigcap_{i=1}^{n} C_{pi} \leqslant \min \left\{ C_{p1}, C_{p2}, \cdots, C_{pi}, \cdots, C_{pn} \right\} \tag{15.41}$$

综上可知，未知节点的定位误差随等边三角形个数的递增而减小，即定位误差周期收敛。

4. 正三角形参考节点部署误差分析

上节推导出在二维空间中参考节点的形状是等边三角形时，未知节点的定位误差最小。下面分析，当参考节点是随机的部署所形成的三角形时，定位误差的区域与最优部署位置的误差大小关系。

对于 $\alpha_{1,2} + \alpha_{2,3} + \alpha_{3,1} = \pi$ 的随机部署的情况下，$\mathrm{area}\left(\widetilde{C}\right)$ 平均的误差区域和 $E\left(\mathrm{area}\left(\widetilde{C}\right)\right)$ 的期望相等。这里，有以下关系式成立：

$$E\left(\mathrm{area}\left(\widetilde{C}\right)\right) = 2\varepsilon^2 E\left(\tan \frac{\overrightarrow{x}}{2} + \tan \frac{\overrightarrow{y}}{2} + \cot \left(\frac{\overrightarrow{x}}{2} + \frac{\overrightarrow{y}}{2}\right)\right) \tag{15.42}$$

式中，向量 $(\overrightarrow{x}, \overrightarrow{y})$ 是属于下列区域 D 的具有同一分布的随机变量，D 区域如下表示：

$$D = \{(x,y) | x \geqslant 0, y \geqslant 0, x + y \leqslant \pi\} \tag{15.43}$$

因此，可以容易求得，向量 $(\overrightarrow{x}, \overrightarrow{y})$ 的概率分布是 $p(\overrightarrow{x}, \overrightarrow{y}) = \dfrac{2}{\pi^2}$。

于是

$$E\left(\mathrm{area}\left(\widetilde{C}\right)\right) = \frac{4\varepsilon^2}{\pi^2} \iint_D \tan \frac{x}{2} + \tan \frac{y}{2} + \cot \left(\frac{x}{2} + \frac{y}{2}\right) \mathrm{d}x\mathrm{d}y$$

$$= \frac{4\varepsilon^2}{\pi^2} \left(\int_0^\pi \int_0^{\pi-x} \tan\frac{x}{2} + \tan\frac{y}{2} + \cot\left(\frac{x}{2}+\frac{y}{2}\right) dydx \right)$$

$$= \frac{4\varepsilon^2}{\pi^2} \left(\int_0^\pi (\pi-x)\tan\frac{x}{2}dx - 4\int_0^\pi \ln\sin\frac{x}{2}dx \right) \tag{15.44}$$

考虑如下的变量变换，$x = \dfrac{\pi}{2} - t$，可得

$$\int_0^{\frac{\pi}{2}} \ln(\sin x)\,dx = -\int_{\frac{\pi}{2}}^0 \ln(\cos t)\,dt = \int_0^{\frac{\pi}{2}} \ln(\cos x)\,dx \tag{15.45}$$

将半角公式 $\sin x = 2\sin\dfrac{x}{2}\cos\dfrac{y}{2}$ 代入式 (15.45)，可得

$$\int_0^{\frac{\pi}{2}} \ln(\sin x)\,dx = \int_0^{\frac{\pi}{2}} \ln 2 dx + \int_0^{\frac{\pi}{2}} \ln\left(\sin\frac{x}{2}\right)dx + \int_0^{\frac{\pi}{2}} \ln\left(\cos\frac{x}{2}\right)dx \tag{15.46}$$

令 $x = 2t$，有如下变换：

$$\int_0^{\frac{\pi}{2}} \ln\left(\sin\frac{x}{2}\right)dx = 2\int_0^{\frac{\pi}{4}} \ln(\sin t)dt = 2\int_0^{\frac{\pi}{4}} \ln(\sin x)dx \tag{15.47}$$

令 $x = \pi - 2t$，有如下变换：

$$\int_0^{\frac{\pi}{2}} \ln\left(\cos\frac{x}{2}\right)dx = -2\int_0^{\frac{\pi}{2}} \ln(\sin t)dt = 2\int_{\frac{\pi}{4}}^{\frac{\pi}{2}} \ln(\sin x)\,dx \tag{15.48}$$

所以，式 (15.45) 可变换为

$$\int_0^{\frac{\pi}{2}} \ln(\sin x)dx = \int_0^{\frac{\pi}{2}} \ln 2 dx + 2\int_0^{\frac{\pi}{4}} \ln(\sin x)\,dx + 2\int_{\frac{\pi}{4}}^{\frac{\pi}{2}} \ln(\sin x)dx$$

$$= \frac{\pi\ln 2}{2} + 2\int_0^{\frac{\pi}{2}} \ln(\sin x)dx \tag{15.49}$$

将式 (15.49) 代入式 (15.44)，可得

$$E\left(\text{area}\left(\widetilde{C}\right)\right) = \frac{4\varepsilon^2}{\pi^2}\left(-2\int_0^\pi \cos\frac{x}{2}dx - 4\int_0^\pi \ln\sin\frac{x}{2}dx\right)$$

$$= \left(\frac{24\ln 2}{\pi}\right)\varepsilon^2 \tag{15.50}$$

式 (15.37) 得到的最优参考节点部署时误差区域大小为

$$\text{area}(\widetilde{C}) = 2\varepsilon^2\left(\tan\frac{\beta_{1,2}}{2} + \tan\frac{\beta_{2,3}}{2} + \tan\frac{\beta_{3,1}}{2}\right) \tag{15.51}$$

式中，将 $\beta_{1,2} = \beta_{2,3} = \beta_{3,1} = \dfrac{\pi}{3}$ 代入可得误差最小值 $\text{area}\left(\widetilde{C}\right) = 2\sqrt{3}\varepsilon^2$。

所以，通过对参考节点的合理部署可以提高定位精度：

$$\eta = \frac{\left(\dfrac{24\ln 2}{\pi}\right)\varepsilon^2 - 2\sqrt{3}\varepsilon^2}{\left(\dfrac{24\ln 2}{\pi}\right)\varepsilon^2} = 34.9\% \tag{15.52}$$

这里通过定量的分析，一方面验证了所提出的参考节点正三角形部署的优越性，另一方面，在理想状态下，最优参考节点部署的确能够较大程度地提高未知节点的定位精度。

本小节重点阐述了基于 LANDMARC 的最优最近邻改进定位算法的定位流程及关键模块设计，包括高斯模型 RSSI 预处理、最小二乘曲线拟合初定位、k-nearest 值的动态自适应以及参考标签的正三角形部署。

15.3.3　实例分析与性能测试

1. 设备选择与部署

1) 硬件设备选型

固定式读写器：选用 5 台远望谷公司生产的，型号为 XCRF-860 的固定式读写器；

参考标签：选用远望谷 ISO18000-6C 超高频标签，XC-TF8029-A-C-6C，支持密集读取模式，读取距离 0～8m，写入距离 0～4m；

待定位标签：选用远望谷 ISO18000-6C 超高频标签，XC-TF8029-A-C-6C，支持密集读取模式，读取距离 0～8m，写入距离 0～4m；

读写器功能描述：支持网口直接与 PC 双向通信，读写器工作频率为 902～928MHz，定频或跳频模式可选，RF输出功率为1.0W(+30dBm) 20～30dBm(+1dBm) 可调，步进 0.5dBm。提供 4 个软件可控的天线接口，可灵活连接天线组成扫描通道，在 XCAF 天线下测试，连续读标签距离 0～4m，连续写标签距离 0～2m。

2) 实验环境布置

本书实验的主要内容包括对基于 LANDMARC 的最优最近邻算法性能测试和正三角形参考标签部署优化的验证两个方面。为保证测试的有效性及实验结果的可信度，测试在能够模拟车间环境的实验区域进行。

实验环境下定位测试场景如图 15.16 所示。

环境中包括模拟制造车间环境的桌椅、若干障碍物等。矩形定位测试区域 20m×6m，参考标签按照一定的规则均匀铺设在实验地面，待测标签随机分布，8 个天线的位置坐标为 $L_1(0,0)$、$L_2(0,7)$、$L_3(0,13)$、$L_4(0,20)$、$L_5(10,0)$、$L_6(10,7)$、$L_7(10,13)$、$L_8(10,20)$，其中，R 表示两个 XCRF-860 读写器；A 代表待测标签，由于实物图空间关系，未全部标出；antenna 表示组成定位网络的读写器天线。

图 15.16　实验测试场景图

2. 系统定位性能测试

为了满足离散制造车间环境定位的实际需求,本书从系统的定位精度、系统的响应时间和系统的稳定性三个方面评定定位系统的定位性能。

实验 1:系统的定位精度测试

参考标签部署采用矩形分布,水平间距与垂直间距均为 $d = 0.6\text{m}$,选定区域内某一个特定待测标签,将其放置于区域内固定的 50 个位置,分别用 LANDMARC 和改进算法进行定位,每个位置处测试 10 次,并计算每个位置处的平均定位误差,对比如图 15.17 所示。

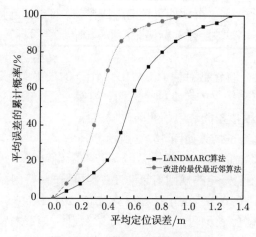

图 15.17　系统定位精度对比图

如图 15.17 所示, 本书提出的最优最近邻定位算法的定位误差主要集中在区间 (0.2m,0.5m), 最小平均定位误差可达 0.2m, 最大平均定位误差 1m, 平均定位误差小于 0.6m 的概率高达 90%, 明显优于原 LANDMARC 算法。

实验 2: 系统的响应时间测试

系统响应时间测试是检测系统的实时性能, 是否能够满足客户端的实时定位要求, 离散制造车间定位系统的客户端包括 Windows XP 台式机、搭载 Windows CE 操作系统的手持式读写器和搭载 ios 系统的 iPad, 下面分别对其进行响应时间测试, 绘制平均响应时间对比如表 15.1 所示。

表 15.1　系统响应时间对比

终端	用户个数/位	平均响应时间/ms
Windows XP 台式	10	900
Windows CE 手持式	5	1200
ios iPad	5	1300

由表 15.1 可以发现, 在同一操作系统下的多个终端同时发出定位请求下, 服务器的平均响应时间仍保持在 1s 左右, 所以, 系统 Web 服务器的处理能力还是能很好地满足实时性定位要求。

实验 3: 系统的稳定性测试

参考标签部署仍采用矩形方式, 参考标签数量与实验 1 中保持不变, 选定区域内某一个特定待测标签, 放置于区域内固定的 50 个位置, 采用本书的基于 LANDMARC 的最优最近邻算法, 分别进行定位测试, 每个位置处测试 10 次, 计算每个位置处的平均定位误差 (ALE), 绘制平均误差三维分布图如图 15.18 所示。

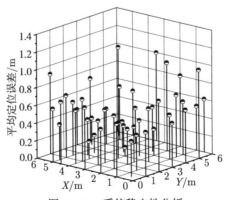

图 15.18　系统稳定性分析

可以发现, 区域中心与区域边缘定位效果差别不大, 中心位置定位效果略好, 定位测试过程中只出现了少许扰动, 系统稳定性较好。

为验证上文中在有隔挡的情况下建立的数学模型, 将进一步探讨 k-nearest 值的选取对系统稳定性的影响，设计如下对比实验。在定位环境中人员流动量大 (要至少造成 1 个读写器被阻隔) 的情况下，将算法中 k-nearest 设置为 3、4、5 固定值，仍在上述实验 3 的测试位置各测试 10 次，记录平均定位误差，平均定位误差对比如图 15.19 所示。

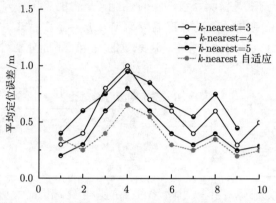

图 15.19　不同 k-nearest 值下的系统平均定位误差对比

由图可以发现，k-nearest=3 时，最大平均误差对比 k-nearest=4 情况下降低了 20%，最小平均误差可以达到 0.2m，平均定位误差更趋于集中，k-nearest=5 时，平均定位误差最大，k-nearest 值自适应的定位算法的平均定位误差最小，稳定性最好，更适应复杂的定位环境。

3. 参考标签部署

LANDMARC 算法与改进的最优最近邻算法在定位过程中，均采用矩形网格参考标签部署方式，为了验证本书第 4 章提出的正三角形优化部署方案，设定如下对比实验。

实验 4: 不同参考标签部署方式下平均定位误差对比

在与实验 1 中参考标签数量参数、待测标签均保持不变的前提下，按照图 15.20 所示的三角形部署方案部署参考标签，选定实验 1 中特定的待测标签，放置于与实验 1 中相同固定的 50 个位置，分别基于 LANDMARC 算法和改进算法进行定位，每个位置处测试 10 次，与之前矩形部署测得的定位误差进行对比，绘制平均定位误差对比图 (图 15.21)。

由图 15.21 可以看出，在参考标签正三角形部署的情况下，采用改进型算法，比矩形部署情况下的平均定位误差减小了 7.4%；采用 LANDMARC 算法，与矩形部署情况下的平均定位误差减小了 5.2%，由此可知，参考标签的正三角形部署对两种算法的定位精度均有提高，通过实验结果分析，也验证了第 4 章中对参考标签正三角形部署优化结论的正确性。

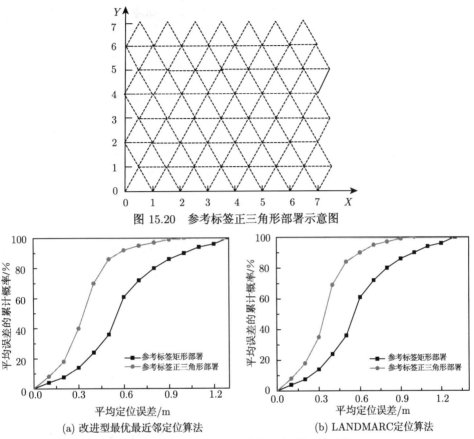

图 15.20　参考标签正三角形部署示意图

(a) 改进型最优最近邻定位算法　　　　　(b) LANDMARC定位算法

图 15.21　正三角形部署与矩形部署误差对比

　　在前面章节研究的基础上,本章详述了离散制造车间定位感知原型系统的实现,包括 RFID 实时定位系统硬件设备、系统的开发与运行环境、数据库设计和系统的功能实现,以及在实验模拟环境下进行了定位测试,并对测试结果进行了对比分析。

15.4　离散制造车间实时定位原型系统开发

15.4.1　离散制造车间实时定位原型系统开发环境

1. 系统开发环境和运行环境

1) 系统开发环境

离散制造车间实时定位系统为了满足不同操作系统客户端的访问,在 Microsoft .NET 平台下,开发了基于 C/S 软件体系结构的原型系统;Microsoft.NET 平台具有数据库访问便捷高效、低开发成本等特性，具有统一的集成开发环境，支持 Visual Basic、Visual C++、Visual C#、Java 等多种语言混合编程，服务器发布创建的 ASP.NET Web 服务程序后，客户端只需添加 Web 服务应用，便可调用封装的 WebService 方法，实现数据的跨平台访问。

开发工具：Microsoft Visual Studio 2008；

编程语言：C#/C++/Java；

开发平台工具：Microsoft.NET/Eclipse；

数据库：Oracle 9i。

2) 系统运行环境

(1) 操作系统

服务器系统：Windows XP。

客户端 PC 系统：Windows XP，并安装.NET Framework 4.0 Windows 组件。

手持式终端系统：Windows CE 6.0/Android。

(2) 服务器

数据库：Oracle 9i。

Web 服务器：IIS 6.0。

2. RFID 实时定位系统硬件设备

离散制造车间实时定位系统的数据采集硬件主要包括固定式读写器、手持式 RFID 终端及 RFID 电子标签等。

远望谷 XC-TF8415-C03 型抗金属标签符合 ISO18000-6C 标准与 EPC C1G2 协议，支持密集读写器模式，工作频段 920~925MHz，EPC 编码 240 位，TID 编码 64 位，用户数据区 512 位，数据擦写 10 万次，支持 32 位杀死命令，灵敏度高，支持多标签读取，具有 EAS 功能，可触发警报，快速可靠检测被标识对象。实物图如图 15.22(a) 所示。

 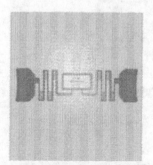

(a) XC-TF8415-C03型抗金属标签   (b) XC-TF8029-A-C-6C型超高频标签

图 15.22　远望谷超高频标签实物图

远望谷 XC-TF8029-A-C-6C 型超高频标签，支持 EPCglobal Class 1 Gen 2 协议与 ISO18000-6C 标准，工作频率为 840~960MHz，全向天线设计，支持密集读取模式，读取距离 0~8m，写入距离 0~4m，EPC 编码 128 位，TID 编码为 48 位序列化 TID 编码，擦写次数 10 万，支持多标签读取，实物图如图 15.22(b) 所示。

XCRF-860 型读写器是远望谷公司针对 ISO18000-6C 协议而开发的新型 RFID 固定式读写器，标签数据速率 62.5kb/s。读写器可以通过网口直接与 PC 双向通信，读写器工作频率为 902~928MHz，定频或跳频模式可选，RF 输出功率为 1.0W(+30dBm)20~30dBm(+1dBm) 可调，步进 0.5dBm。提供 4 个软件可控的天线接口，可灵活连接天线组成扫描通道，在 XCAF 天线下测试，连续读标签距离 0~4m，连续写标签距离 0~2m。实物图如图 15.23(a) 所示。

(a) 远望谷XCRF-860型读写器　(b) 远望谷XC-AF26型天线　(c) 西门子RF310M型读写器

图 15.23　读写器和天线实物图

远望谷XC-AF26是一款高性能超高频 RFID 天线，其工作频段为902~928MHz，通过同轴电缆直接与读写器相连，具有良好的方向性，高效地读取或写入 RFID 电子标签数据。XC-AF26 为高增益、低驻波比的线极化天线，天线的 RFID 读取范围成直线状，读写距离较远，天线罩采用 ASA 工程塑料。远望谷此型号超高频 RFID 天线产品具有结构牢固、防护等级高、密封性能可靠以及使用寿命长等优势。实物图如图 15.23(b) 所示。

手持式 RFID 读写器选用西门子 RF310M 型，该读写器工作频率为 13.56MHz，最大感知范围可以达到 0.8m，具有单/多标签通信两种工作方式，抗干扰能力强，能够适用于车间工业现场等复杂领域，读写器搭载了 Windows CE4.0 操作系统，具有良好的人机交互界面，并集成了 Wi-Fi 模块。实物图如图 15.23(c) 所示。

15.4.2　离散制造车间实时定位系统实现

根据前面描述的离散制造车间实时定位系统体系框架、功能结构以及业务流程，设计并开发了离散制造车间定位感知原型系统，本节主要详细介绍原型系统关键功能模块实现情况。

1. 系统管理模块

离散制造车间实时定位系统登录界面如图 15.24 所示。

图 15.24　系统登录界面

系统管理模块作为系统的基础功能，是系统各个功能协作的枢纽，负责统筹管理用户角色配置、登录权限配置、密保服务、数据备份与恢复、操作日志管理、数据安全性保障等功能，系统管理员拥有最高的访问权限，负责为不同的用户分配不同的角色，设定其登录权限并匹配相对应的功能；为保证系统的安全性，用户需凭借设定的用户名和密码才能登录系统，系统管理界面如图 15.25 所示。

2. 读写器配置

RFID 读写器设备需要完成功能配置，才能保证数据采集的顺利进行，XCRF-860 读写器的网络配置遵循 TCP/IP 协议，具有网络接口 TCP、串行接口 COM 和接口 USB 三种通信模式，选择串口模式作为通信端口，配置读写器 IP 地址；通过配置读写器的功率大小，调节读写器的读写距离，以满足实际需要；读写器支持 ISO18000-6B 和 ISO18000-6C 两种标签通信协议，根据系统选用的标签，配置读写器满足 ISO18000-6C 通信协议；配置读写器天线接口 1#～4#，支持在 1#、2#、3#、4#天线之间相互切换，灵活组成扫描通道；读写器跳频方案采用默认设置即可；读写器支持循环读写和单次读写两种读取方式，配置读写器为循环读取工作模式。

系统读写器配置界面如图 15.26 所示。

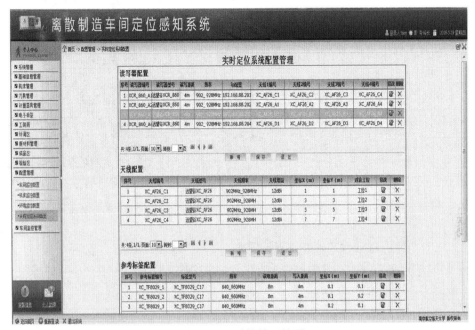

图 15.25　系统管理界面

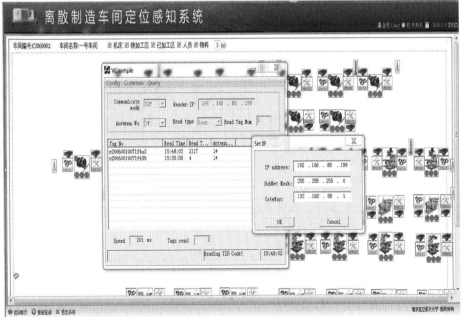

图 15.26　读写器配置界面

3. 物料的定位

实时定位系统的对象包括人员、物料、工装、AGV 设备等，离散制造多为典型的混流生产，车间零件型号繁多，加工工艺复杂，不同型号的零件加工工艺多有相似，物料的流转相当复杂，容易出现误操作等现象，这里以物料的实时定位为例，介绍实时定位系统的实时定位。

物料的定位主要包括对物料的实时跟踪和历史追溯，实时跟踪是对物料进行实时定位，当某一工位的固定式 RFID 读写器检测到物料已进入该工序的未加工区域时，读写器将主动请求获取这批物料的基本属性信息以及当前的工序内容，并确认这批物料的历史工艺参数与当前工序的一致性；历史追溯是对物料进行历史位置查询，并与每道工序的加工时间、加工工人、质检时间等信息绑定。PC 端与手持式终端的 ASP.NET 程序均是添加服务器发布的 Web 服务引用，通过服务的方法接口，获取目标对象的位置信息。

PC 端物料的定位界面如图 15.27 所示。

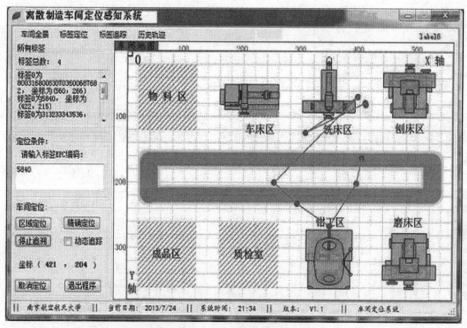

图 15.27   PC 端物料定位界面

手持式终端物料的定位界面如图 15.28 所示。

4. Web 感知服务推送

离散制造车间实时定位系统的 "感知" 体现在系统 Web 服务的感知推送，感知服务推送的流程如下：手持式读写器附着有 RFID 标签，当与工位绑定的固定式读写器检测到手持式终端进入该工位的逻辑区域，便立即向上位机服务器发送定位报告，通知服务器手持式终端已经进入了有效的逻辑区域，接着服务器向手持式终端发送定位通知，同时启动 Web 服务广播模式，手持式终端接收到定位通知，可选择是否接收 Web 服务；当固定式读写器定位到手持终端离开了当前的逻辑区域，此固定式读写器会通知 Web 服务器关闭服务推送进程。

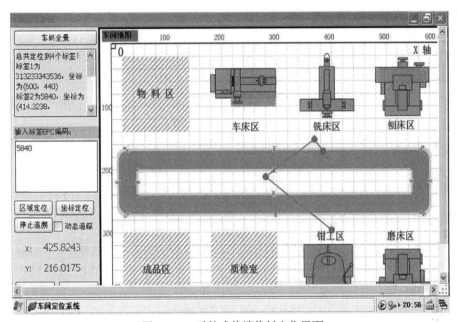

图 15.28　手持式终端物料定位界面

手持式终端接收 Web 服务推送如图所示，服务内容主要包括机床名称、机床型号、责任人、当前状态、开机时间、已用时间以及结束时间等工位信息，服务推送界面如图 15.29 所示。

图 15.29　手持式终端服务推送界面

第16章　基于物联网的离散制造过程实时监控系统

制造过程的实时监控对车间的生产管理具有重要意义。本章节将结合物联网技术，针对离散制造的特点以及面临的问题，阐述其对生产过程实时监控的迫切需求，以及基于物联网的离散制造过程实时监控系统架构，并分析其运行模式。

16.1　基于物联网的离散制造过程实时监控系统架构

16.1.1　基于物联网的离散制造过程实时监控系统体系框架

基于物联网的离散制造过程实时监控系统体系框架如图 16.1 所示，整个体系结构分为四个层次：数据采集层、事务处理层、功能服务层和系统应用层。

1. 数据采集层

基于物联网的离散制造车间实时监控系统数据采集层通过部署在车间内的各种数据采集设备，采集各类生产要素的生产数据，包括属性数据、位置数据和时间数据，并将获取到的实时数据和感知到的原始事件上传至事务处理层，实现生产数据的实时采集和事件感知，解决传统离散制造车间内信息难以及时获取的难题。

2. 事务处理层

事务处理层主要包含两个模块：数据处理模块和事件处理模块。数据处理模块处理车间内采集到的各种实时数据，并按照数据模型规则，建立离散制造车间时空数据模型，将零散的车间数据进行整合，并对冗余数据进行处理压缩，检测异常数据，便于进一步的统计分析，为上层应用和服务奠定数据基础。事件处理模块处理从车间底层检测到的各类原始事件，并按照逻辑规则和业务流程生成简单事件和复杂事件，以反映车间生产过程，为车间生产管理和生产决策提供依据。

3. 功能服务层

功能服务层在数据处理和事件分析的基础上，以功能封装的形式，向上层应用提供服务，包括生产状态实时监控、状态查询、生产过程管理、数据统计分析等。通过建立系统服务接口，这些功能不仅能够应用于基于物联网的实时监控系统，而且能够方便地与上层企业管理系统集成，解决企业上层应用与车间底层信息交流瓶颈的问题。

4. 系统应用层

系统应用层包括基于物联网的实时监控系统和其他企业上层应用，为用户提供友好的人机交流界面，实现离散制造过程的可视化。

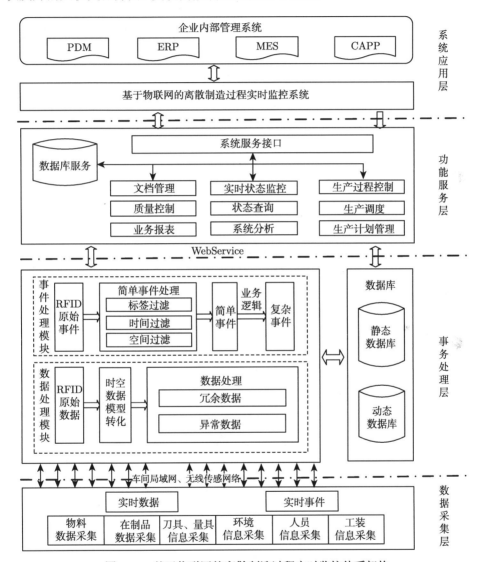

图 16.1 基于物联网的离散制造过程实时监控体系架构

16.1.2 基于物联网的离散制造过程实时监控系统物理拓扑

基于物联网的离散制造车间实时监控系统物理拓扑如图 16.2 所示。

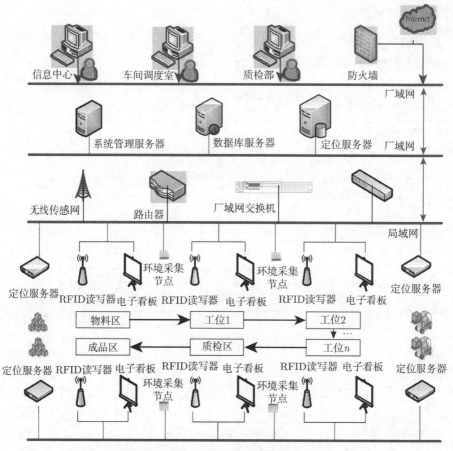

图 16.2　基于物联网的离散制造过程实时监控系统物理拓扑

　　系统在车间内每个工位都设置相应的 RFID 读写器和电子看板，RFID 读写器采集生产过程中的实时数据，当前的生产任务和生产状态可通过工位的电子看板传递给工人，实现工人和管理者的实时交互。每个 RFID 读写器都与对应的工位绑定，并设置已加工区和待加工区，当带有电子标签的生产对象进入相应的区域时，便可采集其数据，同时根据读写器绑定的逻辑区域，获得其当前的区域位置信息。对于一些频繁移动的对象，如 AGV 小车，可以通过实时定位平台采集实时坐标，实现精确定位。此外，在车间内部重要的环境节点，布置各类环境信息传感器，实时监控车间环境状态，所获得的各种数据通过布置在车间内的局域网，传输到系统数据库。

　　数据库是整个系统的枢纽，实现了下游数据和上层应用间的数据交互，并且通过一定的数据过滤和数据挖掘技术，形成信息聚合度大的数据存储到数据库中，为上层应用提供有效的数据支持，以供不同的功能需求使用。

　　整个系统以 Web 的形式部署在系统服务器上，信息中心、车间调度和质检部门等各个管理者都可以通过企业内的局域网访问，实时掌握车间生产的实际状况，对生产异常做出相应调整和决策，并通过网络发送至对应工位的电子看板上，实现车间的实时管控。

16.1.3　基于物联网的离散制造过程实时监控系统功能模块

　　在对离散制造车间实时监控需求分析的基础上，在上述的体系架构和车间物理拓扑下，设计了基于物联网的实时监控系统功能模块，如图 16.3 所示，整个系统包含六个部分：系统管理模块、数据采集模块、状态查询模块、过程控制模块、统计分析模块和信息报警模块。

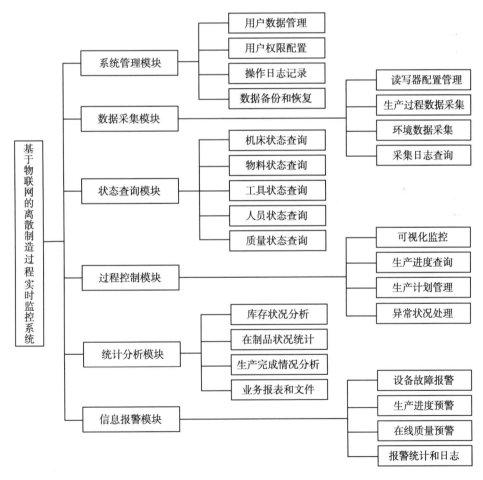

图 16.3　基于物联网的离散制造过程实时监控系统功能模块

1. 系统管理模块

系统管理模块包括用户数据管理、用户权限设置、操作日志记录和数据备份及恢复四个功能。用户数据管理功能管理用户的基本数据，如账号、密码、角色等；用户权限设置根据用户不同的角色和级别给予用户不同的系统访问权限，实现系统的安全性；操作日志记录管理系统日常的操作和维护记录，以便出现故障时进行原因追溯；数据备份和恢复功能是为了防止系统出现异常而导致的数据丢失的情况。

2. 数据采集模块

数据采集模块负责管理车间内的各个读写器的数据采集，包括读写器配置管理、生产过程数据采集、环境数据采集和采集日志查询四个主要功能。读写器配置管理负责读写器的连接、断开与配置等，数据采集负责车间的生产数据和环境数据采集工作，采集日志查询记录每天的数据采集情况，方便日后检索和统计分析。

3. 状态查询模块

状态查询模块包括机床状态查询、物料状态查询、工具状态查询、人员状态查询、质量状态查询等。实现车间内各类生产要素实时状态的查询，帮助管理人员实时掌握车间生产状况，实现更好的车间管理和调度。

4. 过程控制模块

过程控制模块包括可视化监控、生产进度查询、生产计划管理和异常状况处理四个功能，实现车间的可视化监控，及时掌握生产进度和管理生产计划，对车间内的异常状况及时获知并做出合理的决策。

5. 统计分析模块

统计分析模块在对车间生产数据分析的基础上，形成相关的业务报表和文件，帮助管理人员更好地进行生产管理。

6. 信息报警模块

信息报警模块负责对车间内各种故障和异常进行报警和预警，帮助管理者及时发现和处理异常，并记录报警日志，方便以后的统计和追溯。

16.2 基于物联网的离散制造过程实时监控数据模型

16.2.1 离散制造过程实时监控数据建模分析

1. 离散制造过程时空数据模型

时空数据是指具有时间元素并随时间变化而变化的空间数据。在传统的数据模型中加入时间维度，不仅能描述对象的空间属性和状态信息，而且能表达其随时间变化而产生的变化。在离散制造过程中，时空数据能够很好地表达生产要素对象的属性数据、位置数据和时间数据，以及它们之间的关系。以在制品的加工为例，图 16.4 简要地描述了时空数据的概念内涵。在初始时刻 T_0，在制品处于初始状态 S_0，位置位于物料区；在 T_1 时刻，物料进入工位 1，开始第一道工序，其状态变为 S_1，以此类推，直至其加工完成，状态变为成品状态，位置进入成品区。由此可见，在制品的状态依照工艺路线，随着位置和时间的变化而变化，通过时空数据，可以完整地记录在制品的加工过程，方便地进行实时状态查询和历史状态追溯。时空数据的数学表达可参见式 (16.1) 和式 (16.2)，表示其包含了对象的空间信息、属性信息和时间信息。

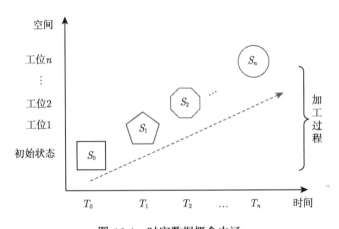

图 16.4 时空数据概念内涵

$$\frac{\mathrm{d}f(\text{object})}{\mathrm{d}t} = \left[\frac{\mathrm{d}f(\text{space},\text{time})}{\mathrm{d}t}\right] + \left[\frac{\mathrm{d}f(\text{attribute},\text{time})}{\mathrm{d}t}\right] + \left[\frac{\mathrm{d}t}{\mathrm{d}t}\right] \tag{16.1}$$

$$\boldsymbol{F}_{\text{std}} = \left[\left(\frac{\mathrm{d}f(\text{object})}{\mathrm{d}t}\right)_1 \left(\frac{\mathrm{d}f(\text{object})}{\mathrm{d}t}\right)_2 \cdots \left(\frac{\mathrm{d}f(\text{object})}{\mathrm{d}t}\right)_n\right]^{\mathrm{T}} \tag{16.2}$$

1) 空间信息

空间信息包括对象的空间位置、拓扑关系等。在离散制造车间中，最主要的是对象的位置数据。采用室内实时定位系统，实时获取对象的实时位置。根据不同的需求，位置可以是对象当前所在的工位、区域或实时坐标。

2) 属性信息

属性信息主要指对象的静态属性和属性的变化信息。通过 RFID 和其他数据采集技术，实现对象属性信息的实时采集和跟踪，记录其整个生产过程中的属性和状态变化，实现生产对象的全方位描述和监控。

3) 时间信息

时间信息指对象发生变化时的时间戳。可以是位置的变化、状态的变化或某个事件的发生。时间可以是时间点或时间段。通过时间轴将整个生产过程中的空间数据和属性数据联系起来，构成一个有机整体，纵向描述整个生产过程。

根据时空数据的内涵，生产要素的时空数据模型可以抽象为三个基本要素："What""When" 和 "Where"。如图 16.5 所示，"What" 表示车间生产要素的属性信息，即属性特性，如生产要素的编号、名称、批次、工序等生产相关的信息；"Where" 表示生产要素的位置信息，包括所处区域或实时坐标，即位置特性；"When" 表示生产活动发生的时间或生产状态变化的时间，即时间特性。

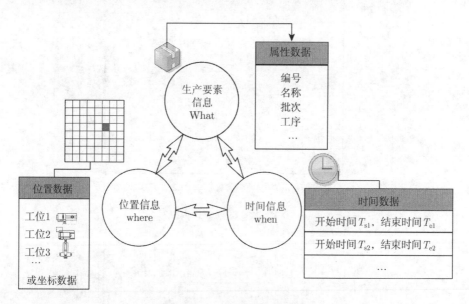

图 16.5 时空数据的三元组

因此，对每一个时空对象可以定义为一个四元组：

$$O = \{u_{id}, S, P, T(T_s, T_e)\}$$

式中，u_{id} 表示时空对象的唯一标识，在所有对象中是唯一的；$S = \{(x_i, y_i), (ws_i) | i = 1, 2, 3, \cdots\}$ 表示对象空间特征的集合；P=(TaskID, Material, Process, Quality,$\cdots$) 表示对象属性特征的集合；$T(T_s, T_e)$ 表示对象属性发生变化的时间段，T_s 为开始时间，T_e 为结束时间，当 $T_s = T_e$ 时，则时间段变为时间点。

在离散制造车间中，生产对象的属性、位置和关系并不是独立存在的，而是相互关联、相互依存的。在制品在加工过程中，从进入第一道工序开始，在制品经历了等待加工、开始加工、加工完成、进入下一道工序、质量检验、运输配送等一系列状态变化，而在制品的位置也发生工位 1、配送小车、工位 2、质检工位等相应的一系列变化，由此可见，生产要素对象的动态属性信息与其位置的变化是密切相关的，因此，可将生产对象的属性进一步分为和位置有关的属性与和位置无关的属性，数据表达可进一步定义为

$$O = \{u_{\mathrm{id}}, L, P, T(T_{\mathrm{s}}, T_{\mathrm{e}})\}$$

式中，L 表示和位置有关的属性集合；P 表示和位置无关的属性；$T(T_{\mathrm{s}}, T_{\mathrm{e}})$ 表示时间。通过这种表示方法，对象仍然保持原来的独立特性，仍然具有原本的唯一 ID，并维持之前的空间特征和拓扑关系，但通过与位置相关的属性来描述对象的空间特征，将对象的位置与属性结合起来。在此基础上，建立生产对象的时空立体模型，如图 16.6 所示。

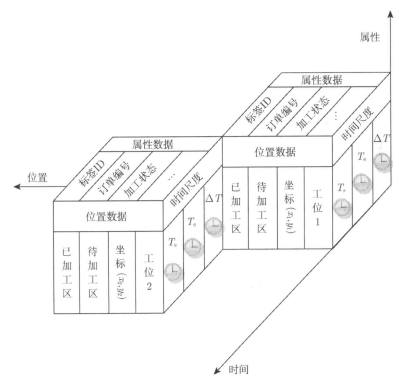

图 16.6　生产要素时空数据模型

通过对象的数据立方体模型，将对象原本无序的数据片段有效地组织起来，建立了空间、位置和时间数据间的相互联系。对任意一个生产对象，将其在生产过程

中产生的所有数据立方体按时序串联起来，所得到的数据链便可以反映整个生产过程中该对象的数据变化，为生产过程信息的追溯、统计分析和数据挖掘创造了条件。数据立方体可以视为一个多维矩阵，每一个维度表示对象的某一类属性，将数据立方体在 "时间–位置" 维映射，便可反映生产对象位置随时间的变化规律；在 "时间–属性" 维映射，便可以描绘对象属性随着加工时间推移的变化规律；在 "属性–位置" 维进行映射，便可以寻找对象属性随着加工位置的变化规律。

数据立方体模型对于数据的处理分析具有诸多优势。首先，生产要素的各种信息以立方体的形式结合在一起，便于数据的查询操作和分析。其次，数据立方体模型便于用户对数据意义的理解，当需要与其他应用系统进行数据集成时，方便进行数据共享和系统实施；并且，根据生产流程将数据立方体链接成数据链，不仅能够反映各个生产阶段的信息，而且能够展现整个生产过程。

2. 离散制造过程时空数据模型分析

1) 模型的数据类型

离散制造过程中生产数据的多样性决定了数据类型的多样性。时空对象的数据类型主要包括基本数据类型、时间类型和空间数据类型。

(1) 基本数据类型。基本数据类型包括传统意义上的整型 (integer)、浮点数 (float)、字符 (char) 和字符串 (string) 及布尔型 (bool)，它们的语义与计算机编程语言相通，在这里就不再赘述。

(2) 时间类型。在物理意义上，时间是一条没有终点的线，向过去和未来无限延伸，是连续的。在离散制造过程中，由于生产事件的发生都是离散的、随机的，映射到时间轴上，可能是一个时间段 (interval)，也可能是一个时间点 (instant)，时间点可以视为时间段的特殊形式，即时间间隔无限小的时间段。

在离散制造过程中，实时数据涉及多种时间系统，特别是制造过程事件的发生时间和记录该事件信息到数据库中的时间通常是不一致的，具有一定的延时。在制造系统中，通常涉及三种时间：有效时间、事务时间和自定义时间。有效时间指制造过程中事件发生的实际时间，有效时间可以直接被使用，如某些传感器能够记录自身采集到数据的时间；事务时间指数据库操作或记录事件或对象的时间，事务时间记录了数据库操作的历程，由数据库自动处理而独立于应用；自定义时间由用户自己根据需求定义，含义由用户自己解释，数据库系统不负责编译。

(3) 空间数据类型。空间数据类型包含空间的三维特性，可概括为点、线、面、体。在离散制造车间中，所涉及的空间数据主要是点和线，即对象所在的位置和历史轨迹。在数据库中，点可以为 $P = \{(x_i, y_i) | i = 1, 2, 3, \cdots\}$，线可以视为点的集合：$L = \{P_i | i = 1, 2, 3, \cdots\}$，其中 $P_i = \{(x_i, y_i)\}$。

2) 模型的数据约束

离散制造车间制造过程中所采集到的数据必须满足以下规则。

(1) 数据完整性。数据完整性要求所采集到的数据必须是完整的，不应缺少必要的信息，关键的键值，如对象编号、名称等不能为空，并且所采集到的数据应符合对应的数据类型要求。在数据库中，通常采用外键、约束、规则和触发器来保证数据的完整性。

(2) 数据一致性。数据一致性要求数据必须采用一致的表达方式，包括统一的数据编码规则、数据类型、数据形式等。例如时间的表达，可以表示成 "年-月-日" 或 "日/月/年"，在数据处理时，表达方式应进行统一。由于车间数据结构的异构性，统一的数据编码规则同样重要，对于不同电子标签和传感器应规定一致的编码规则，以方便数据的解析和处理。

(3) 数据可用性。数据可用性要求数据存储的值应与现实世界相同，并且便于用户轻松访问。由于制造车间复杂的干扰环境，数据采集时可能出现误读或数据干扰的情况，导致脏数据。因此在进行模型处理时应对异常数据进行评估。

(4) 数据时效性。基于物联网的离散制造过程采集到的数据具有时效性特征，所采集的实时数据应及时处理，反映实时生产过程，历史数据应进行分门别类的保存，便于日后的更深层次的数据信息的挖掘和历史追溯。

(5) 数据安全性。数据安全性是军工制造企业对于数据的特殊要求，尤其是在物联网环境下，大部分的数据采集和传输采用无线的方式进行，因此，对于涉及重要信息的数据应采取加密措施，防止数据泄露。

3) 模型的组织形式

时空数据的立方体模型体现了多维数据的概念，然而在传统的关系型数据库中，数据的组织形式以二维表的形式存在，要在数据库中实现对多维数据的存储，首先要解决如何以二维表的形式实现多维数据的表达。在数据仓库理论中，多维数据的组织形式，通常由实体集和它们之间的关系构成。常见的多维数据组织形式有星形模式、雪花形模式、事实星座模式和雪暴模式等，其中，星形模式是其他模式的基础，其他的模式可以看作是星形模式的升级和变形[171]。

星形模式是最常见的多维数据组织模式，该模式由一个主体表和几个附属表以及它们之间的关系构成。如图 16.7 所示，某个零件的数据表包含一个主体表和属性、位置和时间三个附属维表，各个维表之间通过主键连接，形成星形模式。

星形模式在二维数据表的基础上实现了多维数据关系的表达，在星形模式的基础上，通过各个维表以及它们之间的关系，应用简单的连接运算，便可以恢复出数据立方体。星形模式是关系数据库和数据立方体之间的桥梁，通过星形关系，就可以在关系数据库中实现数据的多维查询。

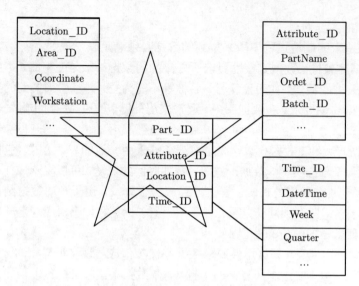

图 16.7   数据立方体星形模式

4) 模型的数据操作

数据立方体的基本操作包括切片、切块、钻取等,从多个角度、多个侧面剖析数据,从而使用户能够深入地了解数据中的信息。

(1) 数据切片。数据切片指从数据立方体的某一个维度上选定一个值,从而使多维数组从 n 维降低为 $(n-1)$ 维。数据切片可以视为数据立方体在某一平面上的映射。如图 16.8(a) 所示的数据模型,在某个工件的编号维进行切片,所得到的数据映射便可以分析该工件的位置随时间的变化。数据切片是多维数据分析中使用得最多的一种操作。

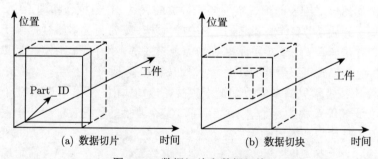

图 16.8   数据切片和数据切块

(2) 数据切块。数据切块指从数据的某一个维度上选定一个区间,从而分析数据在这一区间内的关系变化,如图 16.8(b) 所示,当这个区间取为一个点时,数据切块便成为数据切片。

(3) 数据钻取。数据的维度是有层次性的,比如时间维可能由年、季、月、日构成,维度的层次反映了数据的综合程度。维度的层次越高,代表数据的综合程度越高,细节越少,数据量越少;维度的层次越低,代表数据的综合程度越低,细节越充分,数据量越大。数据钻取包括向下钻取和向上钻取两个层面。下钻是在某一维度上将层次高的数据分解成低层次的细节数据,上钻则相反,将层次低的数据概括为层次高的数据。图 16.9 表达了数据钻取的概念,通过时间维的划分,反映不同层级的数据概念。

机床	月完工数量
机床1	900
机床2	600
机床3	750

机床	第一周	第二周	第三周	第四周
机床1	250	250	200	200
机床2	100	150	150	200
机床3	200	150	200	200

图 16.9　数据钻取

16.2.2　基于物联网的时空数据处理方法

随着技术的发展,车间的数据采集已经不再是车间信息化的瓶颈,但如何从大量碎片化的数据中过滤出有用的数据,生成满足生产管理需要的数据,依然是限制数据使用效率的难点。由于物联网环境下生产过程数据实时采集的特点,所采集到的数据中不可避免地存在冗余的、不完整的和不准确的信息。如何对这些数据进行检测和处理,形成有效的数据模型,是进行数据分析和信息挖掘的前提。针对这些问题,本节研究时空数据模型的处理方法,为企业生产过程数据管理奠定基础。

1. 属性数据冗余处理

车间生产过程采集的实时数据不可避免地存在冗余性,一个标签被重复读取,或被多个读写器同时读取都会产生冗余。一个标签在较短的时间间隔内被连续读取,从而产生大量类似数据,这些数据也是冗余的。如何消除冗余数据,减少存储空间,提高数据利用率,是数据处理的首要问题。由时空数据的定义 $O = \{u_{\mathrm{id}}, L, P, T\}$

可以看出，时间数据只是记录生产状态变化的时间戳，通常冗余度较小，冗余数据的发生主要在位置数据和属性数据，本节首先讨论属性数据冗余的处理方法，位置数据的处理将在下节讨论。

制造过程中的属性数据多种多样，包含了制造过程中的各方面，属性数据的模型定义见式 (16.3)，其中 M, W, G, R, Q 分别表示在制品状态数据、工位状态数据、刀具数据、人员数据、质量数据等，在前面的研究中已经提到，车间数据具有海量性的特征，考虑到 RFID 数据的采集频率，所采集到的属性数据中必然包含着大量的重复信息，因此，在数据处理时，首先应消除数据中的大量重复。

$$P = \{M, W, G, R, Q\} \tag{16.3}$$

然而，在实际生产过程中，大量的属性数据并不是完全重复的，而是连续读取产生的类似数据，如在制品加工过程中，由开始加工到加工完成，只是加工状态发生了变化，而物料属性、刀具属性未必发生改变，如果将其视为一条新的记录，那么新的记录必然包含着与前一记录大量相同的属性。属性数据可以分为静态属性和动态属性，因此，可以对属性进一步分类：

$$
\begin{aligned}
P =& \{M, W, G, R, Q\} \\
=& \{(M_S, M_D), (W_S, W_D), (G_S, G_D), (R_S, R_D), (Q_S, Q_D)\} \\
=& \{S, D | S = (M_S, W_S, G_S, R_S, Q_S), D = (M_D, W_D, G_D, R_S, Q_S)
\end{aligned} \tag{16.4}
$$

由式 (16.4) 可以看出，如果对象的静态属性不发生改变，那么说明对象的生产订单、加工工位、操作人员都没有发生改变，改变的只是加工过程中的部分动态属性，因此，只需记录发生变化的动态数据，对静态数据和没有发生变化的动态数据不再重复记录，由此可以大大减少记录的数据量。基于上述思想，定义两个集合的加法运算如下。

对于集合 $X = \{x_i | i = 1, 2, 3, \cdots\}$，$Y = \{y_i | i = 1, 2, 3, \cdots\}$，那么它们的和为 $Z = X \oplus Y = \{z_i | i = 1, 2, 3, \cdots\}$，其中，

$$
z_i = \begin{cases} x_i, & x_i = y_i \\ (x_i, y_i), & x_i \neq y_i \end{cases}
$$

基于上述定义，对于静态属性相同的两个数据集 $P_1 = \{S, D_1\}$、$P_2 = \{S, D_2\}$，只需在数据库中记录 $P_1 = P_1 \oplus P_2 = \{S, (D_1, D_2)\}$，通过一条数据记录了对象两次的数据变化，而不需要添加新的记录，数据处理流程如图 16.10 所示。

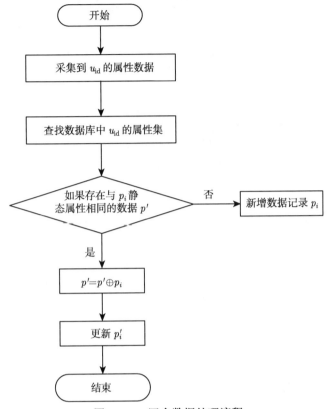

图 16.10　冗余数据处理流程

通过上述处理方法, 可以有效地消除重复读取的数据, 并实现相似数据的轻量化存储, 能够大大节省数据存储空间。

在时空数据模型中, 除去数据重复采集出现的冗余外, 数据属性定义本身也可能产生冗余, 可能出现多个属性反映相同状态的情况, 或者一个属性能够被另一个属性导出, 例如, 机床运行参数中, 电流、电压和功率之间存在一定的关联关系, 在构建立方体模型时, 只需要其中一个状态参数即可。属性之间的冗余性可以通过相关分析检测到, 对于给定的两个数值属性 A, B, 它们之间的相关性可以采用式 (16.5) 计算:

$$r_{AB} = \frac{\sum\limits_{i=1}^{n}(A-\overline{A})(B-\overline{B})}{(n-1)\sigma_A\sigma_B} \tag{16.5}$$

式中,

$$\overline{A} = \frac{\sum\limits_{i=1}^{n}A}{n}, \overline{B} = \frac{\sum\limits_{i=1}^{n}B}{n}$$

$$\sigma_A = \sqrt{\frac{\sum\limits_{i=1}^{n}(A-\overline{A})^2}{n-1}}, \sigma_B = \sqrt{\frac{\sum\limits_{i=1}^{n}(B-\overline{B})^2}{n-1}}$$

式中，n 为元素的个数；$\overline{A}$，$\overline{B}$ 分别为 A，B 的平均值；σ_A，σ_B 分别为 A，B 的标准差。如果 $r_{AB}>0$，则 A 与 B 正相关；如果 $r_{AB}<0$，则 A 与 B 负相关；如果 $r_{AB}=0$，则 A 与 B 独立。因此，当 r_{AB} 很大时，A，B 可以去除一个。通过属性间的相关分析，去除冗余属性，能够确保构成数据模型的各个属性都是独立的，缩小数据表的规模，进而减小数据模型占用的存储空间。

2. 位置数据处理

在时空数据模型中，位置数据的准确性十分重要，通过在制品当前的位置可以推测出对象当前的加工进度，便于管理人员快速查找所需对象。由于制造车间复杂的生产环境和定位系统本身的定位误差，制造过程中采集的位置信息往往难以精确反映对象的真实位置。对位置数据的处理分为漂移数据的处理和异常数据的处理，下面将分别介绍。

1) 漂移数据的处理

漂移数据指由于定位平台本身的误差或者其他的干扰因素，使得所获得的位置数据不稳定的情况。在实际的车间环境中，即使一个物体静止不动，其所采集到的位置数据也不是稳定的，而是在一定范围内浮动。针对漂移数据，采用基于最小邻域的方法进行，对于 t 到 $(t+\Delta t)$ 的时间范围内所采集到的一组位置数据 $(x_i,y_i|i=1,2,3,\cdots,m)$，如果任意两个坐标之间的距离满足 $\sqrt{(x_i-x_j)^2+(y_i-y_j)^2}<d_{\min}$，则认为该对象在该时间段内是静止的，其中 $d_{\min}$ 为最小邻域半径，它的值可以根据定位精度和实际的定位要求确定。对象最终的位置坐标取这一组数据的加权平均值：

$$(x,y) = \frac{\sum\limits_{i=1}^{m}(x_i,y_i)}{m} \tag{16.6}$$

2) 异常数据的处理

对象在连续移动时，可能导致定位误差增大，所获得的位置数据远远偏离实际位置，导致异常数据。异常数据的处理采用基于邻域的方法对异常位置数据进行检测，并采用线性回归的方法对异常位置数据进行平滑处理。如图 16.11 所示，对于某个数据点 (x_i,y_i)，给定最小邻域半径 $d_{\min}$，对于相同时间间隔内采集到的一组位置数据，相邻的两个位置数据必须在其邻域内，否则认为该数据偏差超出预期，为异常数据，需对其进行处理。如图 16.11 中，点 (x_i,y_i) 必须在其相邻的两个点 (x_{i-1},y_{i-1})、(x_{i+1},y_{i+1}) 的邻域中，即处于两个邻域的交界内。对于异常位置数据，采用式 (16.7) 对其进行平滑处理，使其回归到邻域内：

$$(x_i, y_i)' = \alpha(x_{i-1}, y_{i-1}) + \beta(x_{i+1}, y_{i+1}) \tag{16.7}$$

其中，α，β 为权值，通常取 $\alpha = \beta = 0.5$。

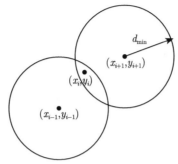

图 16.11　位置的邻域划分

基于上述方法的异常位置数据处理流程如图 16.12 所示，对数据集中的每个数据 (x_i, y_i)，分别计算：

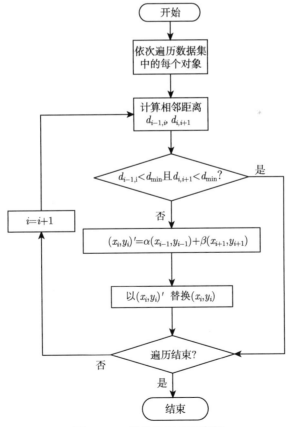

图 16.12　异常数据处理流程

$$d_{i-1,i} = \sqrt{(x_i - x_{i-1})^2 + (y_i - y_{i-1})^2}$$

$$d_{i,i+1} = \sqrt{(x_{i+1} - x_i)^2 + (y_{i+1} - y_i)^2}$$

如果满足 $d_{i-1,i} < d_{\min}$ 并且 $d_{i,i+1} < d_{\min}$，则为正常数据，不做处理，否则进行平滑过滤，并以处理后的数据替代原本的位置数据。

16.3 基于物联网的离散制造过程事件处理

16.3.1 基于物联网的离散制造过程事件

离散制造过程是典型的离散事件动态系统，主要体现在两个方面：制造过程中的状态是离散的；状态转移是事件驱动的。离散制造过程可以视为一系列的生产事件按一定次序的发生过程。因此，对离散制造车间生产过程中的事件分析具有重要意义。图 16.13 体现了事件和状态之间的关系，随着在时间序列上的生产事件的不断发生，生产对象的状态不断发生变化。通过对事件的监控，可以反映整个车间的生产过程和状态变化，并对接下来的状态进行推断，更合理地进行生产决策。

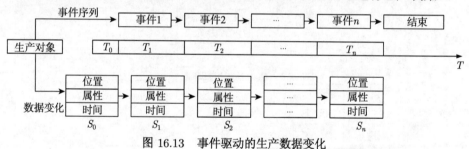

图 16.13 事件驱动的生产数据变化

在离散制造过程中，不同的角色往往需要不同层面的信息粒度。例如，工人可能只关心自己工位的在制品或设备的状态变化，车间管理者可能更关心整个生产线的生产状态，企业管理者更需要了解各个车间的生产状态和整体生产计划的实施。因此，对于不同层级的状态，需要不同的事件对其描述，本书中，按照事件所反映的信息粒度不同，将事件分为原始事件、简单事件和复杂事件，便于对制造过程的分析。

在物联网环境下，基于 RFID 技术的数据采集天然地支持了事件的获取，每一次的数据读取都可视为一个事件的触发，以事件触发的时间戳为节点，顺序记录每一次的数据变动，进而采集整个生产过程中的数据。每当电子标签经过读写器的感应范围时，读写器检测到电子标签，这便是一次最原始的标签读取事件。在基于物联网的离散制造车间实时监控环境中，存在着大量的读写器和标签，每时每刻都在发生着大量的标签读取事件，这些事件中存在着大量多余的和重复的读取，因此,需要对其进行筛选和过滤,提炼出具有真正价值的简单事件和复杂事件,用以反映车间生产过程中的关键行为和生产状态,为车间现场的生产管理和决策提供支持。

1. 原始事件

原始事件(primitive event)即标签读取事件,每当电子标签经过读写器的天线范围时,便产生一次读取操作,可记为 $PE\langle e,r,t\rangle$,其中,e 为电子标签的唯一编号,即对象信息;r 为读取到该标签的读写器编号,即位置信息;t 为读写器读取到该标签时的时间,即时间信息。

原始事件是瞬时发生的,具有原子性,即原始事件要么完全发生,要么不发生。在离散制造过程中,即使是小规模的 RFID 应用,每秒钟也会产生大量重复读取的原始事件,而这些原始事件多数是无用的,并不需要全部被记录,因此需要对原始事件进行筛选和过滤,主要方法有以下几种。

(1) 标签过滤。过滤掉上层应用不感兴趣的标签。

(2) 空间过滤。读写器覆盖区域重叠产生的重复读取事件。

(3) 时间过滤。某一时间间隔内被连续重复读取的标签事件,只保留第一次读取和最后一次读取,中间的重复时间可以忽略。

2. 简单事件

简单事件是原始事件经过筛选和过滤后得到的,在离散制造车间中,我们定义了以下四类简单事件,代表单个标签对象的时间和空间状态。

1) 出现事件 (occurrence event)

出现事件表示标签在某时间内出现在某个读写器的监控区域,由原始事件经过标签过滤和空间过滤获得,记为 $OE\langle e,r,t\rangle$,其中,e 表示电子标签编号;r 代表读写器,表示读取到该标签的读写器编号;t 表示读取到该标签的时间戳。

2) 进入事件 (addition event)

进入事件表示标签在某时刻时进入某个读写器的监控区域,由原始事件经过时间过滤获得,记为 $AE\langle e,r,t\rangle$,其中,e 表示电子标签编号;r 代表读写器,表示读取到该标签的读写器编号;t 表示标签进入时间的时间戳。

3) 离开事件 (deletion event)

离开事件表示标签在某时刻时离开某个读写器的监控区域,同样由原始事件经过时间过滤获得,记为 $DE\langle e,r,t\rangle$,其中,e 表示电子标签编号;r 代表读写器,表示读取到该标签的读写器编号;t 表示标签离开时间的时间戳。

4) 停留事件 (stop event)

停留事件表示标签停留在某个读写器监控区域内的过程,记为 $SE\langle e,r,ts,te\rangle$,

其中，e 表示电子标签编号；r 代表读写器，表示读取到该标签的读写器编号；ts 表示标签进入该读写器区域的时间；te 表示标签离开该区域的时间，停留事件可以视为某个标签在同一个读写器区域的进入事件 AE 到离开事件 DE 的过程。

出现事件、进入事件和离开事件均为瞬时事件，停留事件为非瞬时事件。这四类事件构成标签的简单事件，可以直接反映某个标签对象的状态。考虑到 RFID 读写器的数据采集速率，制造过程中的绝大多数事件都使用停留事件。但在离散制造过程中，仅仅依靠简单事件所表达的信息不足以描述复杂的生产过程，因此，在简单事件的基础上，还需要定义复杂事件。

3. 复杂事件

复杂事件用来描述一系列的事件按业务流程发生，通过复杂事件运算符将各个子事件按逻辑关联起来，以反映某个特定过程的生产状态。这些逻辑关系包括和制造过程相关的时序关系、因果关系和包含关系等。复杂事件通常是不瞬时的，具有一定的时间间隔。如物料的入库操作，考虑入库登记到进入库存这一流程，物料对象应在一定时间内依次经过登记处的读写器、仓库的读写器，如果没有按时进入仓库，则物料在运送途中发生了异常，应给出异常提示。时序关系是复杂事件的重要特征，本书在前人研究的基础上，对复杂事件之间的时间拓扑关系进行了总结，如表 16.1 所示。

为了描述事件之间的逻辑关系和时间限制，生成相应的复杂事件，本书采用逻辑运算符和时间运算符来表达，结合离散制造过程中的逻辑规则和业务流程，定义以下几类运算符。

1) 逻辑运算符

逻辑运算符用来描述事件之间的逻辑结构关系，在本书中，我们借鉴传统的三个基础逻辑运算符为事件之间的逻辑运算做定义。

(1) 逻辑与 (AND)。逻辑与用符号 $\land$ 表示，记为 $E = E_1 \land E_2$ 或 $E = $ AND(E_1, E_2)，表示复杂事件 E 产生的条件是事件 E_1 和事件 E_2 都发生，但没有时间约束。若要求事件 E_1 和事件 E_2 在一定时间内都需要发生，则可以加上时间约束，如 $E = $ WITHIN$(E_1 \land E_2, \langle T_1, T_2 \rangle)$，$\langle T_1, T_2 \rangle$ 表示要求的时间间隔。

(2) 逻辑或 (OR)。逻辑或用符号 $\lor$ 表示，记为 $E = E_1 \lor E_2$ 或 $E = $ OR(E_1, E_2)，表示复杂事件 E 产生的条件是事件 E_1 和事件 E_2 至少有一个发生，但没有时间约束。若要求事件 X 和事件 Y 在一定时间内都需要发生，则可以加上时间约束，如 $E = $ WITHIN$(E_1 \lor E_2, \langle T_1, T_2 \rangle)$，$\langle T_1, T_2 \rangle$ 表示要求的时间间隔。

(3) 逻辑非 (NOT)。逻辑非采用符号 ! 表示，记为 $E = !E_1$ 或 $E = $ NOT(E_1)，表示复杂事件 E 产生的条件是事件 E_1 没有发生。由于 RFID 读写器无法检测到没有发生的事件，因此逻辑非通常与其他运算符结合使用，如 $E = (!E_1 \land E_2)$，表示事件

E_2 发生且事件 E_1 没有发生；或与时间运算符结合使用，如 $E = \text{WITHIN}(!E_1, T)$，表示在时间间隔 T 内，事件 E_1 没有发生。

表 16.1　复杂事件时间拓扑关系

时间约束	含义	语法	拓扑关系 (上 X,下 Y)
X before Y	X 发生在 Y 之前	$X.te < Y.ts$	
X after Y	X 发生在 Y 之后	$Y.te < X.ts$	
X meets Y	X 结束同时 Y 开始	$X.te = Y.ts$	
X meet by Y	Y 结束同时 X 开始	$X.ts = Y.te$	
X starts Y	X 和 Y 同时开始,且 X 先结束	$X.ts = Y.ts$ 且 $X.te < Y.te$	
X started by Y	X 和 Y 同时开始,且 Y 先结束	$X.ts = Y.ts$ 且 $X.te > Y.te$	
X ends Y	X 比 Y 先开始,且同时结束	$X.ts < Y.ts$ 且 $X.te = Y.te$	
X ended by Y	Y 比 X 先开始,且同时结束	$X.ts > Y.ts$ 且 $X.te = Y.te$	
X overlaps Y	X 先开始,并与 Y 部分重叠	$X.ts < Y.ts <$ $X.te < Y.te$	
X overlapped by Y	Y 先开始,并与 X 部分重叠	$Y.ts < X.ts <$ $Y.te < X.te$	
X during Y	X 比 Y 后开始,且先结束	$Y.te > X.te >$ $X.ts > Y.ts$	
X contains Y	X 比 Y 先开始,且后结束	$X.ts < Y.ts <$ $Y.te < X.te$	
X equals Y	X 与 Y 同时开始,同时结束	$X.ts = Y.ts$ 且 $X.te = Y.te$	

2) 时间运算符

时间运算符用来约束事件之间的时序关系，我们根据离散制造车间中常见的生产流程关系，提出了以下几类时间运算符。

(1) 时间窗 (WITHIN)。时间窗约束记为 $E = \text{WITHIN}(E_1, T)$，表示事件 E_1 在时间间隔 T 内发生，T 表示事件的有效时间范围，单位包括秒 (s)、分 (min)、时

(h) 等 [172]。

(2) 时间约束。时间约束用来定义事件之间的时序关系, 在时间的拓扑关系基础上, 定义事件之间的时间约束如下。

SEQ: 表示复杂事件的形成需要两个或多个子事件按顺序发生, 如 $E = \text{SEQ}(E_1, E_2)$, 表示复杂事件 E 的形成需要事件 E_1 先于事件 E_2 发生。

DURING: 记为 $E = \text{DUR}(E_1, E_2)$, 表示事件 E 的形成需要子事件 E_1 和 E_2 满足 during 关系, 即 E_1 发生于 E_2 持续期间。

EQUAL: 记为 $E = \text{EQ}(E_1, E_2)$, 表示事件 E 的形成需要子事件 E_1 和 E_2 都发生, 并且同时开始, 同时结束。

通过逻辑运算符和时间运算符的定义, 可将简单事件和其他复杂事件按照业务逻辑关系组合起来, 形成新的复杂事件, 用以反映生产对象或生产过程中的复杂关系和状态, 对特定的业务流程进行监控, 使管理者面对的不再是冰冷的数据, 而是确切地知道何时何地发生了何事, 及时发现和处理异常, 提高离散车间制造过程的透明度, 促进生产管理水平的提高。

16.3.2 基于物联网的离散制造过程实时监控事件分析

1. 生产监控相关事件

在所定义的简单事件和复杂事件的基础上, 需根据具体的制造车间生产对象和车间生产任务, 对生产监控所需的相关事件进一步明确分析 (表 16.2)。

表 16.2 生产监控相关事件

相关事件	监控任务	对应事件
物料管理	物料入库	物料区入库登记处的 AE, DE 或 SE
	库存管理	物料仓库货架处的 SE
	物料出库	物料区出库登记处的 AE, DE 或 SE
成品管理	成品入库	成品区入库登记处的 AE, DE 或 SE
	库存管理	成品仓库货架处的 SE
	成品出库	成品区出库登记处的 AE, DE 或 SE
在制品管理	开始某道工序	工位待加工区的 DE
	结束某道工序	工位已加工区的 AE
	位置追踪	相关位置区域的 AE, DE 或 SE
	工序间配送	配送 AGV 上的 SE
工具/刀具管理	工具/刀具借出	借出登记处的 AE, DE 或 SE
	工具/刀具归还	归还登记处的 AE, DE 或 SE
	工具/刀具入库	工具架/刀具架处的 SE
质量管理	质量检测	质检处 SE
人员管理	人员出勤状况	门禁、出勤登记处的 AE, DE 或 SE
	人员位置	相关位置区域的 AE, DE 或 SE

　　表 16.2 列举了离散制造车间常见生产对象监控所需的简单事件, 可以反映一些简单生产事件和生产状态, 但如果要反映制造过程中的复杂状态, 还需要根据相关业务流程定义复杂事件。对于复杂事件的描述语言已经有了很多研究, 本书采用 SASE 语言来描述复杂事件[173]。SASE 语言能够简洁地描述复杂事件中各个子事件间的相互关系和约束条件, 并可以转换为 XML 文本, 方便系统的解读与应用。SASE 语言的一般结构如下:

EVENT <event pattern>

[WHERE <condition>]

[WITHIN <time window>]

[RETURN <result>]

　　其中, EVENT 关键字表示事件的内容, WHERE 关键字用来描述事件的约束条件, WITHIN 关键字描述事件的时间窗约束, RETURN 给出返回的结果。方括号内的语句表示对应的语句可以为空。下面根据离散制造车间具体的业务流程, 给出几个常见复杂事件的描述。

1) 物料出库

　　物料出库可以描述为这样一个操作过程: 首先, 领料员从仓库领取物料, 至出库登记处进行登记, 最后物料离开物料区。这一过程可以分解成三个简单事件按业务流程发生: ①物料从仓库去除, 即仓库货架处没有检测到物料 m, 可记为 $!E_1$, 其中 $E_1 = SE_{(\mathrm{id},r,ts,te)}$; ②在出库处登记, 可记为 $E_2 = SE_{(\mathrm{id},r,ts,te)}$; ③从仓库大门处离开, 可记为 $E_3 = DE_{(\mathrm{id},r,t)}$, 约束条件要求 E_1, E_2 和 E_3 依次发生, 并且需在要求时间内出库, 否则出现异常。可表示如下:

EVENT SEQ($!E_1, E_2, E_3$)

WHERE $E_1.\mathrm{id} = E_2.\mathrm{id} = E_3.\mathrm{id} \wedge E_1.r = \mathrm{shelf} \wedge E_2.r = \mathrm{registe} \wedge E_3.r = \mathrm{door}$

WITHIN T

　　若物料没有经过登记便离开仓库, 则应给出警告提示, 该事件可表示为

EVENT SEQ($!E_1, !E_2, E_3$)

RETURN Warning

2) 在制品加工

　　在制品在某个工位的加工过程可以认为是在制品从待加工区到已加工区的流转, 可以分解为两个简单事件, 从待加工区离开: $E_1 = DE_{(\mathrm{id},r,t)}$; 从已加工区进入: $E_2 = AE_{(\mathrm{id},r,t)}$, 并且应在规定的加工时间内加工完成, 到达已加工区, 否则出

现加工异常。

$$\text{EVENT SEQ}(E_1, E_2)$$
$$\text{WHERE } E_1.\text{id} = E_2.\text{id}$$
$$\text{WITHIN } T$$

如果在制品从待加工区离开后超过规定加工时间仍未进入已加工区，即在制品在该工位的加工时间过长，应及时上报管理人员。

$$\text{EVENT SEQ}(E_1, !E_2)$$
$$\text{WHERE } E_1.\text{id} = E_2.\text{id}$$
$$\text{WITHIN } T$$
$$\text{RETURN report\_to\_manager}$$

3) 工序间衔接

工序间的衔接即从上一道工序到下一道工序间的流转，可以分解为两个简单事件：从上一道工序的已加工区离开，$E_1 = DE_{(\text{id},r,t)}$；进入下一道工序的待加工区，$E_2 = AE_{(\text{id},r,t)}$，并且进入的工序应符合工艺路线流程，且在规定的时间内完成运送，否则可视为发生异常。

$$\text{EVENT SEQ}(E_1, E_2)$$
$$\text{WHERE } E_1.\text{id} = E_2.\text{id} \wedge E_2.r = \text{process.workstation}$$
$$\text{WITHIN } T$$

以上列举了离散制造车间生产过程常见的几个复杂事件的例子，在制造流程的基础上，合理地定义相应的复杂事件，不仅可以实现对关键制造过程的实时监控，还能够及时地发现和处理异常，及时地调整生产计划并做出合理的决策。

2. 基于 XML 的事件表达

可扩展标记语言 (extensible markup language, XML) 是一种文本标记语言，因其良好的扩展性、数据独立性、可读性和简单性等优点，广泛应用于 Web 间的文档保存和数据交换。将事件定义成 XML 文档进行保存，不仅方便计算机的解读和系统应用集成，而且省去重复定义的麻烦，在需要时重新调用即可。

1) 简单事件的表达

根据简单事件的定义，简单事件的数据格式定义如表 16.3 所示，EventType 节点表示事件的类型；EventID 表示事件编号；EventName 表示事件名称；Attribute 节点表示事件属性，包括读取到的电子标签编号、读写器编号、读写器位置和时间等。

表 16.3　简单事件格式定义

EventType	EventID	EventName	Attribute

以停留事件 $SE\langle e, r, ts, te\rangle$ 为例，转换成 XML 文档如图 16.14 所示。

```
<?xml version="1.0" encoding="utf-8" ?>
<EventConfig>
  <EventType>SimpleEvent</EventType>
  <EventID>E0001</EventID>
  <EventName>SE</EventName>
  <Attribute>
   <EPC_ID>rfid</EPC_ID>
   <Reader_ID>readerid</Reader_ID>
   <Reaser_Location>location</Reader_Location>
   <StartTime>ts</StartTime>
   <EndTime>te</EndTime>
  </Attribute>
</EventConfig>
```

图 16.14　简单事件的 XML 表达

2) 复杂事件的表达

复杂事件的表达相对复杂，需在简单事件的基础上增加逻辑运算符和时间约束等，复杂时间的数据格式定义如表 16.4 所示，EventType 节点表示事件的类型；EventID 表示事件编号；EventName 表示事件名称；Operator 节点表示事件运算符；ChildEvent 表示子事件；Condition 表示约束条件；TimeWindow 表示时间窗。

表 16.4　复杂事件格式定义

EventType	EventID	EventName	Operator	ChildEvent	Condition	TimeWindow

以上节中的物料出库事件为例，转换成 XML 文档如图 16.15 所示。

3. 事件处理过程

离散制造过程中的事件处理包括两个部分：简单事件的处理和复杂事件的处理。简单事件的处理即从标签原始事件中提炼出有意义的简单事件，简单事件的处理基于应用层事件规范 ALE(application level event)，ALE 是由 EPCglobal 发布的定义 RFID 物理基础架构与应用层间信息传递接口的国际标准，它定义了原始事件处理的基本功能：收集和过滤。按照一定时间间隔等条件采集来自读写器的原始信息，剔除重复的、无用的事件信息，并进行组合，形成简单事件。

```
<?xml version="1.0" encoding="utf-8" ?>
<EventConfig>
 <EventType>ComplexEvent</EventType>
 <EventID>E0012</EventID>
 <EventName>stockout</EventName>
 <Operator Name="SEQ" >
  <Operator Name="NOT" >
   <ChildEvent>E1</ChildEvent>
  </Operator>
  </ChildEvent>E2</ChildEvent>
  </ChildEvent>E3</ChildEvent>
 </Operator>
 <Condition>E1.id=E2.id=E3.id</Condition>
 <Condition>E1.reader_location=&quot; shelf &quot; </Condition>
 <Condition>E2.reader_location=&quot; register &quot; </Condition>
 <Condition>E3.reader_location=&quot; door &quot; </Condition>
 <TimeWindow>T</TimeWindow>
</EventConfig>
```

图 16.15   复杂事件的 XML 表达

复杂事件处理的目标是根据简单事件和相应的逻辑规则，归纳出具有高信息粒度的复杂事件，以支持车间的实时监控和生产决策，并服务于上层应用。复杂事件处理技术 (complex event processing, CEP) 是一种新兴的事件处理技术，以事件驱动为基础的运算模式，目前已广泛应用于构建和管理信息系统。CEP 使用模式对比事件的相互关系、事件间的聚合关系，从相关事件中找出有意义的事件，以应用于生产服务。借助复杂时间处理引擎，能够有效检测和处理生产过程中的复杂事件。

基于物联网的事件处理过程如图 16.16 所示。物理层包括各种 RFID 设备、其他数据采集设备以及车间内的各种生产对象，如物料、在制品、机床等，从而构建一个实时感知环境，采集在生产过程中的原始事件和实时数据，并上传至简单事件处理模块。简单事件处理模块以 ALE 为核心，对车间实时采集到的原始事件进行过滤，剔除多余或无用的信息。事件解析器在事件过滤的基础上，对原始事件进行整合，形成统一格式记录的瞬时事件，如出现事件、进入事件、离开事件，并根据瞬时事件计算非瞬时事件，如停留事件，最后将处理得出的简单事件记录至数据库中。复杂事件处理模块以复杂事件处理引擎为核心，结合车间制造过程中的逻辑规则，生成能够表达车间生产状态的复杂事件，并生成复杂事件检测模型和 XML 脚本，以便于复杂事件的检测，应用于上层应用的实时监控、异常检测和过程控制等功能。

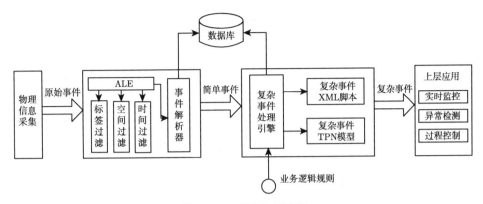

图 16.16　事件处理过程

16.3.3　基于 TPN 的复杂事件处理技术

复杂事件的处理方法目前主要有 Petri 网、有限自动机、有向图、匹配树等。其中，Petri 网与其他方法相比具有明显的优势，应用也最为广泛。离散制造过程是典型的离散事件动态系统，涉及复杂的同步、并行和异步关系，Petri 网能够完善地表达状态、事件以及它们之间的关系，并且 Petri 网不但采用图形表达，而且支持数学分析，具有结构化、层次化的特性，便于软件的应用开发。图 16.17 表达了一个基本 Petri 网的结构，圆形表示库所，其中的圆点表示托肯，代表其局部状态，粗实线表示变迁，库所与变迁之间以有向弧相连，表示它们之间的关系。

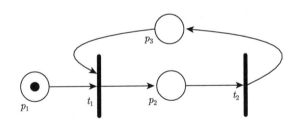

图 16.17　基本 Petri 网模型

基本的 Petri 网可以定义为一个五元组：

$$PN = \{P, T, I, O, \vec{m}\}$$

其中，

(1) $P = \{P_1, \cdots, P_n\}$ 是库所的有限集合，n 为库所的个数。

(2) $T = \{t_1, \cdots, t_n\}$ 为变迁的有限集合，m 为变迁的个数。

(3) $I : P \times T \to N$ 为输入函数，它定义了从 P 到 T 的有向弧的重复数或权 (weight) 的集合，N 为负整数集。

(4) $O : T \times P \to N$ 为输出函数，它定义了从 T 到 P 的有向弧的重复数或权 (weight) 的集合，N 为负整数集。

(5) $\vec{m} : P \to N$ 为 PN 的标识，为一个列向量，第 i 个元素表示第 i 个库所中托肯的数目，特别地，m_0 为初始标识，表示系统的初始状态。如图 16.17 所示，$m_0 = (1, 0, 0)^{\mathrm{T}}$。

基本 Petri 网中，以变迁的使能描述事件的发生，通过托肯的转移描述动态过程。本书用 $\bullet t$ 表示变迁 t 的所有输入库所的集合，$|\bullet t|$ 表示输入库所的个数；$t\bullet$ 表示变迁 t 的所有输出库所的集合，$|t \bullet|$ 表示输出库所的个数；$\bullet P$ 和 $P\bullet$ 分别表示库所 P 的输入和输出变迁，它们的数量分别用 $|\bullet P|$ 和 $|P \bullet|$ 表示。基本 Petri 网的变迁，使能规则定义如下：一个变迁 $t \in T$ 在标识 m 下使能，当且仅当：$\forall p \in \bullet t : m(p) \geqslant I(p, t)$。

由此可以看出，基本 Petri 网中变迁的触发只需要满足输入库所的托肯数量条件即可，这样的触发条件无法表达变迁之间的时序关系，然而时序关系是复杂事件的重要特性，而且随着现代制造过程越来越复杂，Petri 网的规模也随之复杂化，因此基本 Petri 网并不能满足离散制造过程中 RFID 复杂事件的检测条件，需在基本 Petri 网的基础上进行语义扩展。

1. 基于 TPN 的事件检测方法

针对基本 Petri 网无法描述事件之间时序关系的不足，本书在赋时 Petri 网的基础上，提出改进的 Petri 网模型，通过添加辅助库所的方式给变迁的激发加以约束，辅助库所为一个时间节点，从而给变迁的激发加上时间约束，改进后的 Petri 网可以表示为一个九元组：

$$TNP = \{P, T, I, O, Y, B, W, D, \vec{m}\}$$

其中，$P, T, I, O, \vec{m}$ 的含义与基本 Petri 网中相同；$Y \subseteq P \times T$ 为抑制弧的集合；$B : T \to \{\text{Expression}\}$ 为变迁输出弧的约束表达式集合，表达了变迁激发后托肯转移的约束条件；W 为有向弧的权函数的集合，表达了变迁激发所需的托肯数目；D 为变迁 T 到时间的映射集，变迁只有在要求的时间区域内才有效。

通过在基本 Petri 网的基础上加入辅助库所来代表时间约束，使得改进后的 Petri 网具有描述复杂事件之间逻辑和时序关系的能力。并且通过辅助库所的方式，使得改进后的 Petri 网在形式上与传统的赋时 Petri 并无区别，变迁激发规则完全相同，便于 TPN 的分析和计算。在改进后的 TPN 中，每个托肯代表一个发生过的事件，记为 (eid, r, ts, te)，e 为事件编号，r 为读写器编号，ts 为事件开始时间，te 为事件结束时间，当事件为瞬时事件时，$ts = te$。在前面的章节中已经介绍了复杂事件的操作符，通过操作符可以方便用户定义和查询复杂事件，同时能够提高事件的监测效率, 下面来通过一些典型的复杂事件来讨论各个操作符和 TPN 之间的关系。

1) $E = \mathrm{AND}(E_1, E_2)$

复杂事件 $E = \mathrm{AND}(E_1, E_2)$ 对应的 Petri 网模型如图 16.18 所示, 由于 AND 操作符没有时间关系的限制, 利用基本 Petri 网的结构即可表达, 当事件 E_1 和 E_2 同时发生, 即可满足变迁的 t_1 的激发条件, 产生复杂事件 E, 复杂事件的时间关系由 B 定义, 在实际生产过程中, 复杂事件的时间和简单事件的时间关系可能有所不同, 应结合实际情况加以考虑。

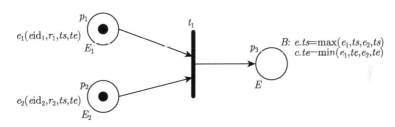

图 16.18　复杂事件 $E = \mathrm{AND}(E_1, E_2)$

2) $E = \mathrm{OR}(E_1, E_2)$

逻辑或操作符 OR 与逻辑与 AND 一样, 都没有时间约束的限制, 只需满足基本 Petri 网的变迁激发规则即可, 复杂事件 $E = \mathrm{OR}(E_1, E_2)$ 的 Petri 网模型如图 16.19 所示。

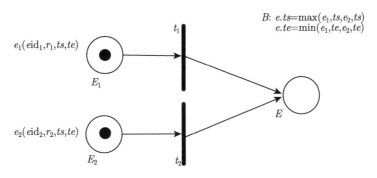

图 16.19　复杂事件 $E = \mathrm{OR}(E_1, E_2)$

3) $E = !E_1$

由于 RFID 无法检测没有发生的事件, 按照基本 Petri 网的变迁激发规则, 库所之中永远不会产生托肯, 变迁永远不会被激发, 因此, 为了表示逻辑非事件, 本书采用抑制弧的方法, 如图 16.20 所示, 逻辑非的语义可以解释为 "如果事件不发生，则触发变迁"，可以等价为 "如果事件发生，则不触发变迁"。按照抑制弧的语义，如果事件 E_1 发生，即库所中产生一个托肯，那么变迁被抑制，无法触发；如果事件 E_1 没有发生，即变迁中没有托肯，那么抑制弧失效，变迁可以被触发。

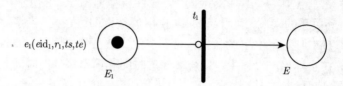

图 16.20　复杂事件 $E =! E_1$

　　逻辑非运算符通常与时间运算符结合使用，单独对没有发生的事件进行检测并没有实际意义。对于复杂事件 $E = \mathrm{WITHIN}(!E_1, \langle T_1, T_2 \rangle)$，即要求事件 E_1 在时间段 $\langle T_1, T_2 \rangle$ 内不允许发生，否则产生异常。由于基本 Petri 网无法表示时间关系，故在基本 Petri 网结构的基础上添加一个辅助库所 tp，如图 16.21 所示，当系统时间 t 满足 $T_1 < t < T_2$ 时，系统自动在辅助库所中添加一个托肯，此时根据 AND 运算符，变迁激发的条件得到满足，产生复杂时间 E 的实例，并且 $e.ts = T_1, e.te = T_2$。

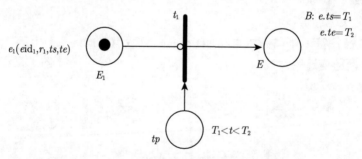

图 16.21　复杂事件 $E = \mathrm{WITHIN}(!E_1, \langle T_1, T_2 \rangle)$

4) $E = \mathrm{SEQ}(E_1, E_2)$

　　为了描述在 SEQ 中的时序关系，我们同样在基本 Petri 网逻辑结构的基础上添加一个辅助库所 tp，tp 为一个辅助时间约束节点，在本例中，tp 的时间约束条件为 $e_1.ts < e_2.ts$，即按照 SEQ 运算符的语义，事件 E_1 发生在事件 E_2 之前，当辅助库所的时间满足约束时，系统自动向辅助库所内添加一个托肯，此时根据 AND 运算符的结构，复杂事件 E 发生的三个条件都得到满足，变迁被触发，即产生了复杂事件 E 的实例 (图 16.22)。

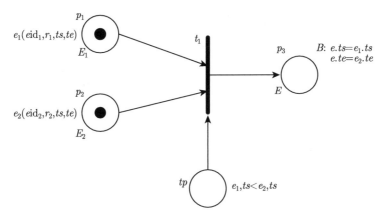

图 16.22　复杂事件 $E = \mathrm{SEQ}(E_1, E_2)$

5) $E = \mathrm{WITHIN}((E_1 \vee E_2) \wedge E_3, T)$

对于多个运算符组成的复杂事件,根据运算符之间的优先关系,首先计算内部事件的逻辑结构,由于 Petri 网具有层次性的特征,最后对基本结构进行组合。在本例中,首先计算 $E' = E_1 \vee E_2$,然后计算 $E' \wedge E_3$,最后添加时间约束 T,最终得出的 Petri 网结构如图 16.23 所示。

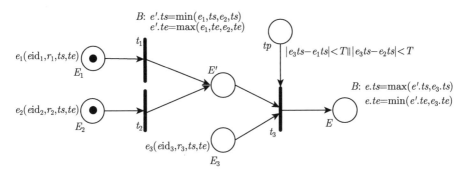

图 16.23　复杂事件 $E = \mathrm{WITHIN}((E_1 \vee E_2) \wedge E_3, T)$

2. 基于 TPN 的离散制造过程异常检测

在基于物联网的离散制造过程实时监控环境下,能够实时检测到生产过程中的各类生产事件,为了保证生产过程的正常进行,及时发现生产过程的异常事件十分重要。离散制造过程中的异常事件可以分为两类:一类是与生产逻辑相关的异常事件,如某个零件出现在不该出现的工位,或某个零件的加工顺序不符合工艺流程;另一类是与生产时间相关的异常事件,如某个工位的零件等待时间过长,机床发生堵塞等。通过复杂事件之间的逻辑与时间关系,能够完善合理地定义各种异常事件, 并利用 TPN 的检测方法, 实时检测异常事件并进行报警。同时, 由于 TPN 与传统的 Petri 网相比, 仅仅是增加了时间约束节点来约束事件的时间关系, 在正常的生产流程下, 约束异常事件的时间节点并不会被触发, 因此可以将反映时间约束的辅助库所忽略, 并不影响 Petri 网的分析性能。在实现异常监控的同时, 仍然可以使用数学分析方法对系统进行基本性能分析。

下面以某个零件的加工过程为例, 分析基于 TPN 的离散制造过程异常事件监控方法。考虑一个简单的制造过程, 假设该零件的加工需要经历四个步骤: 物料出库、第一道工序、第二道工序、成品入库, 期间需要在各个区域间进行配送。整个过程中我们对配送时间过长、等待时间过长、加工时间过长等异常事件进行监控, 所建立的 Petri 网模型如图 16.24 所示, 各库所和变迁的意义见表 16.5。

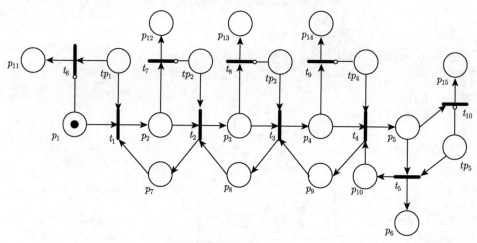

图 16.24 离散制造过程 TPN 模型

表 16.5 TPN 模型中的库所与变迁意义

库所		变迁	
参数	意义	参数	意义
p_1	物料出库	t_1	物料配送
p_2/p_4	物料到达第一/二道工序的缓冲区	t_2	物料搬运至第一道工序加工
p_3/p_5	第一/二道工序加工完成	t_3	搬运至第二道工序的缓冲区
p_7/p_9	缓冲区容量指针	t_4	物料搬运至第二道工序加工
p_8/p_{10}	机床可用	t_5	成品运输
p_6	成品入库	$t_6/t_7/t_8/t_9/t_{10}$	异常辅助变迁
$tp_1/tp_2/tp_3/tp_4/tp_5$	辅助时间库所		
$p_{11}/p_{12}/p_{13}/p_{14}/p_{15}$	操作超时		

该模型中共定义了 5 个异常事件 p_{11}, p_{12}, p_{13}, p_{14}, p_{15}, 分别代表配送超时、工序一等待时间过长、工序一加工时间过长、工序二等待时间过长、工序二加工时间过长 5 个异常事件。以 p_2, t_2, tp_2, t_7 的过程为例, 当工序一的缓冲区内到达物料时, 首先计算辅助事件库所 tp_2, 根据事先设定的时间约束, 如果满足该约束, 系统自动在 tp_2 内产生一个库所, 表示在规定的时间内到达物料, 则变迁 t_7 被抑制, 变迁 t_2 被激发, 加工正常进行。如果物料在规定时间之后才送达, 则 tp_2 内没有托肯, 变迁 t_7 被激发, 系统给出异常提示。整个系统的运行流程如图 16.25 所示。

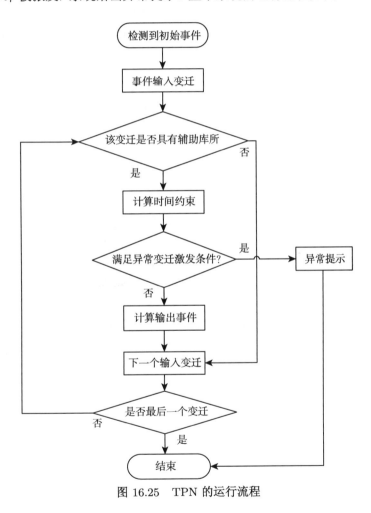

图 16.25　TPN 的运行流程

通过上述模型可以看出, 在系统正常的生产过程中, 异常辅助变迁并不会被触发, 因此我们仍然能够借助 Petri 网的数学分析方法对系统进行基本性能分析, 只需将辅助库所和辅助变迁去掉即可。在本例中, 系统的关联矩阵为

$$
I=\begin{bmatrix}
1 & 0 & 0 & 0 & 0 \\
0 & 1 & 0 & 0 & 0 \\
0 & 0 & 1 & 0 & 0 \\
0 & 0 & 0 & 1 & 0 \\
0 & 0 & 0 & 0 & 1 \\
0 & 0 & 0 & 0 & 0 \\
1 & 0 & 0 & 0 & 0 \\
0 & 1 & 0 & 0 & 0 \\
0 & 0 & 1 & 0 & 0 \\
0 & 0 & 0 & 1 & 0
\end{bmatrix},\;
O=\begin{bmatrix}
0 & 0 & 0 & 0 & 0 \\
1 & 0 & 0 & 0 & 0 \\
0 & 1 & 0 & 0 & 0 \\
0 & 0 & 1 & 0 & 0 \\
0 & 0 & 0 & 1 & 0 \\
0 & 0 & 0 & 0 & 1 \\
0 & 1 & 0 & 0 & 0 \\
0 & 0 & 1 & 0 & 0 \\
0 & 0 & 0 & 1 & 0 \\
0 & 0 & 0 & 0 & 1
\end{bmatrix},\;
C=O-I=\begin{bmatrix}
-1 & 0 & 0 & 0 & 0 \\
1 & -1 & 0 & 0 & 0 \\
0 & 1 & -1 & 0 & 0 \\
0 & 0 & 1 & -1 & 0 \\
0 & 0 & 0 & 1 & -1 \\
0 & 0 & 0 & 0 & 1 \\
-1 & 1 & 0 & 0 & 0 \\
0 & -1 & 1 & 0 & 0 \\
0 & 0 & -1 & 1 & 0 \\
0 & 0 & 0 & -1 & 1
\end{bmatrix}
$$

运用关联矩阵，便可以对模型进行基本性能分析，如可达性、有界性和安全性等，判断系统在初始状态下是否能够到达某些预定状态，是否会产生锁死等。

为了验证基于 TPN 的制造过程异常事件检测的正确性和有效性，我们对整个模型的运行过程进行仿真运算，分别设置不同的辅助库所时间约束条件，输入不同数量的初始事件，所得出的结果如图 16.26 所示，可以看出，实际发生的异常事件都能够被模型检测到。

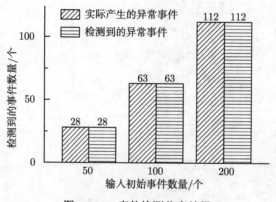

图 16.26　事件检测仿真结果

第17章 制造物联网应用案例分析

本章通过相关的案例,介绍物联网在典型制造业的应用情况,详细阐述了物联网在这些企业的需求、规划、执行实施。通过本章的阅读,可以了解制造物联网的应用方案和应用方法,提高对制造物联网的认知。

17.1 富士通株式会社那须工厂的超高频 RFID 实施方案

17.1.1 公司概要

富士通株式会社那须工厂位于栃木县大田原市,工厂占地面积约 18.5 万 m²,员工 1000 名左右,是支撑富士通移动电话商务事业的核心工厂,作为新一代社会基础设施中必不可少的一部分的移动通信和手机终端也在这里生产制造。富士通株式会社利用 RFID 的情况见表 17.1。

表 17.1 富士通株式会社应用 RFID 的情况

公司名称	富士通株式会社
应用	工厂间零部件交易管理,面向生产线的零部件供应管理
场所	那须工厂 (栃木县大田原市),小山工厂 (栃木县小山市)
目的	旨在促进产品创新的零部件交易,以及生产线零部件供应
项目期间(计划开始与运行期间)	"零部件交易系统" 于 2005 年 2 月提上富士通株式会社议程 2005 年 5 月 13.56MHz RFID 技术开始应用 2006 年 5 月超高频 RFID 技术开始应用 "面向生产线的零部件供应管理系统" 于 2006 年 5 月提上议程, 2007 年 2 月开始实施
电子标签设置对象	零部件交易需求票据;部件的装运箱
实施效果	即时的部件订购需求和库存缩减强化了供应链管理; 部件的清点盘查作业更具效率化; 整个无纸化管理流程,节约资源更加环保
今后完善之处	扩大管理对象数量,提高交易/供应频度,提高验收精度

乘着富士通全公司引进丰田生产模式并进行改革的浪潮,那须工厂提出 "只在必要的时候生产适量必要的东西" 这一改革口号。致力于推动生产流程透明化、自动化,并力图彻底摒弃勉强、浪费、不均匀的生产方式。这项革新取得了巨大的成果。与此同时,随着改革活动的推进,零部件供给量和种类变得越发精细。这样一来,生产进度情况管理中的数据输入就变得非常艰难与费时,这成了一个亟待解决

的新问题。

富士通计划使用 RFID 技术解决这一问题。公司内部于 2013 年 12 月专门成立了 RFID 商务专家组，致力于研发以超高频电子标签为中心的产品群及方案群供工厂使用，同时专家组还拟定了在生产系统中实施 RFID 技术的具体实施方案，旨在利用最新的 RFID 技术提高生产效率。

17.1.2   零件实时抓取系统

在富士通生产现场，关于 RFID 的运用可以追溯到 2005 年 5 月。其大体过程如下：首先小山工厂生产的各种零件被运至那须工厂的零件调配系统，其后使用交易需求票据 (即标签，粘贴 13.56MHz 可重印电子标签) 进行交易的实时零件交易系统开始运行。为配合工厂的生产革新，从小山工厂调配来的零件也按照实时接收系统来进行接收。直到 2006 年 5 月，RFID 可重印标签替代超高频电子标签，进出货时实现统一检品。针对像这样统一读取出货检品时瓦楞箱上粘贴的超高频可重印型电子标签，系统实施后，工作人员还进行了各式各样的模拟错误设定，测定结果十分喜人：始终保持着自开始使用后，"读取不正确案例——0 件" 这一成绩。此外，零件调配系统还与工厂内主干系统相连接，彻底实现了数据录入的省时省力、高度精确、数据的实时化 (生产周期缩短，库存减量) 以及票据纸张的节约。由于以上突出成绩，该系统于 2006 年被日本总务省授予 "U-Japan 商业部门奖" 的殊荣。

17.1.3   生产线零件供给实时管理系统

从 2007 年 7 月起，在那须工厂的生产现场，生产线零件供给实时管理系统开始投入运行。那须工厂在推进生产革新前，一天需进行数次预先准备好的、对应生产线上生产作业的零件供给。而现在，这些作业都被生产线后期工序所取代。其结果就是供给单位变得更为细微，零件供给以一天约 20000 次的频度进行。这无疑会给工人增加巨大的负担 (密码输入和条码输入作业)。与此同时，零件数据管理 (零件现在何处、作何用、有多少) 困难较大。那须工厂的 RFID 零件供给实时管理系统，为从仓库到生产线搬送货物时使用的 3000 个周转箱都贴上了电子标签。标签内写入零件名称、装载数量等，并一起录入到系统中。工人 (材料供给员) 从生产线上回收空周转箱，并送至零件仓库补充零件，将零件装入箱中后再度投入循环使用，即投入生产线供应生产需要。通过自动捕捉周转箱的行踪，每个零件如今在哪里、作何用、有多少这些数据不假人手便可获知，实物与数据的实时化得以实现。而这正是本系统的目的所在。具体来说，在周转箱经过的线路，即放置周转箱的台车经过的路线上设置多个感应门，在门上设置多个读取电子标签的读写器和天线。材料供给员只需推动台车经过这些感应门，装载于台车上的周转箱上粘贴的电子标签便会被批量读取。其后零件名称、装载个数、运送方向这些数据将被自动读取，并上传到系统进行存储。通过读取长距离的超高频电子标签，材料供给员无需手动输入任何数据即可进行材料的有序供给和数据记录。这一系统开始运行后还进行了数次优化，目前读取作业识别率高达 99.99%，基本可做到零错误、全方位读取。系统对零件的高精度管理使得供应链管理得到强化，即零件得到及时发货，库存得到缩减。同时零件的盘点也变得更为简便。全程无纸化操作对于环境保护的贡献也十分突出 (每年可节约 100 万张纸左右)。

17.2　汽车相关产业 RFID 应用方案

本节介绍 RFID 在制造领域的运用与前景，我们首先需要假设 —— 在条形码技术无法实现或者两者相比，RFID 存在明显优势时，我们才将 RFID 技术作为解决办法，调查 RFID 在汽车相关产业中的作用。这些公司大多都使用了企业资源管理系统 (ERP)，有些企业同时采用了制造执行系统 (MES)，它们都对 RFID 技术产生了兴趣，希望提高企业对于生产过程的追溯能力，进而提高企业的竞争能力。本节以汽车安全气囊制造商 AIR 公司和汽车电子连接器制造商 CON 公司为例进行介绍。

17.2.1　RFID 在 AIR 的应用案例

本案例中所研究的安全气囊生产商 AIR，主要工作是组装完整的气囊组件 (图 17.1)，以及生产气囊盖。目前，AIR 主要使用条形码技术来追踪和追查整个生产过程中的所有原料。但是，AIR 需要考虑是否继续使用和尽可能扩展条形码技术，或者直接转而使用 RFID 技术。案例研究的主要目的是为了评估在某一特定工厂里使用 RFID 的价值。

图 17.1　AIR 安全气囊

对于 AIR 而言, 每个产品的完整生产工序的可追溯是十分重要的, 原因主要有以下两方面。

(1) 不同的客户有不同的需求, 需要根据这些需求进行详细的设计, 同时, 客户希望可以追溯产品的每道工序, 为了达到客户的这一需求, AIR 必须实现生产过程的追踪。

(2) 生产过程的可追溯使得 AIR 在面对安全索赔时, 具有自我保护的能力。如在某次交通事故中, 安全气囊没有打开, AIR 则需要证明安全气囊没有质量问题, 气囊故障是其他原因 (如电子设备的故障) 造成的。如果 AIR 不能够合理地证明气囊生产组装的正确过程, 那就需要承担事故责任。同时, 过程的追踪监控也是为了预防故障的出现。

AIR 目前采用条形码进行追溯, 条形码贴在产品的面上, 通过手动扫描, 获取相关信息, 但是条形码的使用有一些弊端, 如需要确保扫描器和条形码水平对齐; 有时还必须将产品翻转才能确保被扫描到, 因为条形码有时会贴在面的内部; 扫描有可能失败, 这时需要重复扫描, 导致额外的延误。AIR 实际上计算出了手动扫描的所需时间 —— 一次扫描一般在 4s 左右。

通过分析发现, RFID 可以在以下生产过程使用。

(1) 使用 RFID 代替条形码, 减少生产过程中对条形码的人工扫描, 利用 RFID 的自动识别, 减少工作时间。

(2) 使用 RFID 代替条形码, 实现仓库管理的自动化。

(3) 避免了条形码的印刷和条形码损坏造成的损失。

(4) 避免了不同客户需要设计不同条形码的情况, 可以减少大规模印刷客户定制条形码的精力和开销。

17.2.2 RFID 在 CON 的应用案例

1. CON 企业的生产现状

本案例选择的企业为汽车电子连接器生产商, 在这里称为 CON 企业。CON 为生产电子连接器需要处理加工金属和塑料。CON 关注 RFID 的原因是其正面临日益激烈的低薪地区工厂的竞争, 需要增加生产力, 因此 RFID 能否提高车间生产效率成为其决定是否采用 RFID 的主要衡量标准。

在 CON 公司内, 不同的车间生产不同类型的电子连接器 (图 17.2)。原材料通过多个生产工序的处理最终成为产品, 一般情况下生产工序可分为 6 步: 冲制、镀锌、成型、注射成型、装配和运输。每个工序都包含了几个子工序。

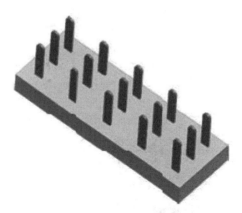

图 17.2　连接器模型

　　主要生产原材料是铜带和塑料颗粒，具体运输方式为：铜带用盘筒，模型塑料件用箱子进行运输。铜带的加工路线是由最终产品的具体需求决定的。不管具体路线怎样，第一道工序为冲制。这时，有相应的机床进行冲制操作。一旦铜带冲制完成，就用盘筒将它们捆起来，并运送到下一道工序 —— 镀锌。镀锌主要是为了防腐蚀。

　　镀锌之后，处理过的铜带运送到装配工序上或者浇铸工序上，这主要取决于要生产的连接器的类型：①如果处理后的铜带送往装配，机器会自动将铜带与模制塑料件组装在一起。模制塑料件是由制模工序中的合成颗粒制成的。成型工序主要是混合合成颗粒并根据多样的产品规格制造成型。成型工序的输出件一般运送给装配工序。装配工序完成以后，最终产品进入运输阶段。②如果镀锌的铜带送往注射成型工序，它们将由叫做 RAS 的机器加工处理。除了铜带，还有塑料带、金属件、合成颗粒等原料在此工序进行加工处理。RAS 机器混合成形合成颗粒，并将这些成型件与其他两种原料和镀锌的铜带组装。RAS 机器的输出件是成品，这些加工完成的产品无需其他步骤直接运送。

　　原料的运输由特定的运输单元承担：用于铜带的盘筒和用于模制塑料件的箱子。因此车间存在两种运输单元。不管使用哪种，在运输单元采用附带的纸质记录单据来记录所运载的原料的信息。这些纸质单据的内容包括了原料的类型、数量信息、生产日期和责任人。

　　在铜带的加工工序，铜带需要从原盘筒上解下、加工，然后卷成目标盘筒。在它们进入下一道工序之前，铜带信息手动写进附带的记录单据中，并粘贴在目标盘筒上，图 17.3 展示了贴在盘筒上的附带单据。然而，为了能在车间的信息系统中追踪原料的状态，需要员工在完成每道工序之后，通过部署在车间的终端设备手动地输入状态信息。

图 17.3　纸质记录单据

　　公司内进行过程追踪的主要手段是由员工维护过程数据,每当完成了某项工序,工人进行手动记录,他们需要分配 15% 的工作时间来维护过程数据,并且存在出错的可能性,错误率 3%~4%,错误的信息会误导员工,进而影响生产的连续性。而且,即便是没有书写错误,在连续生产工序中的员工有时会读错手写的信息,它的潜在后果与书写错误的后果相同。如果工人错误读取信息,机器就有可能误操作,带来的错误加工会造成浪费和生产力低下。如果能实现过程信息记录的自动化,将会提高员工的生产力。

　　此外,公司内还存在的一个挑战是卷筒和铜带的匹配问题。在每项操作中,铜带需要从原卷筒上取下,然后将处理过的铜带重新卷到目标卷筒中。但是在一些情况下,目标卷筒的大小与处理过的铜带无法匹配。一旦遇到这种问题,就需要停止生产直到员工找到合适尺寸的空卷筒为止,这导致生产延缓和员工个人生产力的下降。

　　CON 使用集装箱将货物运给客户。CON 的一些集装箱式是短期租赁的。集装箱根据客户和所生产连接器的要求变化而变化。集装箱有可能在以下 4 个不同位置:包装站、清洁点、库房、客户处。在 CON,几乎所有的最终产品都先由小型的包装单元承载,然后再打包装进更大的集装箱中。所有的包装单元和集装箱都有条形码。另外,包装单元和集装箱上都贴有纸质标签。因为每个顾客对条形码的需求不同,因此,条形码管理花费巨大且复杂。

　　条形码标签在车间中部处印制 (图 17.4)。印制之后,员工将条形码标签送往包装点。在集装箱送还给车间后,员工必须在清洁处理中,将可重复利用的集装箱上的条形码标签清除。

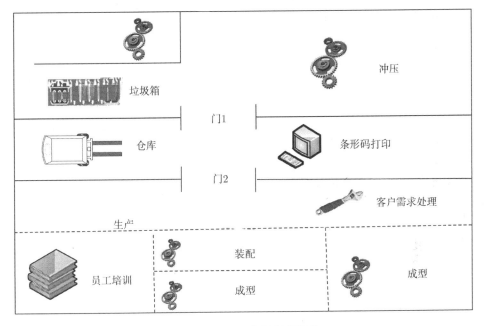

图 17.4　CON 车间组织结构

2. RFID 的应用场景

CON 车间没有采用 RFID 技术, 但是有些生产环节有使用 RFID 得到改善的潜质。本节总结了使用 RFID 技术的可能性和可能带来的效益。针对 CON 企业生产的特点, 考虑五个存在 RFID 潜在效益的可能之处。

(1) 加工处理与数据追踪同步。

(2) 生产数据的维护。

(3) 集装箱管理。

(4) 标准化标签。

(5) 生产安全性。

下面针对这五个可应用之处进行具体的应用分析研究。

1) 加工处理与数据追踪同步

每道工序在完成之后应及时地反馈至后台信息管理系统, 这主要是为了追踪所有生产过程并确保可追溯性, 这时可以使用 RFID 来实现。内部运输单元应配备电子标签, 将它们贴在装有铜带的卷筒上和装有塑料件的箱子上, RFID 读写器可以检测内部运输单元是否移动到下一工序。

车间 RFID 读写器的安装有两个选择。一是将一些读写器安装在内部原料运输路线上的交叉路口 (如在不同车间走廊的大门处, 见图 17.4)。安装点的选择必须保证原料在运输过程中至少经过一个读写器。因此卷筒和箱子上的电子标签必须有 RFID 电子标签。从技术层面上讲，此方案是可行的。但是由于原料的金属性，必须考虑无线电信号的屏蔽。追踪目标以成批包装的形式移动，信号屏蔽现象有可能发生。这个问题可以通过采取相对宽松的方式运输产品来避免。但是，由于货物以相对宽松的容量运输，因此可以忽略交流冲突。另一个选择是在每个工位都安装读写器。在内部运输单元上的配备特定 ID 的电子标签足以满足此种应用方案。相比于应用较少读写器的方案，这种方案读写器数量较多，成本相对高些。

两种方案都有的优势是标签物体的可重复利用，即闭环利用。因此，电子标签可重复利用，几欧元的标签价格将不再是问题。这种价格下可以获得更有效的标签，会确保交流更加有效。

2) 生产数据的维护

根据 CON 员工的估计，车间员工需要花费 15% 的工作时间用于维护过程数据。其中将近 1/3 的时间用来维护内部运输的纸质记录单据。如果单据能够部分或者全部替换成可写的电子标签，数据维护的部分工作可以实现自动化。这可以减少手工数据上的错误，增加员工生产力。

配备电子标签的卷筒和箱子可实现内部运输单元与其运输内容的元数据联系在一起。因此可以避免或者减少过程数据在纸张上的手工书写。一般来说，在电子标签中存储数据有两种方法。一种是将数据写进运输单元上的电子标签中，这需要电子标签可写并且拥有足够内存；另一种是将信息写进后端系统中的数据库中。这种情况下电子标签内部只需要写基本信息。标签 ID 可以自动被读取并作为数据库中的关键词，通过电子标签可以实现过程信息的元数据与相应运输单元的联系。但是，使用数据库替代电子标签，需要加大对数据库系统的投入。

3) 集装箱管理

如上文所述，CON 内的集装箱位于几个不同位置处，在车间没有详细的追踪信息，使得集装箱管理成为一项有挑战性的任务。

电子标签可实现集装箱的自动追踪。如果集装箱配备了电子标签，不同地点的读写器可以读取到集装箱的位置信息，并存储进数据库进行追溯管理。这将减少集装箱的搜寻时间，降低丢失集装箱的风险，并且可以增强集装箱的安全存放度，减少租借集装箱的成本。

这里可以使用低成本的第二代电子标签。这些标签有 92 字节的内存，这些内存空间足够存储信息分辨集装箱。集装箱在不同的生产阶段具有不同的电子标签信息，能够重复使用，同时，合作伙伴也可以采用相应的管理方式，提高公司间的集装箱管理。

4) 标准化标签

在送往客户的产品上，条形码的规定根据客户的要求不同，条形码所用纸张和所印信息不同。目前 CON 通过建立中心印制站点，专门负责条形码的印制。

如果客户同意使用电子标签来取代纸质条形码标签，多种格式的条形码标签问题就很容易解决。不同标签所需的不同信息都可以写在同一类型的标准电子标签上。这些标签可以通过标准化的读写器重新写入。如果在每个站点都有读写器，那么标签就不需要在中心站点印制，可以在它们所需的任意站点写入。

5) 生产安全性

CON 生产的准确性目前主要依赖于员工的注意力和细心。例如，员工必须足够小心避免某一工序的原料的混淆或贴错标签。如果在各自的生产工序中使用电子标签，根据读取事件和警报的保证，可以自动推断准确度。

17.2.3　案例总结分析

电子标签的使用为这些汽车制造企业提供了大量的潜在效益。每个应用方案都涉及不同的投资成本和最终利益。具体的成本和改善可以列举为以下几方面。

1. 实施成本

固定投资成本包括读写器、电子标签、员工培训、软件配置。可变成本主要有软件维护和读写器与标签的更换。读写器的价格在几百到几千欧元之间，投资成本的变化较大。一方面，不同的方案意味着不同的生产成本 (调整和重新规划贸易过程的成本)。另一方面，所需扫描点的数量变化巨大。方案节省的成本可在其他不同方案中得到相同的效果。

2. 相关的改善

过程数据维护占据了大量的工时，车间员工需要花费 5% 的工时复制或者填写纸质记录单据。如果使用电子标签可实现数据的自动化传递，节省工时。采用 RFID 电子标签标识集装箱避免了条形码的打印、粘贴工作，同时采用 RFID 技术能有效改善企业内固定资产的管理。

本案例展示了 RFID 在汽车相关企业的潜在可能性，分析可能因 RFID 带来改善的领域。从理论上讲，所有应用方案在技术上都可行，并且能有效改善生产过程。

17.3　某企业应用案例

通过建立某企业验证平台来评估制造物联技术在离散车间制造现场的应用效果与实施前景，对进一步提升离散制造过程的智能化水平有重要的探索价值与意义。

17.3.1　实施案例的需求规划

对该单位进行物联网需求分析，包括以下几点。

(1) 利用电子标签实现车间半成品库存管理，包括库存、进出库、盘点等。

(2) 普通机床改造，可以采集普通机床转速、负载等。

(3) 定位、身份鉴别，包括物料 (产品) 在车间内的定位以及物料 (产品) 在不同部门间流转过程的定位。

(4) 非金属环境检测，进行温度、湿度的监测，并能报警提醒。

(5) 机床保养，当机床转轴中润滑液高度低于某一值时，进行报警。

(6) 系统与实物做关联 (电子标签如何与工件结合)。

为了达到以上功能要求，我们按照实现的方法和阶段将这些需求进行技术规划，当完成以下技术规划时，这些功能也将实现，具体的技术需求规划如下。

1. 电子标签信息实时写入

接口模式：WebService 实时调用并返回值。

提供写入 WebService 及写入请求 Java WebService 客户端，该单位应用系统可以调用写入请求 Java WebService 客户端进行标签信息写入，写入后返回写入状态，原理如图 17.5 所示。

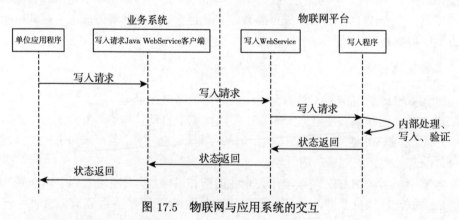

图 17.5　物联网与应用系统的交互

需要调用的参数见表 17.2。

其中，返回值：1—— 成功，0—— 失败。

异常：环境错误、逻辑错误 (如现场不止一个卡、与模式不匹配)。

2. 电子标签信息异步写入

与接口 1 类似，但不需返回值。

表 17.2　物联网与应用系统交互参数

字段内容	字段名	数据类型	说明
标识对象编码	code	字符串	由应用系统按需生成, 规则不确定
相关信息	content	字符串数组	由应用系统按需生成, 规则不确定
读写器编码	writercode	字符串	用于指定读写器。如果为空, 则驱动当前电脑所连接的读写器 定义在数据库中, 由物联网平台维护, 应用程序可以直接访问, 不需接口 读写器属性: id、编码、部门、楼号、位置
模式	mode	整数	0—— 新卡写入; 1—— 改写 (改变业务编码); 2—— 刷新; 3—— 强制模式 (不论被写卡的状态如何都会写)。写入程序根据模式检查与当前卡是否匹配, 防止差错

3. 按需实时读取单条编码

接口模式: WebService 实时调用并返回值, 与接口 1 类似。

调用参数见表 17.3。

表 17.3　实时读取单条编码调用参数

字段内容	字段名	数据类型	说明
读写器编码	writercode	字符串	用于指定读写器。如果为空, 则驱动当前电脑所连接的读写器

其中, 返回值: 标识对象编码。如果没有读取到返回空值。

异常: 同接口 1。

4. 按需实时读取多条编码 (一个读写器)

返回值为标识对象编码字符串数组, 其他与接口 3 类似。

5. 按需实时读取多条编码 (多个读写器)

调用参数见表 17.4。

表 17.4　实时读取多条编码调用参数

字段内容	字段名	数据类型	说明
读写器编码	writercodes	字符串数组	用于指定读写器。如果为空, 则驱动当前电脑所连接的读写器

返回值为二维数组: 读写器编码、标识对象数组。

接口 3、4 可以看作接口 5 的特例, 独立出来是为了方便、可靠。

6. 异步读取消息集成

凡是非按需实时读取的，读取后生成一条 Java JMS 消息。JMS 消息的订阅、处理均由业务系统处理。

17.3.2　验证平台的主要建设内容

(1) 对车间内的信息化硬件设备进行改造与升级，确保其达到物联制造车间的要求。

(2) 搭建车间信息化管理网络，在现有的 ERP 及 MES 系统的环境下部署物联制造车间数据管理系统，并与已有的 ERP/MES 系统进行集成，为 ERP/MES 系统提供底层的制造信息。

(3) 基于当前状态，对现有生产流程管理制度进行调整，使之符合在物联制造条件下的生产要求。

通过对以上三方面内容的实施，建立一个可实际运转的物联制造车间，在该物联制造车间中可实现如下目标。

(1) 各生产要素均有确定的电子标识与之对应。

(2) 各工位的生产任务自动下发，各工位所需的生产要素明确，且工位内实际所包含的生产要素可监控。

(3) 各生产要素授权明确，确保各生产要素在物联制造车间内有序流转。

(4) 各物料均有明确详细的工序流转记录及相应的状态记录，生产过程可追溯。

17.3.3　演示验证平台的具体构建实施措施

1. 目标车间、厂房的选择

本演示验证平台在某单位机加车间内部分区域实施。

实验区域如下：

(1) 数控加工车间内部分区域。

(2) 普通加工车间内部分区域。

(3) 原材料暂存区。

(4) 成品库房区。

2. 车间内现有设备选用计划

(1) 数控加工区域内的 2 台数控机床，数控操作系统为 FANUC-OI-MD。

(2) 普通加工区域内普通车床 3 台，普通铣床 2 台，刨床 1 台。

(3) 原材料暂存区内货架。

(4) 加工生产所涉及的工装、夹具。

设备选用布局如图 17.6 所示。

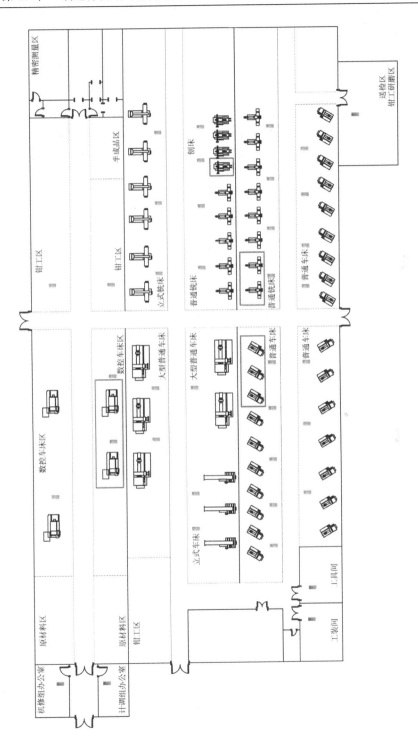

图 17.6　车间内设备选用布局图

3. 物联制造车间配套硬件布局

(1) 车间内部署 ZigBee 无线传感节点, 对车间内的温湿度、粉尘等环境信息及机床的转速状态进行采集, 各无线传感节点组成无线传感网络。

(2) 原材料暂存区及各机床均关联 1 个 RFID 读写器。

(3) 原材料暂存区、普通车床区、普通铣床区、普通刨床区分别部署 1 台工位 PC, 两台数控机床分别部署 1 台 PC, 在整个车间内部署 1 台服务器, 作为数据库服务器及网络服务器使用。

(4) 车间内显著位置设置 1 个电子看板。

(5) 对进入物料区的物料及各类工装按件附着电子标签。

(6) 对工作人员附着电子标签。

配套硬件部署情况如图 17.7 所示。

4. 制造车间物联网的组网方式实施

所选机床与物料中转区及成品库房区内的所有 RFID 读写器及工位 PC 组成独立的局域网, 与八〇〇所内现有的所有其他网络均物理隔离。制造车间物联网主要由以太网主干网络、RFID 读写器网络、无线传感网络及数控机床 DNC 网络四部分组成, 如图 17.8 所示。

制造车间物联网的具体实施内容同样围绕该四部分内容展开。

1) 以太网主干网络架设

以太网主干网络由 48 口交换机、无线 AP、路由器、服务器、触摸式电子看板、5 台无线手持式电子看板终端及所需网线组成, 具体型号与价格如下。

48 口交换机: TP-LINK TL-SF1048, 1080 元。

无线 AP: TP-LINK TL-WA801N, 270 元。

路由器: TP-LINK TL-R478G+, 680 元。

服务器: DELL PowerEdge T110(Xeon E3-1220/8GB/1TB), 6000 元。

触摸式电子看板: 27 英寸触摸显示器, Acer T272HLbmidz, 4900 元。

无线手持式电子看板终端: 10 英寸自制手持式终端 (5 台)。

网线若干。

2) RFID 读写器网络建立

RFID 读写器及相关的工位 PC 组成 RFID 读写器网络, 全部接入以太网主干网络, 为各 RFID 读写器及工位 PC 分配 IP 地址, 具体型号与价格如下。

RFID 读写器: 远望谷 XCRF860(9 台), 11 000×9 元。

工位 PC: 联想启天 M4330(6 台), 2800×6 元。

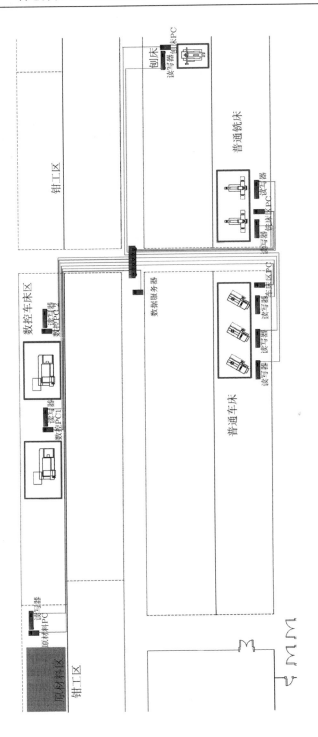

图 17.7　车间内配套硬件布局图

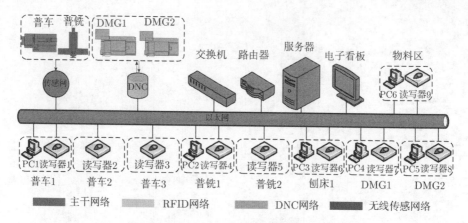

图 17.8 制造车间物联网的系统组成结构

3) 无线传感网络建立

无线传感网络由主节点 (与服务器相连)、环境无线传感节点与转速无线传感节点组成。主节点为一个通过 RS232 口与服务器直接相连的 ZigBee 模块。环境 (温湿度、烟雾) 无线传感节点由温湿度传感器、粉尘传感器、单片机最小系统与 ZigBee 模块组成, 安放位置为每个读写器位置及服务器位置, 共 10 处。转速无线传感模块由转速表头、光电传感器及 ZigBee 模块组成, 安装在各普通机床处, 共 6 处。具体型号与价格如下。

温湿度传感器: SHT10 插针型温湿度传感器 (10 个), 38×10 元。

烟雾传感器: MQ-2 烟雾气体传感器 (10 个), 13×10 元。

单片机最小系统: 奥特能 stc/avr 单片机最小系统 (10 个), 38×10 元。

转速表头: GW631 转速表 (6 个), 200×6 元。

光电传感器: 迈得豪反馈反射式光电开关 E3F-R2P1(6 个), 20×6 元。

ZigBee 模块: DTK DRF1601(17 个), 120×17 元。

4) 数控机床 DNC 网络的建立

通过 DNC 网络将两台数控机床接入以太网主干网络。

实现制造车间物联网组网的相关硬件材料清单见表 17.5。

5. 物联制造车间的软件系统实施措施

在独立的局域网部署 ERP/MES 副本, 配置不同角色的用户客户端。物联制造车间数据管理系统与 MES 系统采用 WebService 接口进行数据通信, 物联制造车间数据管理系统的可集成模块包含人员/设备/物料基础数据生成、人员/设备/物料数据维护与盘点、工序信息维护、工序流转状态监控、成品数据管理, 具体内容包括以下方面。

表 17.5　制造车间物联网组网硬件材料清单

编号	名称	型号	数量	单价/元	小计/元
1	48 口交换机	TP-LINK TL-SF1048	1	1 080	1 080
2	路由器	TP-LINK TL-R478G+	1	680	680
3	服务器	DELL PowerEdge T110	1	6 000	6 000
4	无线 AP	TP-LINK TL-WA801N	1	270	270
5	27 英寸触摸显示器	Acer T272HLbmidz	1	4 900	4 900
6	RFID 读写器	远望谷 XCRF860	9	11 000	99 000
7	工位 PC	联想 M4330	6	2 800	16 800
8	温湿度传感器	SHT10 插针型温湿度传感器	10	38	380
9	烟雾传感器	MQ-2	10	13	130
10	单片机最小系统	奥特能 stc/avr	10	38	380
11	转速表头	GW631 转速表	6	200	1 200
12	光电传感器	迈得豪 E3F-R2P1	6	20	120
13	ZigBee 模块	DTK DRF1601	17	120	2 040
总计					132 980

(1) "人员/设备/物料"基础数据生成。对从物资处下发的物料进行精确管理，对各物料按件管理，建立每件物料的电子档案信息，形成物料区台账；对车间内各工装、夹具进行电子注册，建立档案信息；为车间内的各类机床建立档案信息，并与注册过的 RFID 读写器进行关联；为车间内工作人员建立电子档案信息。该功能模块的运行，保障了物联制造车间内人员、设备、物料等方面的数据源头。

(2) "人员/设备/物料"数据维护与盘点。对数据管理系统内已经存在的"人员/设备/物料"基础数据进行删除、修改等维护应用，以对应在实际车间中所发生的物料报废、机床改造或其他基础数据发生变更的情况。

(3) 工序信息维护。该模块从 ERP/MES 系统中获得工序任务信息，作为工序流转状态监控的参考依据，形成物联制造车间中任务指令信息的来源。

(4) 工序流转状态监控。通过各工位的 RFID 读写器及无线传感网络，对物料在车间内的实际流转及详细工况信息进行追踪记录，形成有效的监控路径，并建立相应的制造状态模型，可供其他生产管理系统对其进行评估、分析。

(5) 成品数据管理。对该车间内的成品进行数据统计，建立成品区台账。

6. 物联制造车间内的生产流程管理规划

物联制造车间管理监控对象包括物料 (包括在制品和成品)、人员、机床 (包括相关的刀具、量具等车间资产)、运输车 (如 AGV 小车、CGV 小车等) 等几类生产要素，具有不同的管理特点，具体管理实施过程如下。

1) 物料的实施办法管理流程

物料在申请入车间的第一时间进行电子标签的标识管理，通过 AGV 的导引进入待加工区等待加工。生产指令下达，加工人员准备就绪后再进入加工区的操作。考虑到对物料在加工过程中的损耗和污染，可将电子标签在物料的加工过程中进行摘取，待加工结束后，再重新对加工后的成品或者半成品进行电子标签的标识。此时，获取加工信息可由读取机床电子标签信息来获取实时加工信息。

标签中所涉及的信息应包含物料的上一级单位基本信息，即供应信息，便于历史信息的追踪与溯源。在加工车间中，物料的电子标签应该关联的信息有加工工序、加工人员、检验信息以及后续入库的信息。这里的电子标签目的就是用来取代车间现有的路卡的功能，即通过电子标签随着物料的一系列活动来完成路卡、检验、入库等过程中产生的手续和录入工作。具体地说，物料的电子标签在进入加工工位之前应该完成原材料的定额、炉批号、图号、检验员等信息的写入，同时，在加工开始后，通过电子标签来取代路卡的作用，工位处的 RFID 读写器识别电子标签，从数据库中获取相应物料的加工信息，其中包括工序、图纸、人员、工时、检验等信息，经过 RFID 的快速感知与响应从而提高车间加工活动的效率，达到快速、无纸化的目的。

待物料加工完毕并成功入库后，将入库信息经 RFID 读写器录入至待车间管理数据库中，并将完成加工的成品与电子标签一同绑定入库。

2) 人员管理流程

首先，电子标签一定是能对每个人的身份进行唯一准确的标识，以此为前提，每个人被赋予不同的进出权限和操作权限。

其次，当物料进入车间后，由具备相应权限的工人或者调度来领取相应的加工材料，在工位读卡器中进行审核，只有具备相应权限的工人才可进入工位进行相应加工工作，即通过读取电子标签信息来判断加工权限，从而规范相应的车间工作。

最后，待物料加工完成后再由相应人员进行入库操作，作为识别人员信息及权限的电子标签必须与对应人员进行绑定，因此，在入库时，仅物料电子标签与成品进行入库。

3) 机床管理流程

首先，机床作为车间里的大型硬件设备，电子标签对它的标识应该包含最基本的信息。其次，作为智能设备，通过 RFID 设备的感知，将机床设备系统中固有的参数进行统计管理，经过大数据挖掘，总结成最优数据来指导加工与优化工艺。

4) 运输车管理流程

对运输车的电子标识等同于固定资产标识，将运输车的基本信息通过电子标签来关联，便于车间内部管理与调度，同时对运输车的电子标签标识也是着眼于未来的车间物料定位功能。通过电子标签在所处网络中的场强能量与参考位置之间的对比，选择适当的算法来获取运输车在车间的相对坐标位置，完成车间的定位功能，也可实现对运输车的运动轨迹导引。

第五篇　总结与展望

第18章　制造物联的前景与趋势

18.1　制造业物联网应用问题分析

制造业生产的产品型号变化多，交付时间严格，制造现场的实时制造信息繁多且多变，因此制造物联网技术在制造业中具备天然的优势。

然而，目前制造物联网技术在我国制造业中的应用存在的问题与其优势同样明显，主要表现在如下几个方面。

1. 信息化基础薄弱

制造业物联网的深入应用是建立在制造企业已经有一定规模的信息化水平之上的，要求企业的制造现场已经纳入了企业信息系统的管理范围之内，制造现场的管理工作已经完全实现线上操作。制造业物联网是以企业信息系统为有效载体，或者说企业信息系统是制造业物联网的目标服务对象。曾经有较为形象的比喻：企业信息系统是大脑，而制造业物联网是 "眼、耳、鼻、舌、手" 等各种感觉器官的集合。

2. 管理思路及方式不能完全适应制造物联生产方式

在制造业物联网的实施中，其最大的特征就是最大限度地降低生产制造过程中人为的干预，人的主观能动性重点体现在规则、架构、流程的制订当中；"人" 需要简政放权于 "物"，实现 "制度管人、流程管事"。这与制造企业当中的部分经营管理思路有一定的区别。

3. 信息安全

在制造企业中信息安全是及其重要的工作之一，而物联网技术是在 "没有信息安全" 的质疑声中成长起来的，信息的泄露方式较多，企业信息安全工作 "百密" 并不能保证物联网中的 "一疏"。从企业信息安全的角度来说，众多企业对制造物联网技术是持有保留态度的。

4. 物联网技术本身的问题

物联网技术作为一项新兴的技术远未达到成熟的阶段。在硬件系统中虽然有了若干国际标准，但是没有执行力度，硬件系统的应用颇为混乱；软件系统的应用情况更是可以用 "各自为战" 来形容。提出制造物联网技术的普适规范刻不容缓。

18.2 西门子的工业 4.0

18.2.1 工业 4.0 简介

首先，我们想象一种场景：在各种有序运行的机器旁边，几名身着蓝色工装的工作人员在电脑前不慌不忙地操作，脚下的地面十分洁净。这种场景给我们一种错觉 —— 这里像是一间文职人员的办公室，不像生产车间。然而，这真的是实实在在的生产车间，各种元器件在传感器的配合下自动前行，有的右拐，有的前行一段时间右拐。这种想象的不像生产车间的生产车间真的存在吗？答案是肯定的。

2013 年 9 月 11 日，西门子位于成都高新区的工业自动化产品成都生产研发基地 (SEWC) 正式投产。该项目总建筑面积 35 300m²，是全球最先进的电子工厂之一，也是西门子在德国之外建立的首家 "数字化企业"。SEWC 以突出的数字化、自动化、绿色化、虚拟化等特征定义了现代工业生产的可持续发展，是 "数字化企业" 中的典范。作为西门子工业自动化全球生产及研发体系中最新建成的一座 "数字化企业"，SEWC 实现了从产品设计到制造过程的高度数字化。同时，西门子为中国工业用户量身打造的 "Simatic IPC 3000 SMART"，也作为首款由 SEWC 研发和制造的工业计算机于当日实现了量产。SEWC 还将陆续生产西门子 SIMATIC 品牌的多款工业自动化产品 (图 18.1)。

图 18.1 SEWC 生产现场

SEWC 生产车间主要为上、下两层。一层为物流层，偌大的空间中，除了传送带，只有一名工人操纵着一辆小车缓缓驶过。这一层最多只需要 6~8 名员工，从原材料的进入到送检、按需分送、不同工序加工，到成品打包、垃圾包装运送等一系列流程，都将在传送带上自动完成。所有的材料，一直到生产完成，遍布生产线的传感器都能通过条码记录下各种数据，不可能出现差错，也不可能出现物品掉落的情况。就算断电也会有数据的备份而不会导致生产过程出现任何的紊乱。车间的二层为制造车间，从物流层传输过来的原材料将在这里通过各种程序制成产品。每个班次只需要 20~30 名工作人员就能完成各项工作。

18.2.2　工业 4.0 的定义

西门子工业已经从事了 160 余年的制造，同为制造企业，西门子也遭遇了制造企业不可避免的挑战。西门子认为，制造业存在三大需求：提高生产效率、缩短产品上市时间、增加制造的灵活性。然而在传统的制造条件下，要同时满足这三大需求并不容易，企业通常通过牺牲灵活性来提升生产效率和缩短产品上市时间。比如，iPhone 产品由于企业缺少制造能力，只能一次推出一款产品，降低了生产的灵活性；而三星自身具备制造能力，能在短期内不断推出各类产品参与竞争。

要同时满足这三大需求，保障并提升产品质量，智能制造成为西门子的发力方向，西门子将其定义为工业 4.0 时代。在西门子看来，第一次工业革命是蒸汽时代，第二次工业革命是电气时代，第三次工业革命是计算机技术开始应用在制造业上，提升自动化水平，即将到来的工业 4.0 时代将是第四次工业革命。

"未来的制造将是基于大数据、互联网、人，结合各种信息技术进行柔性制造，实现定制化生产，甚至可以当月定制车，下个月就可以生产出来。"虽然实现这一构想尚需时日，但西门子已经开始了自己的摸索。西门子德国安贝格电子制造工厂是西门子打造的第一个数字化工厂，正是由这家工厂探索出从传统制造向数字制造转型的技术路线。SEWC 作为安贝格在中国的姊妹工厂，也实现了从企业管理、产品研发到制造控制层面的高度互联，通过在整个价值链中集成 IT 系统应用，实现包括设计、生产、物流、市场和销售等所有环节在内的高度复杂的全生命周期的全自动化控制和管理。

正是在这些复杂的 IT 技术的辅助下，灵活生产不必再被牺牲或无法实现。通过生产线的自动路径规划，各类原材料被运至不同的路径，将生产出不同型号的产品。现在 SEWC 的两条生产线上，可同时生产 20~30 种产品。

谈及为何要建设数字化企业，西门子工业业务领域工业自动化系统首席执行官 Eckard Eberle 表示："我们建设数字化工厂，一是为了获得更高的产品质量，通过各种体系的无缝连接保障产品质量；二是为了实现快速生产的调整；三是帮助客户有效缩短产品的上市时间。"

18.2.3　无纸车间

SEWC 工厂里生产的每一件新品，都拥有自己的数据信息，数据在研发、生产、物流的各个环节不断丰富，实时保持在一个数据平台中。基于这一数据基础，ERP、PLM、MES 控制系统以及供应链实现信息互联。工厂采用了西门子 PLM(全生命周期管理) 软件，通过虚拟化的产品规划和设计，实现信息无缝互联。利用制造执行系统 SIMATICIT 和集成自动化解决方案 (TIA)，能够将产品及生产全生命周期进行集成，缩短高达 50% 的产品上市时间。SEWC 前瞻性的设计还赋予了工厂极高的灵活性，可满足不同产品的混合生产，并为将来的产能调整做出合理规划。

传统制造中，通常是研发时出一张图纸，然后交给生产部门做出样品，图纸再返回研发部门调整、修改后再生产。在数字化制造下，从研发到制造都基于同一个数据平台，改变了传统的制造节奏，研发和生产几乎同步，而且完全不需要纸质的图纸、订单，如图 18.2 所示。

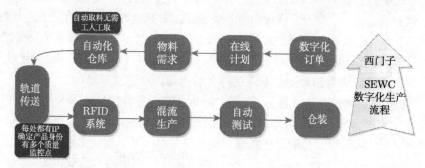

图 18.2　西门子 SEWC 数字化生产流程

SEWC 秉承西门子 "可持续发展" 的生产制造理念，采用了世界级的环保技术，打造出一座绿色工厂。它是中国成都地区第一座以新建建筑身份获得 "能源与环境设计先锋" 金奖认证 (LEED gold certification) 的工厂，使西门子在华获得 LEED 认证的工厂达到了 7 家。SEWC 与按照国际能效标准建设的同类建筑相比，预计每年可节水 2529t、减少 CO_2 排放 820t、节省能源费用 11.6 万欧元、提高能源效率 21%。

18.3　制造物联的发展趋势

制造业的发展经历了传统制造、数字化制造、信息化制造等阶段，目前正向物联制造的方向发展。物联制造使用人工智能技术，实现工艺设计、故障诊断、生产调度等多个制造环节的自动化和智能化，利用先进的信息技术，将众多产品设计、工艺规划、组织生产、营销售后等制造资源整合为制造资源集群,协同工作、优化资源配置,实现"制造即服务"。

"物联制造"充分利用互联网、物联网、云计算等当代先进信息技术,以制造业信息化为基础,深度融合制造资源,为小微企业、大企业及企业集团、整个产业链等提供全生命周期制造服务,实现高附加值、高竞争力、低成本和全球化的产品制造,促进制造业结构调整和转型升级,推动制造业的跨越式发展。"物联制造"总体包括以下三个层级。

1. 车间/小微企业级"物联制造"

通过全面提升各企业或独立车间的信息化水平,使得信息化建设延伸至车间底层,使用无线传感技术、RFID 及物联网技术实现制造过程中透彻的数据采集、状态监控、过程管理,并建立企业之间兼容的信息化交互接口,以实现制造物联。

2. 大企业/企业集团级"智慧制造"

通过企业集团或是行业协会,整合内部现有的计算资源、软件资源和制造资源,建立面向企业或行业内部的产品研发设计、生产、营销等能力的服务平台,实现企业集团 (行业协会) 的内部协同、资源共享。

3. 产业链级"智慧制造"

通过政府主导建立的企业服务平台,吸收纳入产业链范围内的众多小微企业、独立车间及大企业 (集团) 级制造资源,在产业链层面上进行整合优化、信息共享、协同服务、政府监督。

参 考 文 献

[1] 工业 4.0 工作组. 德国工业 4.0 战略计划实施建议 (上)[J]. 机械工程导报, 2013, (7-9): 23.

[2] 王毅, 镇维, 廖勇, 等. 物联网技术及其应用 [M]. 北京: 国防工业出版社, 2011: 1.

[3] Bindel A, Rosamond E, Conway P, et al. Product life cycle information management in the electronics supply chain[J]. Proceedings of the Institution of Mechanical Engineers Part B: Journal of Engineering Manufacture, 2012, 226(B8): 1388–1400.

[4] Costin A, Pradhananga N, Teizer J. Leveraging passive RFID technology for construction resource field mobility and status monitoring in a high-rise renovation project[J]. Automation in Construction, 2012, 24(24): 1–15.

[5] Laniel M, Émond J P, Altunbas A E. Effects of antenna position on readability of RFID tags in a refrigerated sea container of frozen bread at 433 and 915 MHz[J]. Transportation Research Part C Emerging Technologies, 2011, 19(6): 1071–1077.

[6] Kranzfelder M, Zywitza D, Jell T, et al. Real-time monitoring for detection of retained surgical sponges and team motion in the surgical operation room using radio-frequency-identification(RFID) technology: a preclinical evaluation[J]. Journal of Surgical Research, 2012, 175(2): 191–198.

[7] Huang G Q, Zhang Y F, Chen X, et al. RFID-enabled real-time wireless manufacturing for adaptive assembly planning and control[J]. Journal of Intelligent Manufacturing, 2008, 19(6): 701–713.

[8] Keskilammi M, Sydänheimo L, Kivikoski M. Radio frequency technology for automated manufacturing and logistics control[J]. The International Journal of Advanced Manufacturing Technology, 2003, 11(1): 769–774.

[9] Thiesse F, Fleisch E, Dierkes M. LotTrack: RFID-based process control in the semiconductor industry[J]. Pervasive Computing IEEE, 2006, 5(1): 47–53.

[10] Ko J M, Kwak C, Cho Y, et al. Adaptive product tracking in RFID-enabled large-scale supply chain[J]. Expert Systems with Applications, 2011, 38(3): 1583–1590.

[11] Chen J C, Cheng C H, Huang P T B, et al. Warehouse management with lean and RFID application: a case study[J]. The International Journal of Advanced Manufacturing Technology, 2013, 69(1): 531–542.

[12] Gwon S H, Oh S C, Huang N, et al. Advanced RFID application for a mixed-product assembly line[J]. The International Journal of Advanced Manufacturing Technology, 2011, 56(1): 377–386.

[13] Makris S, Michalos G, Chryssolouris G. RFID driven robotic assembly for random mix

manufacturing[J]. Robotics and Computer-Integrated Manufacturing, 2012, 28(3): 359–365.

[14] Chongwatpol J, Sharda R. RFID-enabled track and traceability in job-shop scheduling environment[J]. European Journal of Operational Research, 2013, 227(3): 453–463.

[15] Thiesse F, Fleisch E. On the value of location information to lot scheduling in complex manufacturing processes[J]. International Journal of Production Economics, 2008, 2(2): 532–547.

[16] Runyang Z. RFID-enabled real-time production planning and scheduling using data mining[D]. Hong Kong: The University of Hong Kong, 2013.

[17] Arkan I, Landeghem H V. Evaluating the performance of a discrete manufacturing process using RFID: a case study[J]. Robotics and Computer-Integrated Manufacturing, 2013, 29(6): 502–512.

[18] Ferrer G, Heath S K, Dew N. An RFID application in large job shop remanufacturing operations[J]. International Journal of Production Economics, 2011, 133(2): 612–621.

[19] Zhong R Y, Dai Q Y, Qu T, et al. RFID-enabled real-time manufacturing execution system for mass-customization production[J]. Robotics and Computer-Integrated Manufacturing, 2013, 29(2): 283–292.

[20] Zhang F Q, Jiang P Y, Zheng M, et al. A performance evaluation method for radio frequency identification-based tracking network of job-shop-type work-in-process material flows[J]. Proceedings of the Institution of Mechanical Engineers Part B: Journal of Engineering Manufacture, 2013, 227(10): 1541–1557.

[21] 杨卓静, 孙宏志, 任晨虹. 无线传感器网络应用技术综述[J]. 中国科技信息, 2010, (13): 127–129.

[22] 武星, 王旻超, 张武, 等. 云计算研究综述[J]. 科技创新与生产力, 2011, (6): 49–55.

[23] 胡曼冬. 基于本体的智能家居关键技术研究[D]. 青岛: 中国海洋大学, 2014.

[24] 牛宇鑫. 制造业创新转型物联网先行[N]. 中国信息化周报, 2013-05-27(03D).

[25] 周明. 物联网应用若干关键问题的研究[D]. 北京: 北京邮电大学, 2014.

[26] 王鑫. 面向 RFID 系统防碰撞算法及安全机制研究[D]. 北京: 北京邮电大学, 2011.

[27] 李成志, 高彬彬. 洛克希德·马丁导弹与火控公司 PDM 实施案例[J]. 军民两用技术与产品, 2002, (11): 37, 39.

[28] 杨雷. 数字化技术在波音 737 飞机尾段制造中的应用[J]. 航空制造技术, 2005, (9): 86–89.

[29] 刘广荣. 西安研制成功物联网核心芯片"唐芯一号"[J]. 电子工艺技术. 2009, 30(6): 372.

[30] 唐敦兵, 杨雷, 赵国安, 等. 面向可循环经济的物联网技术应用研究[J]. 机械设计与制造工程, 2010, 39(7): 1–6.

[31] 宁焕生, 徐群玉. 全球物联网发展及中国物联网建设若干思考[J]. 电子学报, 2010, (11): 2590–2599.

[32] 工业和信息化部电信研究院. 物联网白皮书 (2011)[R]. 北京: 工业和信息化部电信研究院, 2011.

[33] 海克斯康测量技术有限公司. 智能化制造管理系统助力数字化工厂建设[J]. 航空制造技术, 2013, (3): 95-97.

[34] 王旭, 万承刚, 倪霖, 等. 基于 RFID 的汽车制造执行系统研究[EB/OL]. 2009. http://www.paper.edu.cn/releasepaper/content/200901-568[2009-01-13].

[35] 李文川, 王旭, 景熠. 离散制造企业 RFID 实施框架研究[J]. 计算机应用研究, 2011, 28(10): 3746-3749.

[36] 刘卫宁, 郑林江, 孙棣华, 等. 射频识别在多品种小批量生产管理中的应用研究[J]. 计算机工程与应用, 2010, 46(27): 1-5.

[37] 胡蓉, 雷媛媛, 王慧. 无线射频识别技术 (RFID) 及其在物联网中的应用[J]. 科技广场, 2010, (9): 82-84.

[38] 丁斌, 罗烽林, 孙晓林, 等. 离散型制造企业 RFID 应用策略研究[J]. 中国管理科学, 2008, 16(2): 76-82.

[39] Wang S W, Chen W H, Ong C S, et al. RFID application in hospitals: a case study on a demonstration RFID project in a Taiwan hospital[C]//Proceedings of the 39th Hawaii International Conference on System Sciences. Hawaii, USA: 2006.

[40] Yagi J, Arai E, Arai T. Parts and packets unification radio frequency identification (RFID) application for construction[J]. Automation in Construction, 2005, 14(4): 477-490.

[41] Park N, Song Y. Secure RFID Application Data Management Using All-Or-Nothing Transform Encryption[M]// Wireless Algorithms, Systems, and Applications. Springer Berlin Heidelberg, 2010: 245-252.

[42] Wu X, Ma R, Li X G. RFID system and its application in libraries[J]. Library Tribune, 2005, 25(1): 4-8.

[43] Zhang L, Zhou H, Kong R, et al. An improved approach to security and privacy of RFID application system[C]// International Conference on Wireless Communications, Networking and Mobile Computing, 2005. Proceedings. IEEE Xplore, 2005: 1195-1198.

[44] Yue D, Wu X, Bai J. RFID application framework for pharmaceutical supply chain[C]// IEEE International Conference on Service Operations and Logistics, and Informatics, 2008. IEEE/SOLI. 2008: 1125-1130.

[45] Hong I H, Dang J F, Tsai Y H, et al. An RFID application in the food supply chain: a case study of convenience stores in Taiwan[J]. Journal of Food Engineering, 2011, 106(2): 119-126.

[46] Chen J C, Cheng C H, Huang P B. Supply chain management with lean production and RFID application: a case study[J]. Expert Systems with Applications: An International Journal, 2013, 40(9): 3389-3397.

[47] Zhang M, Li P C. RFID application strategy in agri-food supply chain based on safety and benefit analysis[J]. Physics Procedia, 2012, 25(22): 636-642.

[48] Noor M Z H, Ismail I, Saaid M F. Bus detection device for the blind using RFID application[C]//Proceeding of the 5th International Colloquium on Signal Processing and its Applications. 2009: 247–249.

[49] Kim W K, Lee M Q, Kim J H, et al. A passive circulator for RFID application with high isolation using a directional coupler[C]//Microwave Conference 36th European. 2006: 196–199.

[50] Hou J L, Huang C H. Quantitative performance evaluation of RFID applications in the supply chain of the printing industry[J]. Industrial Management and Data Systems, 2006, 106(1): 96–120.

[51] Shi X N, Tao D K, Voß S. RFID technology and its application to port-based container logistics[J]. Journal of Organizational Computing and Electronic Commerce, 2011, 21(4): 332–347.

[52] Chen J W. A ubiquitous information technology framework using RFID to support students' learning[C]// IEEE International Conference on Advanced Learning Technologies. IEEE, 2005: 95–97.

[53] Wu Y C J, Chen J X. RFID application in a CVS distribution centre in Taiwan: a simulation study[J]. International Journal of Manufacturing Technology and Management, 2007, 10(1): 121–135.

[54] Wu D L, Ng W W Y, Yeung D S, et al. A brief survey on current RFID applications[C]// International Conference on Machine Learning and Cybernetics. 2009: 2330–2335.

[55] 李志清. UHF RFID 技术在图书馆中应用的试验与探讨[J]. 图书馆论坛, 2008, 28(2): 62–65.

[56] 徐广伟, 陈金鹰, 王小伟, 等. RFID 在旅游景区自动售检票系统中的应用[J]. 通信技术, 2009, 42(7): 192–194.

[57] 侯瑞春, 丁香乾, 陶冶, 等. 制造物联及相关技术架构研究[J]. 计算机集成制造系统, 2014, 20(1): 11–20.

[58] 姚锡凡, 于淼, 陈勇, 等. 制造物联的内涵、体系结构和关键技术[J]. 计算机集成制造系统, 2014, 20(1): 1–10.

[59] 常杉. 工业 4.0: 智能化工厂与生产[J]. 化工管理, 2013, (21): 21–25.

[60] Hwang J, Jeong H, Yoe H. Design and implementation of the intelligent plant factory system based on ubiquitous computing[J]. Advances in Intelligent Systems and Computing, 2014, 291: 89–97.

[61] Anthony T. Plant intelligence[J]. Die Naturwissenschaften, 2005, 92(9): 401–413.

[62] Moslemipour G, Tian S L, Rilling D. A review of intelligent approaches for designing dynamic and robust layouts in flexible manufacturing systems[J]. The International Journal of Advanced Manufacturing Technology, 2012, 60(1): 11–27.

[63] Liu M Z, Ma J, Lin L, et al. Intelligent assembly system for mechanical products and key technology based on internet of things[J]. Journal of Intelligent Manufacturing, 2014:

1–29.

[64] Smith N R, Sánchez J M. Editorial: special issue on intelligent systems for mass customization[J]. Journal of Intelligent Manufacturing, 2008, 19(5): 505.

[65] Mavridou E, Kehagias D D, Tzovaras D, et al. Mining affective needs of automotive industry customers for building a mass-customization recommender system[J]. Journal of Intelligent Manufacturing, 2013, 24(2): 251–265.

[66] Zhou F, Ji Y, Jiao R J. Affective and cognitive design for mass personalization: status and prospect[J]. Journal of Intelligent Manufacturing, 2013, 24(5): 1047–1069.

[67] Kuo T C. Mass customization and personalization software development: a case study eco-design product service system[J]. Journal of Intelligent Manufacturing, 2013, 24(5): 1019–1031.

[68] Wang G P, Wang J L, Ma X Q, et al. The effect of standardization and customization on service satisfaction[J]. Journal of Service Science Research, 2010, 2(1): 1–23.

[69] Isern D, Moreno A, Nchez D, et al. Agent-based execution of personalised home care treatments[J]. Applied Intelligence, 2011, 34(2): 155–180.

[70] Kumar A. From mass customization to mass personalization: a strategic transformation[J]. International Journal of Flexible Manufacturing Systems, 2007, 19(4): 533–547.

[71] Kumar A, Gattoufi S, Reisman A. Mass customization research: trends, directions, diffusion intensity, and taxonomic frameworks[J]. International Journal of Flexible Manufacturing Systems, 2007, 19(4): 637–665.

[72] Lu R F, Petersen T D, Storch R L. Modeling customized product configuration in large assembly manufacturing with supply-chain considerations[J]. International Journal of Flexible Manufacturing Systems, 2007, 19(4): 685–712.

[73] Herrmann C, Schmidt C, Kurle D, et al. Sustainability in manufacturing and factories of the future[J]. International Journal of Precision Engineering and Manufacturing-Green Technology, 2014, 1(4): 283–292.

[74] Wang Y, Tseng M M. Customized products recommendation based on probabilistic relevance model[J]. Journal of Intelligent Manufacturing, 2013, 24(5): 951–960.

[75] Chung Y F, Hsiao T C, Chen S C. The application of RFID monitoring technology to patrol management system in petrochemical industry[J]. Wireless Personal Communications, 2014, 79(2): 1063–1088.

[76] Chen J. Study on the application of RFID in the visible military logistics[J]. Lecture Notes in Electrical Engineering, 2013,(259): 167–173.

[77] Chen R S, Tu M A, Jwo J S. An RFID-based enterprise application integration framework for real-time management of dynamic manufacturing processes[J]. The International Journal of Advanced Manufacturing Technology, 2010, 50(9): 1217–1234.

[78] Amador C, Emond J P, Nunes M C D N. Application of RFID technologies in the temperature mapping of the pineapple supply chain[J]. Sensing and Instrumentation for

Food Quality and Safety, 2009, 3(1): 26–33.

[79] Pérez M M, Cabrero-Canosa M, vizoso H J, et al. Application of RFID technology in patient tracking and medication traceability in emergency care[J]. Journal of Medical Systems, 2012, 36(6): 3983–3993.

[80] Ha O, Park M, Lee K, et al. RFID application in the food-beverage industry: identifying decision making factors and evaluating SCM efficiency[J]. KSCE Journal of Civil Engineering, 2013, 17(7): 1773–1781.

[81] Dai H Y, Xu J. Collaborative design of RFID systems for multi-purpose supply chain applications[J]. Journal of Systems Science and Systems Engineering, 2013, 22(2): 152–170.

[82] Fescioglu-Unver N, Choi S H, Sheen D, et al. RFID in production and service systems: technology, applications and issues[J]. Information Systems Frontiers, 2015, 17(6): 1369–1380.

[83] Schwieren J, Vossen G. ID-Services: an RFID middleware architecture for mobile applications[J]. Information Systems Frontiers, 2010, 12(5): 529–539.

[84] Zang C Z, Fan Y S, Liu R J. Architecture, implementation and application of complex event processing in enterprise information systems based on RFID[J]. Information Systems Frontiers, 2008, 10(5): 543–553.

[85] Hung Y C. Time-interleaved CMOS chip design of manchester and miller encoder for RFID application[J]. Analog Integrated Circuits and Signal Processing, 2012, 71(3): 549–560.

[86] Yao W, Chu C H, Li Z. The adoption and implementation of RFID technologies in healthcare: a literature review[J]. Journal of Medical Systems, 2012, 36(6): 3507–3525.

[87] Kour R, Karim R, Parida A, et al. Applications of radio frequency identification (RFID) technology with eMaintenance cloud for railway system[J]. International Journal of System Assurance Engineering and Management, 2014, 5(1): 99–106.

[88] Bouet M, Pujolle G. RFID in eHealth systems: applications, challenges, and perspectives[J]. Annals of Telecommunications, 2010, 65(9): 497–503.

[89] Cheng C Y, Prabhu V. An approach for research and training in enterprise information system with RFID technology[J]. Journal of Intelligent Manufacturing, 2013, 24(3): 527–540.

[90] Lv Y, Lee C K M, Chan H K, et al. RFID-based colored Petri net applied for quality monitoring in manufacturing system[J]. The International Journal of Advanced Manufacturing Technology, 2012, 60(1): 225–236.

[91] Fosso Wamba S. RFID-enabled healthcare applications, issues and benefits: an archival analysis (1997—2011)[J]. Journal of Medical Systems, 2012, 36(6): 3393–3398.

[92] Costa C, Antonucci F, Pallottino F, et al. A review on agri-food supply chain traceability by means of RFID technology[J]. Food and Bioprocess Technology, 2013, 6(2): 353–366.

[93] Andrews G R. Foundations of Multithreaded, Parallel, and Distributed Programming[M]. 北京: 高等教育出版社, 1999.

[94] Schneier B.Applied Cryptography: Protocols, Algorithms, and Source Code in C[M]. 北京: 机械工业出版社, 2014.

[95] Zhang X L, Tang X Q, Chen J H, et al. Hierarchical real-time networked CNC system based on the transparent model of industrial Ethernet[J]. The International Journal of Advanced Manufacturing Technology, 2007, 34(1): 161–167.

[96] Ma Q, Zhao J G, Liu B X. Implementation of embedded Ethernet based on hardware protocol stack in substation automation system[J]. Transactions of Tianjin University,2008,14(14): 153–156.

[97] Wang K, Zhang C R, Xu X, et al. A CNC system based on real-time Ethernet and Windows NT[J]. The International Journal of Advanced Manufacturing Technology, 2013, 65(9): 1383–1395.

[98] Ming P T, Lin J T. Web-based distributed manufacturing control systems[J]. The International Journal of Advanced Manufacturing Technology, 2005, 25(5): 608–618.

[99] Long Y H, Zhou Z D, Liu Q, et al. Embedded-based modular NC systems[J]. The International Journal of Advanced Manufacturing Technology, 2009, 40(7): 749–759.

[100] Álvares A J, Ferreira J C E, Lorenzo R M. An integrated web-based CAD/CAPP/CAM system for the remote design and manufacture of feature-based cylindrical parts[J]. Journal of Intelligent Manufacturing, 2008, 19(6): 643–659.

[101] Housel B C, Samaras G, Lindquist D B. WebExpress: a client/intercept based system for optimizing Web browsing in a wireless environment[J]. Mobile Networks and Applications, 1998, 3(4): 419–431.

[102] Adams C E.Home area network technologies[J]. BT Technology Journal, 2002,20(2): 53–72.

[103] Frattasi S, Cianca E, Prasad R. An integrated AP for seamless interworking of existing WMAN and WLAN standards[J]. Wireless Personal Communications, 2006, 36(4): 445–459.

[104] Kuroda M, Yoshida M, Ono R, et al. Secure service and network framework for mobile ethernet[J]. Wireless Personal Communications, 2004, 29(3): 161–190.

[105] Kramer G, Mukherjee B, Pesavento G. Ethernet PON (ePON): design and analysis of an optical access network[J]. Photonic Network Communications, 2001, 3(3): 307–319.

[106] Degermark M, Engan M, Nordgren B, et al. Low-loss TCP/IP header compression for wireless networks[J]. Wireless Networks, 1997, 3(5): 375–387.

[107] Chan M C, Ramjee R. TCP/IP performance over 3G wireless links with rate and delay variation[J]. Wireless Networks, 2005, 11(1): 81–97.

[108] Wang S Y, Kung H T. Use of TCP decoupling in improving TCP performance over wireless networks[J]. Wireless Networks, 2001, 7(3): 221–236.

[109]   Wang H Y, Zhao S P. The predigest project of TCP/IP protocol communication system based on DSP technology and ethernet[J]. Physics Procedia, 2012, 25: 1253–1257.

[110]   Ekpenyong M, Igbokwe C. Predictive queue-based technique for network latency optimization in established TCP/IP gigabit ethernet stations[J]. Procedia Technology, 2012, 6: 739–746.

[111]   Alessandria E, Seno L. Performance analysis of Ethernet/IP networks[J]. IFAC Proceedings Volumes, 2007, 40(22): 391–398.

[112]   Elshuber M, Obermaisser R. Dependable and predictable time-triggered Ethernet networks with COTS components[J]. Journal of Systems Architecture, 2013, 59(9): 679–690.

[113]   Kuorilehto M, Hännikäinen M, Hämäläinen T D. A survey of application distribution in wireless sensor networks[J]. EURASIP Journal on Wireless Communications and Networking, 2005, (5): 774–788.

[114]   Zhao L, Liang Q L. Hop-distance estimation in wireless sensor networks with applications to resources allocation[J]. EURASIP Journal on Wireless Communications and Networking, 2007(1): 1–8.

[115]   Yedavalli R K, Belapurkar R K. Application of wireless sensor networks to aircraft control and health management systems[J]. Control Theory and Technology, 2011, 9(1): 28–33.

[116]   Xue Y, Cui Y, Nahrstedt K. Maximizing lifetime for data aggregation in wireless sensor networks[J]. Mobile Networks and Applications, 2005, 10(6): 853–864.

[117]   Bouckaert S, De Poorter E, Latré B, et al. Strategies and challenges for interconnecting wireless mesh and wireless sensor networks[J]. Wireless Personal Communications, 2010, 53(3): 443–463.

[118]   Yaghmaee M H, Bahalgardi N F, Adjeroh D. A prioritization based congestion control protocol for healthcare monitoring application in wireless sensor networks[J]. Wireless Personal Communications, 2013, 72(4): 2605–2631.

[119]   Peng F, Peng B, Leung V C. An application oriented power saving MAC protocol for wireless sensor networks[J]. Wireless Personal Communications, 2012, 67(2): 279–293.

[120]   Ballal P M, Trivedi A C.Deadlock-free dynamic resource assignment in multi-robot systems with multiple missions: application in wireless sensor networks[J].Journal of Control Theory and Applications,2010,8(1): 12–19.

[121]   Ng H S, Sim M L, Tan C M. Security issues of wireless sensor networks in healthcare applications[J]. BT Technology Journal, 2006, 24(2): 138–144.

[122]   Gutiérrez J A. On the use of IEEE Std. 802.15.4 to enable wireless sensor networks in building automation[J]. International Journal of Wireless Information Networks, 2007, 14(4): 295–301.

[123]   Chen D, Liu Z X, Wang L Z, et al. Natural disaster monitoring with wireless sensor

networks: a case study of data-intensive applications upon low-cost scalable systems[J]. Mobile Networks and Applications, 2013, 18(5): 651–663.

[124] Xiao W, Das S K, Yu H, et al. Special issue on wireless sensor networks: from theory to practice[J]. Journal of Control Theory and Applications, 2011, 9(1): 1–2.

[125] Wang F, Liu J C, Sun L M. Ambient data collection with wireless sensor networks[J]. EURASIP Journal on Wireless Communications and Networking, 2010, 2010(1): 1–10.

[126] Lu C Y, Lee I. Editorial: special issue on real-time wireless sensor networks[J]. Real-Time Systems, 2007, 37(3): 181–182.

[127] Akyildiz I F, Su W.Wireless sensor networks: a survey[J]. Computer Networks, 2002, 38(4): 393–422.

[128] Yick J, Mukherjee B.Wireless sensor networksurvey[J].Computer Networks, 2008, 52(12): 2292–2330.

[129] Baronti P, Pillai P, Chook V W C, et al. Wireless sensor networks: a survey on the state of the art and the 802.15.4 and ZigBee standards[J]. Computer Communications, 2007, 30(7): 1655–1695.

[130] Alemdar H, Ersoy C.Wireless sensor networks for healthcare: a survey[J].Computer Networks, 2010, 54(15): 2688–2710.

[131] Milenković A, Otto C, Jovanov E. Wireless sensor networks for personal health monitoring: issues and an implementation[J]. Computer Communications, 2006, 29(13-14): 2521–2533.

[132] Mišić J, Mišić V. Wireless sensor networks: performance, reliability, security, and beyond[J]. Computer Communications, 2006, 29(13–14): 2447–2449.

[133] Mao G, Fidan B. Wireless sensor network localization techniques[J].Computer Networks, 2007, 51(10): 2529–2553.

[134] Arias J, Lázaro J, Zuloaga A, et al. GPS-less location algorithm for wireless sensor networks[J]. Computer Communications, 2007, 30(14–15): 2904–2916.

[135] Wang N, Zhang N Q, Wang M H. Review: wireless sensors in agriculture and food industry—recent development and future perspective[J]. Computers and Electronics in Agriculture, 2006, 50(1): 1–14.

[136] Al-Turjman F M, Hassanein H S, Ibnkahla M A. Efficient deployment of wireless sensor networks targeting environment monitoring applications[J]. Computer Communications, 2013, 36(2): 135–148.

[137] Othman M F, Shazali K. Wireless sensor network applications: a study in environment monitoring system[J]. Procedia Engineering, 2012, 41: 1204–1210.

[138] Prasad R, Reichert F. Special issue on "Internet of Things and Future Applications"[J]. Wireless Personal Communications, 2011, 61(3): 491–493.

[139] Bandyopadhyay D, Sen J. Internet of things: applications and challenges in technology and standardization[J]. Wireless Personal Communications, 2011, 58(1): 49–69.

[140] Jing Q, Vasilakos A V, Wan J, et al. Security of the Internet of things: perspectives and challenges[J]. Wireless Networks, 2014, 20(8): 2481–2501.

[141] Tsai C W, Lai C F, Vasilakos A V. Future Internet of things: open issues and challenges[J]. Wireless Networks, 2014, 20(8): 2201–2217.

[142] Heer T, Garcia-Morchon O, Hummen R, et al. Security challenges in the IP-based Internet of things[J]. Wireless Personal Communications, 2011, 61(3): 527–542.

[143] Puliafito A, Mitton N, Papavassiliou S, et al. Editorial: special issue on Internet of things: convergence of sensing, networking, and web technologies[J]. EURASIP Journal on Wireless Communications and Networking, 2012, 2012(1): 212.

[144] Ding Y, Zhou X W, Cheng Z M, et al. A security differential game model for sensor networks in context of the Internet of things[J]. Wireless Personal Communications, 2013, 72(1): 375–388.

[145] Sarma A C, Girão, J. Identities in the future Internet of things[J]. Wireless Personal Communications, 2009, 49(3): 353–363.

[146] Chen M, Mao S W, Liu Y H. Big data: a survey[J]. Mobile Networks and Applications, 2014, 19(2): 171–209.

[147] Borgia E. The Internet of things vision: key features, applications and open issues[J]. Computer Communications, 2014, 54(1): 1–31.

[148] Turkanovi M, Brumen B, Hölbl M. A novel user authentication and key agreement scheme for heterogeneous ad hoc wireless sensor networks, based on the Internet of things notion[J]. Ad Hoc Networks, 2014, 20(2): 96–112.

[149] Paschou M, Sakkopoulos E, Sourla E, et al. Health Internet of things: metrics and methods for efficient data transfer[J]. Simulation Modelling Practice and Theory, 2013, 34(5): 186–199.

[150] Miorandi D, Sicari S, Pellegrini F D, et al. Internet of things: vision, applications and research challenges[J].Ad Hoc Networks, 2012, 10(7): 1497–1516.

[151] Gubbi J, Buyya R, Marusic S, et al. Internet of things (IOT): a vision, architectural elements, and future directions[J]. Future Generation Computer Systems, 2012, 29(7): 1645–1660.

[152] Atzori L, Iera A, Morabito G. The Internet of things: a survey[J]. Computer Networks, 2010, 54(15): 2787–2805.

[153] Chen X Y, Jin Z G. Research on key technology and applications for Internet of things[J]. Physics Procedia, 2012, 33(6): 561–566.

[154] Karakostas B. A DNS architecture for the Internet of things: a case study in transport logistics[J]. Procedia Computer Science, 2013, 19: 594–601.

[155] Xu X L, Chen T, Minami M. Intelligent fault prediction system based on internet of things[J]. Computers and Mathematics with Applications, 2012, 64(5): 833–839.

[156] Schatz B, Gladyshev P, Knijff R M V D. The internet of things: interconnected digital dust[J]. Digital Investigation, 2014, 11(3): 141–142.

[157] 黄进宏, 左菲. 一种基于能量优化的无线传感网络自适应组织结构和协议[J]. 电讯技术, 2002, 42(6): 118–121.

[158] 马祖长, 孙怡宁. 大规模无线传感器网络的路由协议研究[J]. 计算机工程与应用, 2004, 40(11): 165–167.

[159] 李晓维, 徐勇军, 任丰原, 等. 无线传感网络技术[M]. 北京: 北京理工大学出版社, 2009.

[160] 李建中, 高宏. 无线传感器网络的研究进展[J]. 计算机研究与发展, 2008, 45(1): 1–15.

[161] 崔莉, 鞠海玲, 苗勇, 等. 无线传感器网络研究进展[J]. 计算机研究与发展, 2005, 42(1): 163–174.

[162] 物联网世界. 有源 RFID 在大众汽车定位追踪中的应用案例[EB/OL]. http://success.rfid-world.com.cn/2013_08/2afda3b53d2ed6d8.html[2014-1-17].

[163] Ni L M, Liu Y H, Lau Y C, et al. LANDMARC: indoor location sensing using active RFID: pervasive computing and communications[J]. Wireless Networks, 2004, 10(6): 701–710.

[164] 张晴, 饶运清. 车间动态调度方法研究[J]. 机械制造, 2003, 41(6): 39–41.

[165] Poon T C, Choy K L, Chan F T S, et al. A real-time production decision support system for solving stochastic production material demand problems[J]. Expert Systems with Applications, 2011, 38(5): 4829–4838.

[166] Zhong R Y. RFID-enabled real-time production planning and scheduling using data mining[D]. Hong Kong: The University of Hong Kong, 2013.

[167] 杨周辉. 基于 RFID 的汽车混流装配线生产监控系统的研究[D]. 广州: 广东工业大学, 2011.

[168] 包琳. 基于事件驱动的动态调度研究[D]. 济南: 山东大学, 2010.

[169] 岳光荣, 葛利嘉. 超宽带无线电综述[J]. 解放军理工大学学报: 自然科学版, 2002, 4(5): 86–91.

[170] Arias-De-Reyna E, Mengali U. A maximum likelihood UWB localization algorithm exploiting knowledge of the service area layout[J]. Wireless Personal Communications, 2013, 69(4): 1413–1426.

[171] 王丽珍. 数据仓库与数据挖掘原理及应用[M]. 北京: 科学出版社, 2005.

[172] Wang F S, Liu S R, Liu P Y. Complex RFID event processing[J]. The VLDB Journal, 2009, 18(4): 913–931.

[173] Gyllstrom D, Wu E, Chae H J, et al. SASE: complex event processing over streams[C]// Third Biennial Conference on Innovative Data Systems Research. 2006.

索　引